U0172162

光 明 城

LUMINOCITY

看见我们的未来

[开放的上海城市建筑史丛书]

卢永毅　主编

华盖建筑事务所

1931 — 1952

蒋春倩　著

上海·同济大学出版社

TONGJI UNIVERSITY PRESS

序言

近代之前的上海，是一个后起的城市，长期处于传统中国社会、政治与文化的边缘。然就其自身发展而言，自元代立县，到明清的筑城与兴建，上海也成长为一个繁华的江南城镇，城里街肆密布、风俗浓郁、人物荟萃和造园成风，不仅积淀了传统文化底蕴，而且已因海上贸易的兴旺孕育了开放的城市性格。鸦片战争后，上海迅速成为东亚最重要的通商口岸，并通过半个多世纪的发展，跃升为远东最具影响力的国际大都市，书写了中国近代城市史上史无前例的一页。

近代上海的城市传奇，注定了对其历史研究的题材和视角都会十分丰富，更不必说，这些研究对于考察这座城市作为开启近代中国政治、社会、经济和文化变革的一扇大门，作为认识中国近代化进程的一把钥匙，进而认识中国的现代性，都意义深远。事实上，上海近代史研究已成为中国改革开放以来史学研究中最活跃的一支，不仅汇聚了国内历史学、社会学、经济史、宗教史、文学史、电影史、出版史、城市史、建筑史和园林史等各学科领域专家的持续探讨，而且在国外的学术界亦已成为一门显学，吸引了众多欧、美、日学者的研究兴趣。自1989年国内外第一部完整的上海通史《上海史》正式出版以来，相关学术成果已汗牛充栋，卷帙浩繁，而且从中还可以发现，很少有一座中国的城市会像上海这样，对于它的近代化历史不仅有如此多线的叙述，而且还随时代变化、因主体不同，形成了如此多样的叙述。

以"万国建筑博览会"著称的上海近代建筑，展现了这座城市历史演进中最丰富的表情，也是她传奇经历最持久的物证和记忆。因此，近代建筑史及城市建设史的研究，也已成为整个上海史研究中最引人入胜的学术园地之一，并对推进当代城市历史文化遗产的保护工作产生了持续而深远的影响。从20世纪80年代起，上海近代建筑史研究在宏观、中观和微观层面都有出色成果。在建筑界，以陈从周和章明的《上海近代建筑史稿》、王绍周的《上海近代城市建筑》、罗小未主编的《上海建筑指南》、伍江的《上海百年建筑史：1840—1949》以及郑时龄的《上海近代建筑风格》等为代表的著作，以汇编、综述以及多线梳理形成全景式叙述，是具有奠基石作用的研究成果，其中郑时龄的著作结构完整且史料最为详实，具有里程碑意义的贡献。近10多年来，更加引人瞩目的是各种专题研究的迅速成长，不仅成果纷呈，而且视野日益开阔。有从城市史角度的历史片区、风貌街道及其历史建筑的专题研究，有基于自然历史，城市化进程、租界市政发展及其建设管理制度下的城市形态，日常空间与建筑类型的研究，有以外滩建筑、里弄建筑、教堂建筑以及更多类型建筑甚至个案的研究，有以邬达克研究为代表的建筑师、事务所甚至营造商的专题研究，还有近代建筑教育、建筑学科知识体系以及聚焦建筑话语及其观念史的专题研究，等等，已汇聚出一幅多彩的画卷，其中不仅有中国学者的贡献，而且也有国际学者的成果。还需要特别关注的，是 2016 年《中国近代建筑史》五卷本的出版，在这部鸿篇巨制中，相关上海近代建筑及其近代城市的内容，不仅在呈现中国建筑现代转型过程中成为举足轻重的实证，而且其本身又被置于更大的历史背景中观照，构成了更宽广视野和更复杂文脉环境中的地方史的认识。

可以看到，随着研究的不断深入和拓展，上海近代建筑史研究既不断汲取整个学术领域及其跨学科研究成果的养分，也成为推动上海近代史研究的一支日益活跃的力量。与此同时，旧城改造和城市更新步伐的不断加速，亦使得建筑历史研究的任务更加迫切而沉重。如果说，每一座城市的历史建筑及其街道空间都构成了一部可阅读、可触摸的城市史，那么上海的历史建筑及其城市空间的复杂性和丰富性，仍然远远超出我们的认知和想象，尤其是面对近代时空压缩中经历的突变，若要探入历史深处就能发现，还有无数被折叠、被遮蔽之处有待展开，还有许多看似熟知却仍需剥离层层迷雾才能看清的细节有待呈现。

这套"开放的上海城市建筑史"丛书，正是试图从专题研究入手，揭示一些尚未厘清的历史，叙述部分未曾详述的故事。这些将陆续出版的专著，有十余年来我与我的研究生们在共同研究探讨的基础上形成的成果，也有相关领域经验丰富、造诣深厚的国内外中青年学者和建筑史学家的作品。对读者来说，被收入丛书的各种专著在研究对象及选题上并不陌生，有些已是家喻户晓的近代建筑遗产。但事实上，主编与作者们仍努力使这些研究能提供历史新知，带来新的史学思考，因而以"开放的"和"城市建筑"两个关键词，表明其目标内涵。

明确一种"城市建筑"的研究立场是要表明，尽管主题各异，但每一部历史叙述的展开，都与这座城市的演进和剧变紧密相关。近代上海的城市化及其建筑奇观，其背后并没有理想宣言和宏伟规划，但无论是一种新类型的出现，一个事务所的诞生，还是一次建造活动的开始，甚至一个传统场所的现代转型，都需在这座城市的现代进程和时空演变中，才能开启叙述，形成解读。因港兴市集聚的驱动力，工商业发展带来的都市剧变，中外力量的杂处与共栖，以及独特制度下的竞争与共融，形成了近代上海大都市超乎寻常的包容性、流动性和不确定性，也在混乱中凝结了空间生长的结构逻辑，汇成了奇特多元的文化景观。或许可以说，近代上海的城市肌理恰似"拼贴城市"理念的呈现，因为理解她的城市文脉始终是认识历史建筑及其场所空间的起点，而微观建筑的阅读，又始终可以不断探视这个大都市深藏的奥秘。

丛书强调研究的开放性，意在推动新的史学思考。一是选题的开放性，以充分认识近代上海城市复杂性特质为基础，使研究的视角不断超越传统建筑史学的局限，以全境观察、问题意识、史实论证与跨学科自觉，力争形成历史的新发现和新解读。二是时空的开放性，各种专题的展开不仅关注研究对象，还要关联文脉；不仅聚焦近代发生的外来冲击和突变生长，也从传统要素及其空间场所中追溯文明嬗变的轨迹；不仅准确呈现新事物的产生与特征，也将它们置于社会、经济、技术与生活方式变迁的世界进程中认识。三是观念的开放性，在努力摆脱某种"宏大叙事"的自觉中切入研究专题，超越中与外、冲击与反应、传统与现代以及科学性与民族性等传统的二元范式，尽可能挖掘新史料，打开新视野，回到历史的复杂性中探究，再来寻找史实与思想的连接点。最后是主体的开放性，首先，丛书的作者有中有外，有不同学科背景，以体现研究主体的多样性；其次，研究更关注如何将历史对象化，尝试既有主体立场，又离开自我主体，强调历史对象的主体性，各种专题因而不仅关注建筑，还关注建造活动的过程，不仅关注建筑师，还关注业主、营造商、使用者甚至媒体和文化观察者，在见物又见人中认识历史建筑的特征，及其建造活动中的动机与欲望、观念与情感、审美与时尚以及生活方式和身份认同，力图更加真切地呈现上海近代建筑的时代面貌及其城市的文化景观。

由于研究专题各异，作者们的研究经历和研究条件不同，也由于组织出版丛书的主编经验有限，因此这些陆续出版的专著中可能存在某些不足。敬请业内专家和广大读者多多批评、指正。

卢永毅

2020 年 11 月 30 日

华盖建筑事务所三位合伙人（从左到右：赵深、陈植、童寯）

前言：华盖——认识中国近代建筑事务所的一把钥匙

纵观整个中国近代历史时期，随着 1842 年以后多个开埠城市的迅速发展，以及多个租界的陆续设立，城市建筑业日趋兴盛，外商地产公司与洋行（外国人开办的建筑事务所）纷纷设立。洋行在西式建筑的设计市场上占有垄断地位。直至英商地产学徒周惠南[1]独立开设首个华人建筑师事务所"周惠南打样间"，1914—1915 年贝寿同[2]、沈理源[3]、庄俊[4]等第一代建筑系华人留学生回国工作，这种局面才得以逐渐改变。到了 20 世纪 30 年代，中国职业建筑师群体成型，华人开办的建筑事务所如潮水般涌现。笔者仅统计《近代哲匠录》所收录的华人自办、合办事务所就有 106 家。

其中规模最大、影响最大的当数 1920 年由关颂声[5]创办的基泰工程司（朱彬[6]于 1924 年合伙，杨廷宝[7]于 1927 年合伙）。仅 1952 年以前，其建成项目即有 130 项（群体建筑记为一项），公司合伙人共 9 人，有天津、北平、沈阳、南京、上海、重庆、成都、昆明 8 处分所，目前所知其设计人员在 1949 年以前先

1　周惠南（1872—1931），曾任浙江兴业银行房地产部建筑设计室主任，代表作有大世界游乐场修复、天蟾舞台等，建筑师李英年（1896—？）在 1925—1930 年为他工作，一说二人是翁婿关系。

2　贝寿同（1876—？），苏州人，留德两年半，代表作有北京农商部地质调查所，曾任司法行政部技正，详见：贝寿同 [M]// 赖德霖. 近代哲匠录——中国近代重要建筑师、建筑事务所名录. 北京：水利水电出版社，知识产权出版社，2006：2.

3　沈理源（1890—1951），原名锡爵，又名琛，1908 年于意大利拿坡里（那不勒斯）大学攻读水利工程和建筑学，1915 年回国，最晚于 1920 年主持华信工程司，代表作有真光剧场、开明戏院、天津浙江兴业银行等，1938—1951 年任国立北平大学工学院建筑工程系教授、天津工商学院及津沽大学建筑系主任，详见：沈振森. 中国近代建筑的先驱者——建筑师沈理源研究 [D]．天津大学，2002.

4　庄俊（1888—1990），1925 年创办庄俊建筑师事务所，1927 年与多人共同发起组织上海建筑师学会，并任多届会长，代表作品有全国多个交通银行大楼、上海金城银行、大陆商场、古柏公寓等，以华东工业建筑设计院（现华东总院）总工程师的身份于 1958 年退休。事迹详见：赖德霖《近代哲匠录》第 248 页庄俊词条。

5　关颂声（1892—1960），1913 年清华学校毕业后，1914 年自费入美国麻省理工学院读建筑学专业，1917 年获学士学位后入美国哈佛大学攻读市政管理一年，1920 年回国后在天津创办基泰工程司，代表作有天津大陆银行等，详见赖德霖《近代哲匠录》关颂声、基泰工程司词条，第 39 及 234—238 页。

6　朱彬（1896—1971），关颂声妹夫，基泰工程司合伙人，后分管财务，代表作有北京大陆银行、天津南开大学图书馆、天津中原公司等，1949 年后主持（香港）基泰工程司（Messrs, Kwan, Chu & Yang），参见赖德霖《近代哲匠录》朱彬、基泰工程司词条，第 214 及 234—238 页。

7　杨廷宝（1901—1982），基泰工程司合伙人，主持图房，1952 年起任南京工学院建筑系主任，1979 年任江苏省副省长，代表作有京奉铁路沈阳总站、天津基泰大楼、南京中央医院等，参见赖德霖《近代哲匠录》杨廷宝、基泰工程司词条，第 171—173 及 234—238 页。

后即有五十余人，1934年初仅天津基泰大图房即可容下20张大图桌[1]。1949年以后关颂声和朱彬分别移居台湾、香港，继续开展业务。

华盖建筑事务所（The Allied Architects Shanghai，以下简称华盖）由建筑师赵深、陈植和童寯联合，于1933年1月1日在上海正式开办，1952年关闭，建成项目两百余项，也是中国近代建筑史上一家极具影响力的事务所。与基泰相比华盖的开办晚了十几年，合伙人始终是赵深、陈植、童寯三人（按合伙的先后时间排序），1937年以前华盖业务最繁荣的时期图房也仅可容六七张大图桌[2]，设计人员最多时有二十余人。1949年后三人都留在了大陆，事务所关闭后赵深、陈植进入设计院继续设计工作，童寯则进入大学专注于教育和研究工作。需要注意的是，正是基于事务所设计作品220项，战乱时又在多地开设办事处，很多文章在描述华盖建筑事务所时，都不约而同地称其为大型设计事务所，这个称号只适合在中国近代历史的语境下解读，即相对于大量三五人的事务所而言，读者切勿与当代设计公司人员规模比对。

研究华盖需要追溯的线索相对集中且连续，证据可靠而多元，事务所的运营机制，建成作品的数量、品质和广泛的地域分布，及业界影响在民国时期都十分突出，又具代表性，正是认识中国近代建筑事务所的一把很好的钥匙。

1931年33岁的赵深脱离范文照建筑师事务所独立开办了赵深建筑事务所。同年2月陈植携浙江兴业银行上海总行新屋的设计委托离开东北大学建筑系南下合伙，次年事务所即改名为赵深陈植建筑事务所。1932年，叶恭绰[3] 51岁，从国民政府铁道部部长一职退位后刚退居上海，专注文化慈善事业也才一年。他应忘年之交建筑师赵深的邀请为赵深陈植建筑事务所新增合伙人童寯，重组事务所取名。在他的回忆里[4]，"华盖二字当时取义数种，依旧史，华盖乃星名。又浙有华盖山，明有华盖殿，且就字面论，似可视为中华人自己所盖造之意也"。比如同年10月，鲁迅在《华盖集·题记》中解释"运交华盖欲何求"（《自嘲》）道："这运（指华盖运），在和尚是好运：顶有华盖，自然是成佛作祖之兆，但俗人可不行，华盖在上，就要给罩住了，只好碰钉子。"叶老这一思想，实则

1 张镈. 我的建筑创作道路[M]. 北京：中国建筑工业出版社，2007：35.

2 丁宝训. 1937年前华盖建筑师事务所概况[M]// 赖德霖. 近代哲匠录——中国近代重要建筑师、建筑事务所名录. 北京：水利水电出版社，知识产权出版社，2006：232.

3 叶恭绰（1881—1968），字裕甫（玉甫、玉虎、玉父），又字誉虎，号遐庵，广东番禺人，祖父叶衍兰为清末户部郎中，军机章京，岭南词作大家及教育家，父亲叶佩琮是叶衍兰三子。叶恭绰幼年失母，11岁过继给二伯父叶佩琮。书画家、收藏家、政治活动家。他也是袁世凯政府和北洋军阀政府时期铁路总局局长梁士诒领导下的交通系官僚集团的主要成员之一。

4 叶恭绰. 叶恭绰信[M]// 童寯文集（第四卷）. 北京：中国建筑工业出版社，2006：448.

抛弃了"华盖"的传统含义，隐反映了当时国内民族主义的思潮。不同于国内外的合伙事务所大都以合伙人姓氏联名为名，华盖二字透露出合伙人负有社会使命，也更显雄心壮志的味道。

华盖事务所的三位建筑师共同接受过完整的美国式布扎建筑教育。在近代中国最重要的现代化进程期，也是在近代中国最丰富和复杂的历史转型期，他们完成了大量的建筑设计。华盖的作品不仅分布在多个城市和地区，即使同时同地的建筑项目也十分多样；华盖不仅为近代中国建筑发展进程中建立现代化与民族性的建设目标做出了独特贡献，而且在推动中国建筑融入世界、构筑自身的现代性方面意义非凡。

笔者得益于近年来中国近代建筑史与城市史研究的不断深入，成果的日益丰厚，以及政府、社会机构和个人对各类相关历史档案的逐步数字化公开，因而能有更为广阔的角度和更为丰富的史料再来认识华盖及其三位建筑师的这段历史，在硕士论文研究成果的基础上做深化、补充和提炼，完成了这项仍然极具挑战性的写作工作。本书试图从三位合伙人的学习与生活经历出发，基于社会历史背景和中外建筑发展状况，对华盖事务所19年的历史及其建筑实践活动展开详细叙述与全面解读，包括其人员、项目以及运营机制在社会动荡发展过程中的变与不变，思考它之于当代建筑事务所运作的价值与意义。

全文共分为九个章节。

1—6章以时间为轴展开叙述，由三个合伙人的家庭环境和教育经历切入，结合事务所成立的社会大环境，聚焦于事务所成立的机遇与挑战，追踪事务所运行机制及其变化，揭示其应对环境变化的策略和智慧，然后按照建筑类型，集中呈现抗日战争全面爆发前事务所的繁荣和丰富作品，最后利用有限材料，尽可能勾勒出抗战后至事务所解散前的完整历程。第7章集中呈现华盖未实施的建筑设计方案。第8章叙述事务所合伙人的其他几面，形成对历史人物形象更加丰满的建构。第9章尝试对华盖建筑事务所的理论观点和设计特征进行提炼总结。

若非亲见华盖事务所设计工程项目两百余项为1981年陈植履历表自述，直教人怀疑这些项目存在的真实性，或者统计上的重复度。笔者在写作硕士论文时就决意编制华盖的建成项目一览表，为研究者进一步确认和研究这些建筑打下基础。在本书成书过程中，为了让读者对华盖的作品有一个直观的感受，进而又衍生出华盖现存项目的分布地图。为了确认童寯的毕业欧洲之旅所选择参观的建筑类型，以及他对建筑的观察角度，笔者逐一修订了童寯日记原文所提及的地名、建筑名和人名，从而生成了一份童寯旅欧日程表以飨读者。

本文试图从纵深方向和文脉广度上，尽可能构建一个近代中国较早的现代建筑事务所的完整面貌，呈现于各位读者，以这样一个个案研究，认识和思考中国现代建筑的发展之路及其历史文化特征，甚至还可能促进读者反观在当代语境之下，一家建筑事务所可能的成功途径。

由于笔者水平和精力有限，很多研究均处于起步阶段，很多自己提出的问题文中也还没有答案，希望本书也能成为一把钥匙，吸引更多的人去挖掘相关方向的历史资料，共同构建中国近代建筑史的各个切面。

目录

1

风华正茂的同学少年

从时间角度准确描述，华盖建筑事务所仅存在于1933年至1952年之间，然而要想完整地描述华盖，则必须从事务所三人合伙的过程谈起。而合伙的偶然与必然，则要进一步追溯到三人的少年时代。他们原生家庭虽然在经济条件上有差别，却都是书香门第，又在当年不约而同地选择了先入清华学校，再留学美国宾夕法尼亚大学（以下简称"宾大"）建筑系的求学途径。

来自书香门第的孩子

三人是清华学校的前后毕业生，但在该校就读的时长不同。这里有必要先大略介绍一下20世纪初清华学校的录取和学制的变化情况。

中国的赴美留学生制度从1846年广东人容闳参加留美幼童计划（CEM）开始，1881年即告中止。其后美国为争取中国亲美，对抗中国自费留日人数的激增，同时为摆脱教会学校的困境，从1909年起开始退还超收的1100余万美元庚子赔款用于计划中国派遣学生赴美留学。计划头四年每年派遣留学生100名，第五年起每年至少50名。清政府着外务部牵头学部设立了游美学务处（Chinese Education Bureau to the U.S.）专司此事。游美学务处通过"品学甄别考试"共考选三批直接留美生共计180人。由于第一、二批学生未能完成预定每年100名的计划，并且外务部与学部在招生问题上存在分歧，于是有了折衷方案，游美学务处专设留美预备学校——游美肄业馆，先在国内进行有计划的训练，以便培养合格的毕业生送美留学。内务府将惇亲王废园清华园拨给学务处作为校址，1909年2月学务处和肄业馆均迁入该址。3月，清华园内共有468名学生参加复试，其中有由各省经初试录取后保送的学生184名、在京招考的学生141名和上一年备取的留美生143名。这批学生全部合格入学，其中3/5被编入中等科，其余入高等科学习，他们成为清华最早的一批学生。4月经宣统御批，肄业馆更名为清华学堂。1911年9月，游美学务处向外务部转清华学校改变学制申请："高等科三年毕业，中等科五年毕业。"辛亥革命后，1912年10月，学堂正式更名为清华学校。清华的学习非常紧张，考试频繁、计分严格，淘汰率很高，在1911—1921年间淘汰率高达32%。学生在校学习8年，高等科的三、四年级，相当于大学的一、二年级或美国大学的初级大学（Junior College）。学生毕业后公费送美留学，一般都插入美国大学二、三年级。1912年，清华学校派遣了高等科毕业生侯德榜等16人赴美留学，这是清华学校高等科的第一届毕业生。1913年下半年起，清华改回"四四"学制，即高等科需四年毕业，直到1920年。同年秋停招中等科一年级生，1921年改高等科四年级为大学一年级，大一级学生仍为留美预备生。[1]

事务所创始人中年龄最大的赵深即是这第一批入学的中等科成员之一。1898年8月15日[2]赵深出生于江苏省无锡县北塘区莲蓉桥下的一个教师家庭，幼名保寅，是家中第五子，行七，家境本不富裕，再加上幼年丧父，生活更为艰难，5岁时大病几乎死去[3]，家庭生活依靠父辈世交资助，后靠两位兄长工作维持，所以他从小读书刻苦认真。1905年就读于无锡城北小学。1907年转入无锡东林学堂[4]。1911年，13岁的他报考清华学校极有可能是冲着"学生学宿膳费免交，一个学期只交体育费一元，以及预交期终可退还的赔偿费五元，七块钱一月的伙食（相当于当时一个工人的月薪）"，而且期满后可以考取公费留美的优厚待遇。事实上当年报考完毕后因为辛亥革命民国成立的关系，直到1912年5月，学校方才开学，返校学生仅360人。1915年，赵深以德育获清华学校铜墨盒奖[5]，这一时期他的联系地址是"无锡北门外江阴巷（作者按：巷在莲蓉桥北）信泰煤号转赵椿荫堂"，1918年他进入清华学校的留美预备班。

从年龄而论，陈植比赵深小4岁，1902年11月出生于杭州，原名陈植善，字直生。父亲陈汉第，字仲恕（上有兄长光第早夭），号伏庐，是浙江杭州人士，1897年二十岁出头即与友人奔走创办新式学堂——杭州求是书院（浙江大学前身）。他于1902年离开书院，后赴日本法政大学法政速成科留学。该速成科于1904年开设，至1908年共招收了五班学生，合计1885人，姓名可考者1143人，学习时间为一年半，课业由该大学法律科简化而来，课堂配翻译，无需日语基础，入学条件简单，只需是清朝官员或候补官员，年满二十的地方士绅亦

1　史轩.【校史连载之一】清华创办的背景与经过 [EB/OL].（2007-11-06）[2012-2-20]. https://www.tsinghua.org.cn/info/1952/16833.htm；史轩.【校史连载之二】摇曳多变的清华学校时期.[EB/OL].（2007-11-07）[2012-2-20]. https://www.tsinghua.org.cn/info/1952/16832.htm.

2　《无锡建筑名师录》之《赵深（下）·逆转人生》称其出生于中秋节，亦有可能是当年将阴历生日填写为阳历生日，如是则其生日实为9月30日。另有宾夕法尼亚大学赵深档案中登记为1899年10月15日，有可能因某些原因他的出生日期被修改，查万年历知该年中秋节为9月19日。仍取《近代哲匠录》词条所录时间。赖德霖. 近代哲匠录——中国近代重要建筑师、建筑事务所名录[M]. 北京：中国水利水电出版社，2006.

3　出自其侄赵祖铨的回忆。无锡市住房和城乡建设局官网. 赵深（下）·逆转人生（第2分30秒左右）[OL].（2020-02-07）[2021-01-12]. http://js.wuxi.gov.cn/doc/2020/02/07/2378090.shtml.

4　东林学堂前身是名扬天下的东林书院，清光绪二十八年（1902）十月初一开学，实施新学课程，是江苏省数一数二的中学，首任校长陶世凤。

5　梁实秋在散文《清华八年》中对铜墨盒奖得主有所褒贬，认为他们都是"当局属意"的学生。

可[1]。陈敬第（即陈叔通）[2]于"1904年东渡日本，1906年毕业回国，一年后任宪政调查局会办"[3]。姚茫父"1906年清光绪三十二年（丙午）31岁与留日学法政同人陈汉第、陈敬第、范源濂等组丙午社"，邵章"光绪三十年甲辰（1904）六月在日本与蒋百里（方震）、陈敬第（叔通）、陈汉第（仲恕）、傅彊（写谌）、王耒（耕木）合影"，以此三条作为旁证可以确定陈汉第、陈敬第两兄弟为同去日本同学科留学。陈汉第受到赵尔巽的赏识，归国后入其幕府，随之历任湖广总督文案、洋务局参议、四川总督署文案、浙江巡抚衙门民政科参事、东三省总督署交涉科参事。考其祖父陈豪[4]，1902年时64岁，在家赋闲，1910年去世。

　　陈植出生不及百日而失母，从小由奶妈带大，并有长己两岁的胞姐陈意（图1.1）。他的童年时光，应是4岁以前在杭州度过，4岁以后在北京长大，因父亲忙于政务，只能由奶妈带他到礼士胡同里遛弯，而此时叔父陈敬第也在北京任职，其三个儿子鸣善、选善[5]、循善[6]，女儿谒善（陈慧）与他年龄相仿，因此他更爱去叔父家玩。陈汉第、陈敬第两兄弟商量后直接将陈植寄宿于叔父家中，孩子们一同玩耍，一同学习，而此时姐姐陈意可能并不在北京。辛亥革命以后，赵尔巽下台，陈植父亲陈汉第在总统府总务处总务股任机要秘书，后又出任国务院秘书长，在1913年随同总理熊希龄愤然辞职。1915年，民国业已成立，袁世凯尚未称帝，留日风潮已过，欧洲一战飘摇，也许还包含着父亲对美国的希望，13岁的陈植考入清华学校中等科。同年，14岁的梁思成（1901—1972）成为陈植的同班同寝。家世相似，父辈相识，同样热爱音乐和美术的两人很快成了好友。另一位建筑师杨廷宝（1901—1982）[7]亦在本年入学，只是他成绩优异，很快连跳两级，与陈植并无明显交集。1918年清华成立管乐队，

1　　参见：朱腾. 清末日本法政大学法政速成科研究[J]. 华东政法大学学报，2012，15（6）：141-
　　158. 亦见于：尹虎. 清末中日两国的跨境合作办学活动——以日本法政大学中国留学生法政速
　　成科为中心[J]. 日语学习与研究，2017（2）：103-111.
2　　陈叔通（1876—1966），浙江仁和（今杭州）人。名敬第，清光绪二十九年（1903）二甲进士，
　　三十年留学日本，三十二年回国。曾任民国政府第一届国会众议院议员。1915年退出政界，到
　　上海任商务印书馆董事，历时10年。1927年任浙江兴业银行董事长。抗日战争期间，积极参加
　　上海募捐寒衣及支前活动，拒绝担任上海日伪维持会会长。
3　　杭州市档案局官网. 陈叔通[EB/OL]. [2021-01-12]. http://www.hzarchives.gov.cn/shsb/hcldmr/t2010
　　1014_22823.htm.
4　　《中国美术辞典》（上海辞书出版社，1987，第112页）载："陈豪（1839—1910），清代画家，字蓝洲，
　　号迈庵、墨翁、止庵、怡园居士，浙江仁和（今杭州）人。工诗书，题画之作，情致隽邈。画山
　　水意境超逸，用笔干湿自然。亦工花卉，并擅画梅。"《清史稿·卷四七九·列传二百六十六》载：
　　"陈豪，字蓝洲，浙江仁和人。清同治九年优贡，以知县发湖北，光绪三年，署房县。历署应城、
　　蕲水。授汉川。寻署随州，治随二年。后因养母，乞免，归。家居十余年，卒。"
5　　陈选善（1903—1972），字青士，又字青之，美国俄亥俄州立大学教育学学士，哥伦比亚大学教
　　育硕士，哲学博士，为上海公共租界工部局华人教育股股长陈鹤琴的得力助手。著有《中国教育史》。
6　　陈循善，德国化学博士，1947年应聘台湾省立工学院（现台湾成功大学），任化学工程系教授。
7　　杨廷宝事迹参见：赖德霖《近代哲匠录》第193页，杨廷宝词条。

1.1

1.2 | 1.3

图1.1
陈植（怀中抱者）、陈意与
父亲陈汉第

图1.2
清华毕业册陈植介绍

图1.3
清华学校三年级的童寯

梁思成任队长，"吹第一小号，亦擅长长短笛"，还学习钢琴、小提琴，陈植吹法国圆号，并参加合唱团，还担任清华青年学会（Y.M.C.A.[1]）会长。因其身材不高，活泼开朗，在1923年的毕业册里他被同学们戏称为"青年不会长"（用一字多义，意即他是会长但不会长高，见图1.2）。1923年，陈植、梁思成均升入留美预备部大学一年级。

童寯1900年10月2日[2]生于奉天省城东郊（辽宁省沈阳市郊）东台子村的满族家庭，正蓝旗钮祜禄氏，汉译"郎"，家庭世代务农，祖父德祥，汉姓郎。父亲恩格汉姓"童"[3]，字荫普，单传，是家族中第一代读书人，秀才出身，居乡办塾。因1904年日俄战争爆发，童家逃难迁入沈阳城[4]浩然里。清宣统二

1　这是基督教青年会设在官立学校的第一个学校青年会（校会，1912年秋成立），宣传基督教福音，但入会者无需信教。成立时间出自清华大学官网：孟凡茂. 杨永清先生年谱简编[EB/OL].[2021-10-07]. https://xsg.tsinghua.edu.cn/info/1003/1264.htm.

2　宾夕法尼亚大学的个人档案（见于2018年专题展览"觉醒的现代性"）手写出生日期为1903年9月11日，可能登记时有误，三人中仅陈植档案中的出生时间和其他来源一致，这里同样取赖德霖《近代哲匠录》词条所录时间。

3　满人进山海关才需要加汉姓，当前能见到的最早的实物证据是童寯留存于宾夕法尼亚大学的个人档案，档案上清晰可见手写的父亲姓名"Tung, En-Ko"，以及打印的本人姓名"Tung, Chuin"。

4　童村. 童村致方拥信[M]// 童寯. 童寯文集（第四卷）. 北京：中国建筑工业出版社，2006：512-513.

年（1910[1]），恩格经清朝最后一次岁贡（奉天廪生入国子监），殿试得授二甲二十一名，后钦点七品，回乡先后任"劝学所"所长，沈阳女子师范学校校长和奉天省教育科长，奉天图书馆馆长等职[2]。原配金氏生长女，比童寯大10岁[3]，后娶杨氏生三子童寯、童荫、童村[4]，另有两子夭。童寯8岁进省蒙养院启蒙，10岁入奉天省立第一小学，同时读四书五经，17岁考入奉天省立第一中学。这一阶段正值清廷被推翻、日俄交战和军阀混战时期，东北饱受战争之苦。1920年，中学毕业后童寯奉父命与女子师范学校的关蔚然（满族）成婚，又去天津新学书院专修英语[5]，1921年夏天，因决意攻读土木建筑，童寯先是参加了唐山交通大学考试，应父命再赴北平参加清华学校高等科入学考试，其考试结果排名居前者第一，后者第三。比较之后，他选择了清华，进入为期四年的高等科学习。他与后来的著名莎士比亚专家林同济[6]，以及后来参加滇缅战争的贾幼慧[7]同寝室。[8]童寯学习勤奋，各门功课成绩优异（图1.3），英文和绘画尤为突出，参加了美术社[9]，还被选为《清华年报》（1922—1923）[10]艺术组成员，先是做梁思成的助手，第二年任美术编辑[11]。童寯还在清华学校美术老师主持下举办过个人画展。[12]

1　清朝最后一次举、贡考职即宣统二年，对应公元1910年，网上传为1911年为误。

2　方拥. 童寯先生与中国近代建筑[D]. 南京：东南大学，1984：7.

3　童村. 童村致方拥信[M]// 童寯文集（第四卷）. 512.

4　童荫（1903—1976），电机工程师；童村（1906—1994），医学家、微生物学家、抗生素学家。

5　该书院实为英国教会大学，受袁世凯支持，采用预科4年＋中学科4年＋大学科4年的制度，除国文、中国史地外均使用全英文教材，未知童寯插入哪一个年级就读。

6　林同济（1906—1980），福建福州人，"战国策"派核心人物。

7　贾幼慧（1902—1965），陕西韩城人，一直从军。

8　童寯. 关于社会关系的补充交待[M]// 童寯文集（第四卷）. 378.

9　童寯. 解放前我参加过哪些组织？解放前参加组织的补充交待[M]// 童寯文集（第四卷）. 382-383. 童寯职务为会计兼干事，见于：校内新闻各会社新闻美术社该社曾开会一次讨论根本问题通过事项如左[J]. 清华周刊，1923（271）：35.

10　《清华年报》（Tsinghuapper）是向社会人士介绍清华一年内各方面状况的双语出版物，同时又可为清华校内外同学之公共纪念品。1916—1918年连续发行3年后停刊3年，1921年复刊。以上简介出自：清华年报[J]. 清华年报，1926（9）：127. 另据孔夫子网《清华年报（1924-25）》实物封面照片，《清华年报》亦即其他文献所提及的《清华年刊》《清华年鉴》。

11　见于赖德霖2019年10月12日在清华大学"归成——中国近现代建筑研究与宾大建筑教育学术研讨会"的演讲网络速记内容：建筑进行时. 清华校园文化对中国第一代留美建筑家的影响[EB/OL]. (2020-4-24). [2021-10-07]. https://kuaibao.qq.com/s/20200424A04FHB00. 出自：1922—1923年《清华年报》社职员名单[J]. 清华周刊（第九次增刊），1923（6）：43-45.

12　方拥. 童寯先生与中国近代建筑[D]. 13.

1.4 a

b

图 1.4
a.赵深宾大档案抬头
b.赵深宾大档案照片

学长与同学的共同选择

　　宁波籍贯、上海出生的庄俊是第一个接受美国大学建筑学教育的中国人（1910清华学校庚子赔款首批留学生之一）。1914年他从伊利诺伊大学毕业回国。1916年清华学校正式聘任庄俊为讲师及驻校建筑师，负责监造校舍。

　　朱彬1914—1918年在校，是清华学校第一个选择进入宾大建筑系就读的学生，在校期间一直担任《清华年报》的图画编辑。

　　1919年赵深从清华学校毕业，却因突患盲肠炎[1]住院动手术。术后，学校准许推迟一年赴美。清华学校毕业生，按例插入建筑系二年级就读，他因病推迟，1920年到学校报到时，赵深直接插入当届的建筑系二年级下学期。宾大档案的"父母/监护人"一栏显示赵深（Chao, Shen[2]）的监护者是"位于华盛顿的留美学生监督处"（Chinese Educational Mission[3], 2312 19th St. N. W. Washington D. C.），家庭地址是简短的"中国上海"（Shanghai, China）（图1.4）。

　　1919年，闻多[4]与同班同学兼挚友杨廷宝（1915—1921年在校，与陈植、梁思成同级但跳级2次）、吴泽霖、方来[5]发起成立了美术社，梁思成很快入社。杨廷宝在清华学校就读时常去工地看庄俊画图，[6]又去工地了解工程知识。1921年毕业前他再次访问庄俊，庄俊告诉他建筑是应用科学和应用美术的结合，完美符合他热爱美术又被父亲要求有一技之长，还能科学救国的理想，选择了去宾大建筑系就读。1920年，闻一多又与梁思成、浦薛凤发起成立了"美司斯"

1　　《无锡建筑名师录》之《赵深（下）·逆转人生》第3分20秒赵祖铨回忆（所配字幕括注）为肠痿，不一定准确。

2　　后为Chao, Chen，以韦氏拼音代英文名，民国时国人均用此拼法，下同。

3　　该机构为民国北京政府所设，其英文名与清朝设立的"出洋肄业局"相同，最终按照江亢虎（1883—1954）所著《改良留美学生监督处说帖》（写于1919年9月）确定现译名。关于该机构的介绍参见：王静. 民国北京政府时期留学生监督群体研究[J]. 民国研究, 2018(1).

4　　闻多，又名闻一多（1899—1946），中国现代诗人、学者、民主战士。

5　　本校一年来大事记 美术社 在一年前就有了美术社[J]. 清华周刊. 1920 (6)：58. 方来（1900—1922），江苏常州人，亦从清华进入宾夕法尼亚大学建筑系就读，当年早逝。

6　　见：赵辰. 童寯先生与南京的建筑学术事业[C].《中国近代建筑学术思想国际研讨会》论文集, 南京, 2002；杨廷宝. 杨廷宝谈建筑：学生时代[M]. 齐康记述. 北京：中国建筑工业出版社, 1991.

(Muses)社，[1] 童寯后来亦入社。梁思成的钢笔速写《清华八景》还在《清华周刊》上发表过。梁思成、童寯先后担任过《清华年报》的图画编辑。

陈植的选择发端于同学梁思成的选择。在父辈的介绍下，梁思成与林徽因相识于1918年，梁思成的17岁，[2] 1921年林徽因在周游欧洲的旅行中"第一次萌发了学习建筑学的梦想"。[3] 她归国后向上门拜访的梁思成表示以后要学建筑。梁思成表示"因为我喜爱绘画，所以我也选择了建筑这个专业"。[4] 在他的鼓励下，陈植想到"建筑是无声的音乐"，也欣然选择了学建筑。

1923年上半学年的《清华周刊》封面出自梁思成手笔，以版画形式绘出清华风景，下半学年则替换为童寯的作品，白描出两根爱奥尼柱和门楣、台基及装饰物限定标题及内容。此时宾大建筑系里朱彬已硕士毕业、赵深刚本科毕业，杨廷宝正在本科三年级就读，成绩优异。恰逢学长朱彬回国，出任天津警察厅工程顾问等政府职务，[5] 陈植就专赴天津见他，[6] 最终选定了宾大。在7年的现场监造过程中，庄俊亲身体会到了茂飞（Henry Killam Murphy，1877—1954）[7] 的设计如何变化成实物，而决定再次赴美，进入哥伦比亚大学进修。学校指派他率领本校本年留美的100人。陈植应当是与清华校友兼堂弟陈选善一同出行，漫长的航程中，也许陈植亦曾向庄俊请教。而梁思成却因那场著名的车祸[8] 不得不推迟一年赴美。

童寯在清华学校时听同省同学讲起赵深在美国学建筑，开始把他作为样板。[9] 童寯又想到私人建筑事务所可以"自食其力，靠技术吃饭，尽量不问政治"，[10] 1925年他毕业时就选择了建筑专业。选择专业后，童寯给杨廷宝去信求

1　智育 会社 美司斯. 清华周刊[J]（本校十周年纪念号），1921-4-28：37. 亦见于：尹文. 画家学者红烛颂——记第四中山大学、国立中央大学外语系主任教授闻一多先生[EB/OL].（2014-04-11）[2016-08-12]. https://seuaa.seu.edu.cn/2014/0411/c1990a22826/page.htm.

2　梁再冰. 回忆我的父亲[M]//刘小沁. 窗子内外忆徽因：第二辑. 北京：人民文学出版社，2001.

3　引文为翻译后的宾大档案馆存林徽因文章，见：王贵祥. 林徽因先生在宾夕法尼亚大学[M]//清华大学建筑学院. 建筑师林徽因. 北京：清华大学出版社，2004：197.

4　语出：林洙. 困惑的大匠梁思成[M]. 济南：山东画报出版社，2001. 不一定准确。

5　这也是1919年关颂声从美国留学归来后担任的职位，均见于：基泰工程司及合伙人介绍[N]. 申报，1933-10-10. 转引自：武玉华. 天津基泰工程司与华北基泰工程司研究[D]. 天津大学，2010.

6　张钦楠. 记陈植对若干建筑史实之辨析[J]. 建筑师，1991（9）：43. 因为陈植专为勘误去信，故不取费慰梅书中所说梁、林、陈三人一同赴美的说法。

7　即亨利·墨菲，也称墨菲，美国建筑设计师，1899年毕业于美国耶鲁大学，墨菲先后为中国的教会大学规划设计了多所大学校园或主要建筑，如沪江大学、福建协和大学、长沙湘雅医学院、金陵女子大学、燕京大学、岭南大学。清华学校设计于1914年，庄俊是他认为的最好的绘图员。

8　1923年5月7日，梁家为梁启勋贺寿，梁家也请了林家，但林家迟迟未至，梁思成带弟弟思永骑摩托车去迎接，一说为参加"国耻日"纪念活动，被军阀金永炎所乘小轿车所撞，导致微跛，而车祸后林徽因亲自看护，又在次年与林一同赴美留学，幸甚。

9　童寯. 关于赵深的交代材料[M]//童寯文集（第四卷）. 409.

10　童寯. 家庭，社会关系和本人历史[M]//童寯文集（第四卷）. 375.

教如何选择美国的大学，同时询问宾大建筑专业的情况及入学事宜，杨立即回信，这也是两人相交之始。[1]

宾夕法尼亚大学建筑系的求学经历

19世纪90年代以前是美国建筑院校教育发展的第一阶段，虽然也有来自巴黎美术学院的影响，但总体来看是应对职业要求的产物，大多具有注重工程技术及实践的特点。

20世纪初至20世纪20年代是美国建筑教育中学院式方法兴盛的时期。一方面由于建筑实践领域折衷主义设计方法逐渐盛行，受过古典建筑样式训练的建筑师越来越受欢迎；另一方面有更多来自法国巴黎美术学院的建筑师成为美国各建筑院系的设计指导教授，因此布扎教学方法在美国很快全面盛行起来。

赵深、陈植、童寯三人到美国求学的时候宾夕法尼亚大学正处于第二阶段。美国建筑史学者称之为"折衷主义时期"（the Period of Eclecticism）。这是美国建筑教育稳步发展的重要时期。随着国家建设需求剧增，人们的审美追求也在发生变化，美国的"新古典主义"渐渐让位于"折衷主义"。宾大建筑系的体制继承了布扎教学体系和方法而根据美国的具体情况又有所调整。布扎教学体系源自法国巴黎美术学院，是一种在国家控制下，以罗马大奖赛[2]为核心，美术学院和图房联合运作的教育方式。美术学院承担公共基础课、专业基础课、技术基础课、史论类等理论课程，图房是私人性质占主导地位的松散型建筑设计专修之处，所进行的是以建筑设计为主的训练，它直接决定了学生的专业能

1　童寯. 关于杨廷宝的交代材料[M]// 童寯文集（第四卷），407. 另综合了由童寯做硕士导师的方拥记载："1924年秋，升入大学科的童寯决定修读建筑学专业，为选美国学校，他写信给正在宾夕法尼亚大学建筑系留学的高班同学杨廷宝。扬推荐自己所在校，童寯同意。"见：方拥. 建筑师童寯[J]. 华中建筑，1987(2). 不取陈植在：学贯中西业绩共辉——忆杨老仁辉，童老伯潜[J]. 建筑师，1991(3): 154—156. 中回忆"当伯潜去宾夕法尼亚大学时，仁辉在该校获建筑硕士学位……两人并未相识"，"伯潜与仁辉之交实际上始于1939年在重庆中央大学建筑系兼课的过程中"。

2　罗马大奖赛（[法]Grand Prix de Rome）首创于1701年，1968年停止，匿名提交。每年3—7月共举行三轮比赛，前两轮分别为1、2日的快题选拔，选出8人进行正式比赛，先封存快图，后回图房完成。一开始仅面向15—30岁的法国人，以资助他们去罗马法兰西学院学习4~5年。详见：单踊. 西方学院派建筑教育史研究[D]. 南京：东南大学，2002：28-30.

1.5

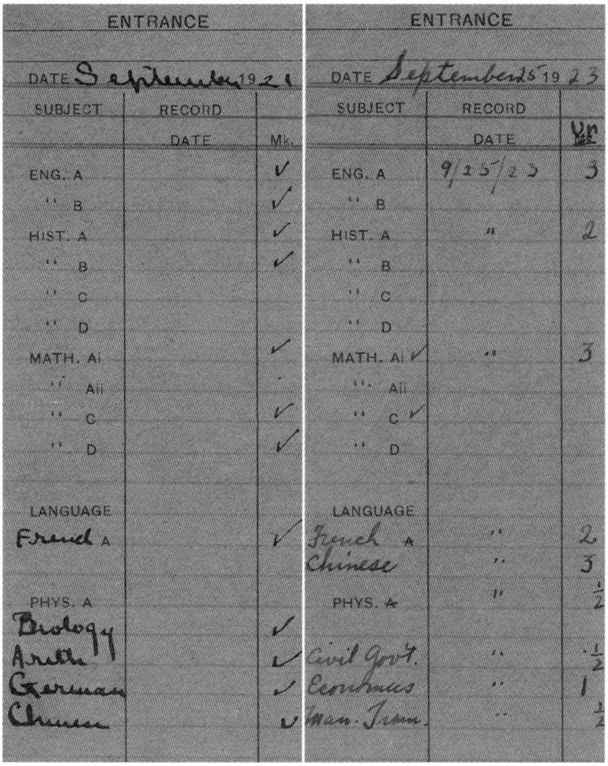

ENTRANCE / ENTRANCE form

1.6

力[1]。宾大的教学体系坚持建筑是一门艺术，如以艺术绘图训练为主；设计强调抽象古典美学构图原理；设计必须贯彻一开始的主题，不能在设计过程中变更最初的草图，两个月后提交设计时需与第一次快题设计的存档相对应；建筑史的讲解是"为理解设计风格奠定理论基础"[2]，从历史背景和文化含义上解读建筑的形式，等等。

宾大建筑系于1900—1920年间处于"宾夕法尼亚大学的培里克利斯时期"（Periclean Age of Pennsylvania）。该时期的重要表征就是宾大学生在全国性竞赛中的战绩：历年获奖总数超美国总数的一半，其中仅1911年一届就产生了4位"巴黎大奖"得主[3]。1920年，宾大成立"美术学院"（School of Fine Arts），建

图1.5
保罗·克瑞的照片

图1.6
赵深（左）、陈植（右）档案最左侧学科部分

图1.7
赵深档案右上角，获得学士学位和硕士学位的日期

1　法语atelier，英文atelia，还译作工坊、作坊、画室，集中于美术学院附近，有一个经验丰富的导师和一群共享学识的学员群体，其事务性工作由资深学员操持，导师指导学员进行大量的方案设计。画室间是竞争关系，学术差异明显，详见：单踊. 西方学院派建筑教育史研究. 23–27.

2　引自：单踊. 西方学院派建筑教育史研究. 105.

3　转引自：单踊. 西方学院派建筑教育史研究. 100. 巴黎大奖（The Paris Prize）1894年建立，为美国学生提供两年奖学金以及去巴黎美院留学的机会，由美国布扎建筑师协会（The Society of Beaux-arts Architects in America）组织（参见单踊论文第83-85页）。单踊论文此处还提及"和1位'罗马大奖'得主，无法确认此处的罗马大奖是前注所述罗马大奖赛，还是罗马奖学金，未见英文原著，谨慎取消。因前者不对法国以外的人开放，后者又只是1895年起由罗马美国建筑学院（The American School of Architecture in Rome）设立的旅行奖学金，仅允许美国高校毕业生或在巴黎美院学习2年以上的美国人申请，未能判断。

筑、音乐、绘画从此汇集一处，实现了较完整意义上的法国布扎式机制。1921年的小册子[1]介绍学院有教授8名，助理教授5名，指导教师5名，图书管理员1名，助教12名，外系教授与助教13名。宾大的教师中出身于本校的人数有限，尤其是各课的主讲教授大多来自法国巴黎美术学院或康奈尔、哥伦比亚等美国国内其他大学。学习课程由"美国布扎建筑师协会"及"布扎设计研究会"制定。建筑师作为艺术家的角色被放在首位。在各年级教学计划的安排上，对设计及与其表达直接相关的各类课程较为重视，而技术类和文科性的公共课分量相对较轻。

这个辉煌的发展时期建筑系（学院）的主导教师是首任院长"教皇"沃伦·P. 莱尔德（Warren Powers Laird, 1861—1948）和执教34年的系主任保罗·P. 克瑞(Paul Philipe Cret, 1876—1945, 图1.5)[2]。法国人保罗·克瑞曾先后受到里昂、巴黎两地"美术学院"的正统教育近10年，作为布扎学生中较为典型的代表，是布扎历史上得到学院传统真传的最优秀的学子之一。重要的是，1902年他临近毕业时就应邀赴美国教书并参与实践，为"美术学院"建筑思想的传播与深化做出了无与伦比的贡献。他1904年由莱尔德引入宾大建筑系，"在学术上属于学院派的新派，擅长简化古典"[3]，是当时美国流行的"摩登古典"（Modern Classic）的代表人物。[4]

而陈植、童寯共同的导师毕克莱（George Howard Bickley, 1880—1938）[5]，是"布扎"体系的坚定追随者。

宾大建筑系当时的教学体系是本科五年学制（一学年36~37周，含感恩节、圣诞节、复活节共放假4周，夏季暑期12周），硕士研究生一年结业，清华送来的理工科学生应直接插入本科二年级学习，这意味着正常完成硕士学业应当是5年时间。然而在10名中国籍硕士中，6位均提前修满学分。当时的宾大建

1.7

1　人数统计出自小册子University of Pennsylvania-Bulletin-School of Fine Arts-Announcement, 1920-1921第8-10页。中文引自：王贵祥. 建筑学专业早期中国留美生与宾夕法尼亚大学建筑教育[J]. 建筑史, 2003 (2)：9.

2　二人信息均译自一个基于费城图书馆、宾大建筑档案和私人合作的公开的互联网数据库PAB：莱尔德https://www.philadelphiabuildings.org/pab/app/ar_display.cfm/21437，莱尔德于1931年从院长职务上退休，克瑞https://www.philadelphiabuildings.org/pab/app/ar_display.cfm/22472。

3　罗小未. 社会变革与建筑创作的变革[J]. 建筑师, 1991 (42)：7. 其教学思想可参考：戴维·凡·赞腾. 究竟何为布扎建筑构成?[J]. 张洁译，童明校. 时代建筑, 2018 (06)：42-47.

4　杨廷宝的导师是克瑞，梁思成的导师是哈伯森（Harbeson），见：童寯. 致陈植信[M]. 童寯文集（第四卷）. 427.

5　毕克莱（1880—1938），1907年毕业于巴黎美术学院，回到美国后进入事务所工作，1910年开始在宾大兼职，1915年成为美国建筑师协会（American Institute of Architects, 简称AIA）费城分会会长，1930年任宾大艺术学院副院长。Bickley, George Howard (1880—1938)[EB/OL]. [2012-03-18]. http://www.philadelphiabuildings.org/pab/app/ar_display.cfm/23878.

筑专业课（1927 年）包括五大部分：

　　技术——设计、建筑制图、建筑要素、建造；

　　营造——机械、木工、砖石工、铁艺、图解静力学、结构理论、卫生设备；

　　绘画——徒手画、水彩、经典装饰；

　　制图——画法几何、建筑阴影、透视学；

　　建筑历史——古代史、中世纪史、文艺复兴史、现代史、油画与雕塑史。[1]

　　非专业课有英文写作、英国文学史[2]（图1.6）、初级法语、代数、微积分、体育等，共计79个专业学分，25个非专业学分，分为"优（D-distinction）""良（G-good）""合格（P-pass）"三个等级，另有"期中（I）""预科学分（advanced credit，缩写adv. cr.）"标记。其中预科学分即美国大学承认清华学校的预科课程，三个人的预科学分数均不相同。

　　宾大建筑系1891—1919年课程设置学分变动情况显示[3]，早在1898年，对比美国其他大学的建筑系，宾大的设计、图艺、建筑史（即上文专业课中的"设计""绘画""建筑历史"）的学分比重即均高于平均水平。随着时间的推移，宾大还继续有意识地提高图艺及设计的比重，削减技术（即上文的"营造"）的比重。1924—1925年宾大课程设置[4]的"训练重点是建筑的构图和美学素养，技术课程的比重相对比较弱，介入的时期也偏后"。陈植回忆宾大建筑系的文字仅见于其"文革"发言稿[5]，每一个特殊的时代都会影响到观点的真实性，"我那个学校，课程里虽亦有结构，水暖卫生，但是它是一个大学里的美术系中的一个建筑专业，因此对美观极为重视，得分高的设计大都是立面好，艺术性强，对平面布置亦重视的，但是往往处于从属的地位"。

　　赵深通过多选学分，靠学校的助学金将4年的课程挤在2.5年内读完，1923年2月，他取得建筑学学士学位，当年6月20日即取得了本校的硕士学位[6]（图1.7）。这只是他勤奋刻苦的一个方面。在两个暑假内，他利用机会到纽约的建筑师事务所工作实习，如约克和索耶建筑师事务所（York & Sawyer

图1.8
赵深中山陵设计竞赛应征图案，荣誉奖第二名

图1.9
Bowery Savings Bank（1923）

图1.10
匹兹堡大学学习大教堂
（Cathedral of Learning, University of Pittsburgh）

图1.11
陈植（左）在宾大，右为童寯

1　林少宏. 毕业于宾夕法尼亚大学的中国第一代建筑师[D]. 上海：同济大学，2000. 见第25页表2：宾夕法尼亚大学与东北大学建筑系课程比较。

2　见赵深、陈植成绩单。

3　单踊. 西方学院派建筑教育史研究[D]. 南京：东南大学，2002：101–104.

4　钱锋. 1920—1940年代美国建筑教育史概述——兼论其对中国留学生的影响[J]. 西部人居环境学刊，2014，29(1).

5　陈植20世纪60年代在上海市规划建筑设计院的发言稿，未刊，由陈艾先提供文档照片。

6　成绩单显示，赵深的研究生所修学分仅12.5分，与后来陈植、童寯同为25.5分不同，想来在1923年到1928年间宾大调整了研究生的课程设置。望有学者能做进一步研究。

1.8

1.9

1.10

1.11

Architects）[1]（根据1923年赵深参与项目推测）等，并结识了同事李锦沛[2]，在业余时间又参加建筑设计方案竞赛。资料显示他在3年的学习期间没有获得奖项，但其后3年的实习工作却使他积累了丰富的实践经验。大学毕业后，赵深先后在费城戴克劳德（Day & Klauder）[3]和迈阿密菲尼裴斯（Phineas E. Paist）[4]建筑事务所实习。1925年，赵深在菲尼裴斯事务所实习期间从海外参加了南京中山陵纪念堂的方案设计竞赛，获得荣誉奖第二名（图1.8）。

由赵深履历可知，他在美国事务所实习时，曾参加过的知名项目有：

民国十二年 纽约宝华利储蓄银行工程（美金500万工程）（1923年，即 Bowery Savings Bank，位于曼哈顿东42街110号，约克和索耶事务所设计）（图 1.9）

民国十三年 壁刺堡大学大楼（美金1000万工程）（1924年，即匹兹堡大学的地标建筑 Cathedral of Learning，高163米，1926年动工，戴克劳德事务所设计）（图 1.10）

民国十三年 圣路意士研究院（美金250万工程）（1924年）[5]

赵深公费可领至1925年，而且在美国有较多的实习机会，有相当的额外收入，所以他留居美国直至1926年。

1　约克和索耶建筑师事务所位于纽约，活跃于1898—1948年，擅长设计经典复兴风格的银行和医院。合伙人约克（Edward Palmer York，1865—1927）和索耶（Philip Sawyer，1868—1949）原就职于同一家知名事务所McKim, Mead & White，事务所信息节译自https://www.philadelphiabuildings.org/pab/app/ar_display.cfm/86787 .

2　李锦沛，字市楼，广东台山人，1900年生于美国纽约。1920年毕业于普拉特学院（Pratt Institute）建筑科。1921—1923年在麻省理工学院和哥伦比亚大学进修建筑，1923年获纽约州立大学建筑师资格。在美国期间，曾在芝加哥和纽约的建筑事务所任职，设计新泽西城基督教青年会、纽约时报馆等。1923年回中国。

3　该事务所原为 H. Kent Day 开办，时任老板查尔斯·克劳德（Charles Z. Klauder）是德裔二代，擅手绘透视，非本科，从绘图员做起，学长范文照亦在此工作过，见：Day&Klauder(1913-1927)[EB/OL]. [2012-03-18]. http://www.philadelphiabuildings.org/pab/app/ar_display.cfm/22667；Klauder, Charles Zeller(1872-1938)[EB/OL]. [2012-03-18]. https://www.philadelphiabuildings.org/pab/app/ar_display.cfm/25023.

4　事务所名称确认于字林西报公布的英文孙中山陵墓图案竞赛获奖名单，荣誉奖第二名为 Phineas E. Paist, Arch. of Florida U.S.A.，中文记录为赵深。Phineas E. Paist（1875—1937）出生于宾州富兰克林，是宾大建筑奖学金的第二位获得者，规划了迈阿密珊瑚山墙区（Coral Cables），主导了迈阿密大学的设计，其生平见：Phineas Paist [EB/OL]. [2017-3-25]. https://jssgallery.org/Other_Artists/Paist_Phineas/Phineas_Paist.html.

5　藏于上海市档案馆，浙江兴业银行行屋档案卷，Q268-1-548-85赵深履历，现对应英文为笔者查询该公司当年作品对照音译所得，前者见于一篇 Matthew Postal 所写的报告，后者见于匹兹堡大学官网记载。中文另有"基石"展览上的1932年《申报》建筑专刊之《赵深建筑师小传》，工程名字一致，金额不同，仅作旁证。

相较赵深获得的9个D（17学分），陈植的成绩单上"D"仅有3个（2.3学分），其学习却自有一番精彩。费慰梅在《梁思成与林徽因》一书中写道："据同学们说，中国来的'拳匪学生'都是非常刻板和死硬的，只有'菲莉斯'（这里人们这么叫徽因）和本杰明·陈（陈植在宾大档案中的英文名Chen，Benjamin Chih）是例外。……本杰明·陈则常在大学里的合唱俱乐部里唱歌，是学生当中最西方化的一个，也是最受欢迎的男生。他总是满脸笑容（图1.11），非常幽默，老爱开玩笑。"上学期间，陈植师从费城科迪斯音乐学院著名男中音歌唱家霍·康奈尔（Horaton Connell）教授学了4年声乐。但他会在交图前彻夜绘图或渲染，补上因欣赏歌剧和交响乐所失去的时间。1926年，他在柯浦纪念设计竞赛[1]（Walter Cope Memorial Prize Competition）中获一等奖（市政厅加建设计，交图者28人）。1927年他获得学士学位后休学一年，作为宾大学生合唱团成员与费城女声合唱团共150人一起在美国各地巡回演出，还受到美国总统柯立芝（President Coolidge）接见，1928年6月方获得硕士学位。

据陈植回忆，[2] "在学校期间连续两个夏天我到一个有名的事务所去实习，做过三十几层楼高的毕茨堡大学教学楼。毕业后到了纽约一个亦是全国闻名的事务所去正式工作，所做的都是摩天楼设计。"这里的"毕茨堡大学教学楼"应当就是赵深履历里的"壁刺堡大学大楼"，由于该楼1926年动工，也就是说两人在1924年可能共事。综上，陈植在美国的工作经历为：费城的施特恩费德[3]（Harry Sternfeld，时间及时长不详）事务所，戴克劳德[4]（Day & Klauder，1924年7—9月，1925年7—9月）事务所，波士顿的CSBA（Coolidge, Shepley, Bulfinch & Abbott，1926年7—9月）事务所，纽约伊莱·康[5]（Buchman & Kahn，1928年7月—1929年6月）事务所，[6] 以在康的事务所工作时间为最长。

1928年，梁思成经过与父亲梁启超的书信讨论，接受了东北大学建筑系

1　竞赛半年一次，奖励由宾州丁字尺（T-square）俱乐部设立，每年冬天颁发，用于购置建筑书籍。本次一等奖奖金100美元。获奖消息刊发于俱乐部杂志 *T-Square Yearbook*。

2　陈植20世纪60年代在上海市规划建筑设计院的发言稿，未刊。

3　施特恩费德（1888—1976）费城人，1900年在戴克劳德事务所待过一段时间，1907年就读于宾大建筑系本科，1914年宾大建筑系研究生毕业。曾在巴黎和罗马进修，1924年回校任教，见：Sternfeld, Harry(1888—1976)[EB/OL]. [2021-01-31]. https://www.philadelphiabuildings.org/pab/app/ar_display.cfm/25411.

4　戴克劳德即赵深实习处。

5　参见：Jewel Stern, John A. Stuart. Ely Jacques Kahn, Architect: Beaux-Arts to Modernism in NewYork [M]. New York: W. W. Norton & Company, 2006. 此处的英文是历史档案中的原文，经核查，童寯去时事务所名字为Buchman & Kahn，直到1930年才变成康一个人的事务所，即后文的Ely Jacques Kahn Architects（1930—1940），见：Ely Jacques Kahn（1884—1972）[EB/OL]. [2021-01-31]. https://library.columbia.edu/libraries/avery/da/collections/kahn.html.

6　陈植履历来自上海档案馆藏Q268-1-548-0086，原文为英文，事务所名称中文为笔者查证后翻译。

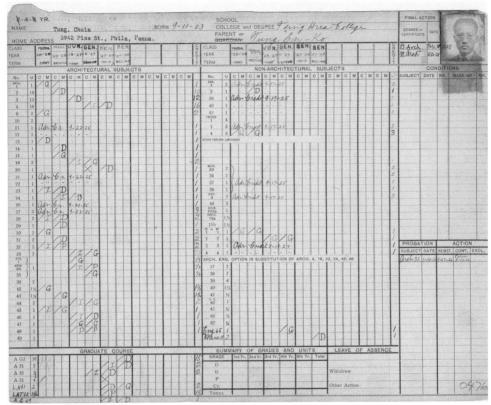

1.12

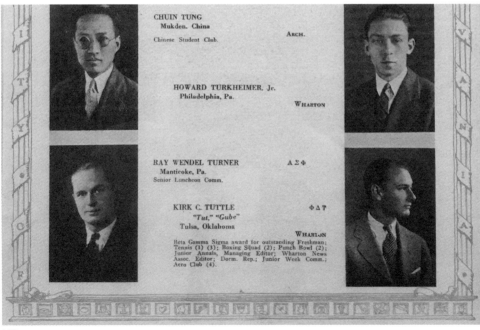

1.13

图1.12
宾夕法尼亚大学童寯档案

图1.13
宾夕法尼亚大学毕业纪念册
（局部）中的童寯

副教授的职位，在与林徽因回北京途中拟好课程安排，秋天起就开始教授该校建筑系第一批15名学生。此时该系教授只有梁林两人，常常忙到深夜。梁思成感觉吃力，写信给陈植，邀请他前来共事。陈植经祖父劝说，感到机会不易，遂放弃游学欧洲的计划，离开尚在美国留学的女朋友，收拾行李来到东北[1]，他是未按宾大建筑系常规先实习后去欧洲游历而直接返回中国的少数毕业生之一。1929年8月陈植回到中国，开始在东北大学授课。

1925年秋，童寯（宾大档案中英文名为Tung, Chuin）公费赴美，进入宾大。他在校学习刻苦勤奋，其从不涉足娱乐场所的习惯在同学间广为流传。他与梁思成合租公寓直到梁离开费城。[2] 童寯曾向费慰梅解释梁思成读书期间晚起的说法是 "As a rule he seldom got up before seven"（他通常很少在七点以前起床）。[3] 童寯的用功使他3年即修完本科硕士所有学分，其中17个科目都是优秀（D）等级，共计50个学分（图1.12）（杨廷宝获得24个D，共计54个学分），他的硕士导师也是毕克莱。1927年，童寯获全美大学生Arthur Spayed Brooke设计竞赛"美术博物馆（A museum of fine arts）设计"二等奖（交图者285人，一等奖1名，二等奖共13名）[4]，翌年同赛事"新教教堂设计"一等奖（交图者214人，一等奖共4名）。星期日童寯常与时在克瑞事务所工作的杨廷宝相聚（图1.13）。

1928年毕业后童寯进入费城本科尔建筑师事务所（R. B. Bencker）[5] 担任绘图员。1929年陈植回国前将童寯推荐到纽约伊莱·康建筑师事务所（Ely Jacques Kahn Architects）[6]。事务所老板伊莱·康，曾接受过巴黎高等美术学院训练，回国后却迎合时代潮流，用比芝加哥学派更简洁的手法处理高层建筑，还很崇拜赖特。陈植、童寯受其影响，学习了赖特的自由平面住宅设计，培养了追求潮流和新材料、新技术的理念。该事务所后更名为Kahn & Jacobs（K+J），在20世纪60年代被HOK（Hellmuth, Obata & Kassabaum）收购。

1　朱振通. 对陈艾先的访谈[D]// 童寯建筑实践历程探究（1931—1949）. 南京：东南大学，2006.
2　童寯. 致陈植信. 公寓就在宾大旁的松树街（Pine Street）3942号。
3　童寯. 致费慰梅信[M]// 童寯文集（第四卷）. 429.
4　出自《布扎设计协会公报》1928年1月第4辑第3期，1928年3月第5期. 转引自：童明. 中国近现代建筑发展的基石：毕业于宾夕法尼亚大学的第一代中国建筑师群体[J]. 时代建筑，2018（4）：164-173.
5　本科尔建筑事务所在1925年从McLanahan&Bencker改为个人事务所Bencker Architects，见：Bencker, Ralph Bowden (1883—1961)[EB/OL]. [2021-01-31]. https://www.philadelphiabuildings.org/pab/app/ar_display.cfm/22266.
6　陈植. 陈植致方拥信[M]// 童寯文集（第四卷）. 510.

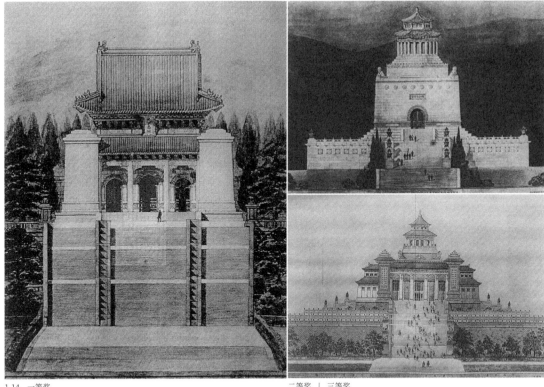

1.14　一等奖　　　　　　　　　　　　　　　　　二等奖　｜　三等奖

图1.14
中山陵十幅获奖作品

1937年以前曾就读于宾夕法尼亚大学建筑系的中国留学生共计25位[1]。陈植回忆当时美国学生中有两句口头语：Damn Clever these Chinese（这些中国人真棒）；The Chinese Contingent（这是中国小分队）[2]。如朱彬在读期间几次获得奖章；1924年杨廷宝连获布扎学会三大金奖（Municipal Art Prize, Emerson Prize, Warren Prize），还获过几次三等奖；梁思成获得过1926年柯浦纪念设计竞赛提名奖；李扬安获1927年Spayed Brooke设计竞赛二等奖，布扎设计协会二等奖；过元熙获1927年柯浦纪念设计竞赛一等奖，1929年Spayed Brooke设计竞赛二等奖[3]。美国学生的口头语不仅反映了以上集中获奖的情况，同时也反映了当年这批学生相聚在一起讨论、学习的状态。《院士世家——杨廷宝·杨士莪》记载：事实上当年为节省开支，杨廷宝1921年到美国后即与赵深合租公寓，是房东老太太楼上的两间，一间作卧室，一间作简易书房，赵深去实习的暑假，杨

1　他们是：朱彬、范文照、赵深、杨廷宝、方来、陈植、李扬安、卢树森、黄耀伟、梁思成、林徽音（女）、梁宝和、谭垣、童寯、吴景奇、孙熙明（女）、过元熙、Wah-Wong Chung、梁衍、王华彬、哈雄文、萨本远、Chang, Thomas J.、Chang, Hang T.、Zoo Yih-Yi（按入学时间先后排序，人名均按原文引用）。
　　见：童明. 中国近现代建筑发展的基石：毕业于宾夕法尼亚大学的第一代中国建筑师群体.
2　中英文均为陈植文中原文，见：陈植. 学贯中西，业绩共辉——忆杨老仁辉、童老伯潜.
3　这一年题目是共济会教堂，交图者365人。

1.14　荣誉奖　第一至三名　　第四至七名

廷宝则去暑期学校学习雕刻，1923年赵深求得未婚妻到美国，搬出，刚入学的陈植便搬来同住。1926年赵深夫妇和杨廷宝去欧洲后，梁思成又搬了进来。[1]此前梁思成一直和童寯合租，以至于报道林长民（林徽因之父）去世的报纸也是由早起的童寯买回来的。[2] 1925年梁思成加入系主任克瑞的事务所实习，同年杨廷宝硕士毕业，开始了在此一年的工作。童寯回忆当时陈植和梁思成均认杨廷宝为畏友并视杨为师[3]。

设 计 竞 赛

　　三人在宾大接受的教育均为"布扎"体系，宾大建筑系的建筑设计课程和巴黎美术学院类似，课程共6级，I、II级题目各11个，III、IV级题目各8个，V、VI级题目各7个长题，3个快题。习题名次决定了学生的设计课学分，I、II级题目一题可获2或3分，III、IV级题目一题可获2~3分，I至V级的晋升需要6学分，V升VI、VI升研究生需要12学分，修满学分即可升级。

　　宾大每学年举行竞赛题目多为公共建筑设计，与宾大建筑系课程习题的III、IV级类似（I、II级是建筑局部设计和小品及环境设计）[4]。学生在全国性的由"布扎设计研究会"每季度组织的竞赛中获一、二等奖，宾大还会奖励学分，一等奖3.5分，二等奖3分，提名奖2.5分，快题、考古或测绘的提名奖1分。这无异于鼓励学生通过参加设计竞赛获奖来加快升学速度，也反映了宾大建筑系课程体系对竞赛的重视程度。

　　1893年，就读于巴黎美术学院的美国学生成立了美国布扎建筑师协会（The

1　陈泓，苏克勤. 院士世家——杨廷宝·杨士莪[M]. 郑州：河南科学技术出版社，2014.
2　童寯. 致费慰梅信[M]// 童寯文集（第四卷）. 432.
3　童寯. 一代哲人今已矣，更于何处觅知音——悼念杨廷宝[M]// 童寯文集（第二卷）. 北京：中国建筑工业出版社，2001：311.
4　单踊. 西方学院派建筑教育史研究. 106–109.

Society of Beaux-arts Architects in America)。翌年协会就发起了面向协会学生、六所大学的学生和俱乐部成员的设计竞赛。1916 年协会成立了布扎设计研究会（The Beaux-arts Institute of Design, BAID），分管协会的教育事务，定期出版《布扎设计研究会公报》（*The Bulletin of the Beaux-arts Institute of Design*）公布本季度的奖项设置和上季度的获奖名单。

市政艺术协会奖（Municipal Art Society Prize）由美国布扎建筑师协会设立，竞赛最佳者奖励 50 美元。

沃伦奖（Warren Prize）[1] 由法国人 BAID 主席劳埃德·沃伦（Lloyd Eliot Warren, 1868—1922）和其兄弟建筑师惠特尼·沃伦（Whitney Warren）共同设立，奖励杰出的建筑群体设计。L. E. 沃伦推动了"巴黎大奖"（The Paris Prize）的设立，一等奖 50 美元，二等奖 25 美元。参赛者需要在 24 小时内完成快题并提交。

爱默生奖（Emerson Prize）由宾夕法尼亚大学设立。

小赫克尔奖（Samuel Huckel Jr. Prize）是宾大为了纪念费城建筑师小赫克尔（William Samuel Huckel Jr.，1858—1917）[2] 在他去世后设立的。

亨利·亚当斯奖（Henry Adams Medal）的前身名为学校奖（The School Medal），由美国建筑师协会（AIA）1914 年设立，奖励学生在本校学习生涯中的卓越表现，奖品为亨利·亚当斯（Henry Adams，1838—1918）[3] 所著《圣米歇尔山和沙特尔大教堂》（*Mont St. Michel and Chartres*）一本。1921 年亨利·亚当斯基金成立后，为纪念他的捐赠，奖章即改为现名。基金成立的目的是"奖励买不起书的绘图员"。每年由委员会（NAAB）认证的建筑系/学院直接向 AIA 分别提交一位本科、硕士、博士毕业生的名字。

柯浦纪念奖（Walter Cope Memorial prize）[4] 竞赛每年举行一次，是费城的丁字尺俱乐部（T-Square Club）为纪念创始人之一建筑师瓦尔特·柯浦（Walter

---

1   市政艺术协会奖、沃伦奖信息节译自哥伦比亚观察报档案，Columbia Spectator. STUDENTS COMPETE FOR LOEB PRIZE [EB/OL]. (1916-10-24) [2020-8-9]. https://spectatorarchive.library. columbia.edu/?a=d&d=cs19161024-01.2.50&e=-------en-20--1--txt-txIN-------. 这篇 1916 年的文章中同时提及《公报》中还有哥大教授 M. I. Pupin 提供的 Pupin prize，用于奖励科学仪器上最佳的装饰设计，Morris Loeb 女士提供的 Morris Loeb prize，用于奖励杰出的装饰设计，二者奖金同沃伦奖。Spiering Prize，奖金 50 美元。由于宾大的中国学生没有获得过以上奖项，暂不列入正文。

2   小赫克尔，专注于教堂设计，代表作品为纽约老中央车站。小赫克尔奖信息译自 https://www. philadelphiabuildings.org/pab/app/ar_display.cfm/25232.

3   亨利·亚当斯，美国历史学家、学者和小说家，毕业并执教于哈佛大学，主要著作有自传《亨利·亚当斯的教育》（获普利策奖）、《圣米歇尔山和沙特尔大教堂》（入选美国 20 世纪百佳非虚构类书籍）。他将后一本书的版权和版税捐赠给了 AIA。该奖项在 2018 年后扩大了颁奖范围，信息节译自 AIA 官网 https://www.aia.org/pages/6174501-henry-adams-medal-program.

4   柯浦奖信息节译自 https://www.philadelphiabuildings.org/pab/app/ar_display.cfm/23031.

Cope，1860—1902）而设立。其题目限定于市政改造或景观建筑（municipal improvement or landscape architecture），奖金70美元用于购买建筑书籍。柯浦曾经担任宾大教授并设计了宾大很多扩建建筑，他与合伙人还设计了普林斯顿大学、布林茅尔学院、华盛顿大学（圣路易斯）的很多建筑。

布鲁克纪念奖（Arthur Spayd Brooke Memorial prize）[1]是宾大纪念学生亚瑟·斯帕伊德·布鲁克（Arthur Spayd Brooke，1876—1900，死于伤寒）而设立的旅行奖，其目的是鼓励学生去欧洲旅行。

在美国期间，陈植、童寯有多次在校设计竞赛获奖的记录。经多位前辈赴宾大挖掘档案后未见赵深获奖的记载，暂将赵深在美参加的中山陵方案设计竞赛获奖作品与之并列。

赵深的中山陵设计竞赛方案

1925年5月19日，孙中山先生葬事筹备处发起了孙中山先生陵墓建筑悬奖，其英文版发布于《字林西报》，中文版于前后一周时间在多家著名中文报纸上发表。这一《陵园悬奖征求图案公告》发布了"孙中山先生陵墓建筑悬奖征求图案条例"，其中的设计要点共有五条[2]：

1. 此次悬奖征求之目的物，为中华民国开国大总统孙中山先生之陵墓与祭堂之图案，建筑地址在南京紫金山内之中茅山南坡。

2. 祭堂图案须采用中国古式而含有特殊与纪念之性质者，或根据中国建筑精神特创新格亦可。容放石椁之大理石墓即在祭堂之内。

3. 墓之建筑在中国古式虽无前例，惟苟采用西式，不可与祭堂建筑太相悬殊。……

4. ……高坡上应有广大之高原，俾祭堂四周可有充分之面积，遇焚火时不至危及堂屋，并须在堂前有可立五万人之空地，备举行祭礼之用。……

5. 石台阶或石级之建筑，由应征之设计者自定，惟其起点在山边，不宜高过一一〇米突高度线。祭堂之建筑由设计者自定，惟计划须包括祭堂

1　布鲁克奖信息节译自 https://www.philadelphiabuildings.org/pab/app/ar_display.cfm/24039.
2　南京市档案馆. 中山陵档案史料选编[M]. 南京：江苏古籍出版社，1986：149-150.

与石台阶或石级等登临之径，此两部应视为一体。……

作品均以暗标形式[1]提交，时间截止于当年8月31日，前后共计三个半月。应征者需完成这个供5万人同时瞻仰的陵墓规划及祭堂建筑设计。竞赛共收到图纸40余份，其中中国建筑师方案31份[2]。竞赛评选出一、二、三等奖各一名，均为中国人；荣誉奖10名，27岁的赵深是其中唯一一个中国人。发表获奖作品名单的报纸称"因海外应征者赶不及时间，特调整到9月15日"，即是留出从海外邮寄的时间。他获奖的南京中山陵纪念堂的方案（见图1.8），"原型是北京天坛，又加入了西方古典建筑的式样：底部的科林斯式柱廊和模仿坦比哀多（罗马，伯拉孟特）的上部[3]"，这就是赵深对于"中国古式而含有特殊与纪念之性质"的理解。赵深的方案被评为脱离场地的实际情况，为何还能总排行第五？其新意在于该方案展现了在另一个维度上表达"纪念"的"中国古式"的文化涵义。天坛不仅是中华民国宪法获得正式通过的场所，是"共和的象征"，更是传统的祭天场所，与中山陵作为公祭场所的政治含义相匹配。他还在上台阶前设置了一道完全传统的牌坊来加强项目"中国古式"的意味。圆形取消了方向感，符合四方来拜的意涵，也将本方案和其他所有方案区别开来。选择天坛为主体、坦比哀多为装饰原型正是因为赵深认为理想的形式可以传达建筑构想。同时这两者的结合也是一种前所未有的尝试。立面完全对称，水平向非常舒展，满足了构图的平衡却超出了用地的宽度，显示出赵深的设计核心仍然来自布扎——折衷主义风格和构图优先。就设计要点第2点来说，从葬事筹备委员会刊登的10幅获奖作品(图1.14)的祭堂设计来看，西方建筑师开尔斯（Francis Kales，荣誉3）和戈登士达（W. Livin. Goldenstaedt，荣誉5）选用了宝塔，显然是采用了佛塔，即窣堵坡（stupa）存放舍利的说法，却忽略了"塔"在中国有着镇妖的传统含义。署名士达打样建筑公司（Zdanwitch and Goldenstaedt）的另两个方案一个用了十字脊城楼，有日本天守阁的意味（荣誉6），一个创作出西式穹隆、双层基座和中式脊瓦的混合体（荣誉7）。范文照（二等奖）参考了"纽约格兰特将军墓"，以祭堂的大体量作城门式基座，上方叠加一个

1   孙中山先生陵墓建筑悬奖征求图案条例（十四）："一切应征图案须注明应征者之暗号，另以信封藏应征者之姓名、通讯址与暗号"，全部暗号见：南京市档案馆. 中山陵档案史料选编. 156-157.
2   见于2017年11月21日—12月22日的"基石——毕业于宾夕法尼亚大学的中国第一代建筑师"展览所展出的费城报道"PhiladelphiaPa.Bulletin"，1926年6月。
3   赖德霖. 探寻一座现代中国式的纪念物——南京中山陵设计[M]. 中国近代建筑史研究，北京：清华大学出版社，2007：259-261. 其中亦有各位西方建筑师的名字及履历推测。

纯装饰性圆形光亭，重檐光亭为古典柱式加中式脊瓦，气势磅礴。类似的构图也出现在三等奖的杨锡宗的方案中，其区别在于下部的祭堂体量被竖向线条划分，两侧对称突出，类似城阙，上部的光亭设计为挑檐，更贴近中式亭阁，整个方案立面尺度较小，偏向细碎。首奖吕彦直的规划方案直击陵墓主题，其祭堂立面设计为三段式，重檐歇山顶，建筑两端并未用水平展开的方式体现宏伟，而是用两个简化的城阙式体量限定出建筑边界，以突出垂直方向的高大感，在经济性上尤获好评。而乃君（Cyrill Nebuskad，荣誉1）的方案虽同为重檐歇山，缺少了吕彦直这一中西结合的手法，沿袭传统的副阶周匝为基座，建筑气势弱化不少。恩那与弗雷（C. Y. Anney and W. Frey，荣誉4）更是设计了原汁原味的独立重檐歇山顶城楼一座，配以有收有放的道路与广场序列来解题。

陈植、童寯的获奖设计

1926年的柯浦竞赛题目是在虚线范围内，为市政厅北面加建一部分来形成一个街道转角的崭新立面（图1.15），共收到28份作品。从陈植的一等奖作品（图1.16）来看，他增加了一个斜面直接面对转角，从两侧的转角楼梯可以上到正中的演讲台，演讲台背后是大尺度的神龛，两侧分别竖立两根大理石柱，柱端立天使雕像，像是教堂入口门洞的放大，建筑物顶部阶梯状收缩，呈轴线对称。可以看出设计严格地遵守了比例和韵律的原则，但是重新组合了柱式和教堂的场景，得到一种全新而又熟悉的体验。在渲染图的下方近景处，陈植添加了大量打伞的人物与不同方向的小汽车，以伞和汽车的方向加强画面的向心性，以雨天地面的水光和壁龛的灯光点亮画面中心，将观者的视线聚焦到图纸中央，既暗示了演讲台的作用又体现了陈植对市政厅功能的理解。

1928年的新教教堂设计题目是为大城市在250英尺×300英尺（约76米×92米）的长方形空地上兴建教堂。基地的短边临重要道路，两长边临次要道路，任务书还指明教堂需附建一座小礼拜堂。教堂风格不限，但需体现建筑美与重要性。教堂要满足1000人集会的需要，小礼拜堂的空间要能安排40人的唱诗班，200个座位，并举行圣餐仪式，用于婚礼丧葬及其他服务。建筑平面完全由参赛者决定，只是朝向重要道路的视角最为重要。童寯从214个参赛者中脱颖而

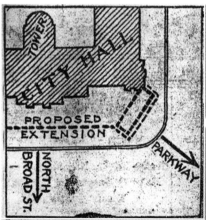

1.15

图 1.15
1926 年冬，柯浦
纪念竞赛题目

图 1.16
陈植获奖作品

出，成为 4 名一等奖获得者之一[1]（图 1.17）。他完成了右侧小礼拜堂入口与教堂左侧空间在立面上的对称性之后，又创造性地将钟楼的垂直体量与小礼拜堂的平面相结合，突显了小礼拜堂的位置。他并未完全遵从任何一种风格，摒弃了哥特式尖顶和玫瑰窗，在主入口以大十字架象征教义并起到分隔窗户的装饰作用，在钟楼顶部做出"装饰艺术"（Art Deco）式的简洁收分。或许这是他对任务书中"大城市"这一形容词的回应，即对渲染图配景中大城市内摩天楼的回应。另一个回应是在场地处理上，他在教堂除朝向主要道路一面的其他各面均植有大树，让教堂与城市隔离，主要道路方向又留出足够车辆回转的广场方便小汽车到达。以上种种都表现出了童寯强烈的设计创新意愿。

1930 年的美国建筑风格大环境还是折衷主义倾向，Art Deco 风格此时在美国才刚刚兴起。三人的竞赛作品均在折衷主义的基调下有所创新。比如赵深在中山陵竞赛方案中对中国元素的诠释，陈植用强化正立面多层次的对称来弱化转角双柱在视觉上的不对称，童寯设计的新教教堂钟楼顶部采用了 Art Deco 风格的收分。他们已经可以得心应手地运用在宾大学习到的"布扎"的比例、对称、构图等设计手法来表达自己的设计。考虑到当时宾大所在的费城在美国东海岸，距纽约较近，距离美国现代建筑早期集中地——密歇根湖旁的芝加哥较远，赵深、童寯分别去欧洲游历时，才首次直接接触了现代主义建筑。

1　译自 2018 年上海"觉醒的现代性——毕业于宾夕法尼亚大学的中国第一代建筑师"展览展出的 1928 年 3 月出版的 *The BULLETIN of the BEAUX-ARTS INSTITUTE of DESIGN* 第 4 卷第 5 期的官方获奖公告中关于"新教教堂"竞赛的评判。

1.17

旅欧之行

在美国布扎建筑师协会主席劳埃德·沃伦的努力下，协会设立了"巴黎大奖"，鼓励学生从专业旅行中学习优秀建筑文化。这一做法渐渐被全美国所认同，各校建筑系纷纷设立本校的各类欧洲旅行奖学金，时间从数月到2~3年不等。毕业去欧洲进行专业旅行再回国也就成为了多数中国留学生的选择。赵深、童寯分别去欧洲游历时，才首次直接接触了现代主义建筑。

陈植由于毕业较晚，实习一年半后应梁思成邀请，放弃了去欧洲旅行，直接回国。赵深、童寯则均规划了旅欧之行。1926年秋至1927年春，赵深携妻孙熙明[1]与杨廷宝同赴欧洲，至英、德、法、意四国考察城市建设和古典建筑。

1   孙熙明（1901—1987），无锡人，上海圣玛利亚女校毕业，燕京大学毕业后为无锡女校校长。二
     人在美成婚。本书信息整理自文章：赵翼如. 静夜里的独幕剧[J]. 上海文学，2009（11）. 作者
     赵翼如自述为赵深嗣子之女，江苏作协作家，"赵翼如"亦见于2017年的"毕业于宾夕法尼亚大
     学的第一代中国建筑师——基石"展览的致谢名单中。

图1.17
1928年童寯获奖作品

在欧洲考察期间，赵深曾作多幅水彩写生画和素描画，杨廷宝更是完成了一百多幅水彩画作。赵深夫妇对考察作何准备不得而知，杨廷宝则有自己的标准流程：每天预定好第二天的考察学习计划，反复阅读、记忆弗莱彻的世界建筑史相关章节，第二天现场考察对证："住在小旅馆里，定出每天的考察学习计划，凡是第二天要去看的，前一天晚上在旅馆里拿出弗莱彻的《比较法建筑史》（*A History of Architecture on the Comparative Method*），找出有关章节，把要去看的建筑物的历史、社会背景、艺术特征，以及平面图、立面图、剖面图以至装饰细部反复阅读，一直到全部记得烂熟，然后第二天才去实地考察和对证。"[1] 相信赵深也从中获益。

1930年，童寯旅欧除留下了速写和水彩写生画之外，还用英文写下了《旅欧日记》[2]，整个旅程历时四个月，遍历英、法、比、荷、德、捷、奥、瑞（士）、意、俄。他会因为看到的展览而临时起意去城郊探访，也会跟着明信片的线索去寻找踪迹。从日记中可以清晰地看到，当时的童寯在欣赏各种历史风格（巴洛克、哥特、文艺复兴、诺曼、罗马风等）建筑和文物、绘画的同时，还关注出现不久的现代风格及现代感的室内设计。在此特别选取童隽日记中涉及现代建筑的文字，以期观察其对现代建筑最初的观感和想法。

在英国，他只记录了坎特伯雷大教堂（5月21日，图1.18）的十字拱上方的天花只是"由柱上升起四根红蓝分明的拱而成型"（made by four spring up from pillars & so clearly decorated with red & blue），就使得整个效果看上去非常具有现代气质。在法国巴黎，大王宫"有着非常漂亮而现代的室内"（5月24日）；在马雷·斯蒂文斯街（Rue Mallet Stevens）"第一次看到现代风格的外观。它在某些地方有着鲜亮的色彩，非常有意思"（5月27日）。

荷兰鹿特丹"没有发现很多现代建筑"，一座现代"剧院很棒，天花是很长的平行光带，可以依次由红、蓝光色进行照明"，"在鹿特丹和阿姆斯特丹之间有许多现代建筑和风车"（6月3日）；在阿姆斯特丹南郊"有一座现代教堂"，"甚至街头的邮箱设计得都很现代"。

接下来的德国之旅中"现代"一词和现代建筑的出现频率逐渐增加："杜塞尔多夫是一座值得一访的城市，因为它有几座欧洲最好的现代建筑"（6月6日）；"比肯多夫的现代教堂"（6月7日）；科布伦茨"火车总站附近有一座新

1　整理自：汪季琦. 回忆杨廷宝教授二三事[M]// 东南大学建筑系. 杨廷宝先生诞辰一百周年纪念文集. 北京：中国建筑工业出版社，2001：41.

2　童寯. 童寯文集（第四卷）. 246-373. 笔者根据日记整理了一份童寯旅欧行程，见附录。

1.18

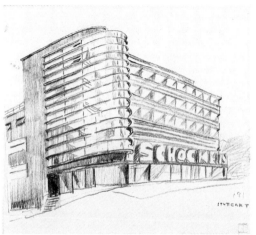

1.19 | 1.20

的现代公寓"(6月9日);法兰克福"郊区却满是现代建筑",在前往汉堡的途中有"大量的现代建筑"(6月11日);"在回来的路上参观了大市场,这是一座很棒的现代建筑"(6月13日)。"前往法兰克福的手工艺馆,这里有一个沃尔特·格罗皮乌斯的现代建筑展",又在多恩布施[1]"下车去参观一所现代学校和一些现代公寓"(6月14日)。"曼海姆有一些棒极了的现代建筑"(6月18日)。"罗滕堡是我所见过的最具想象力的城市。它是中世纪和现代的一种融合"(6月21日)。"在班贝格参观了现代教堂,圣·海尔里希教堂(st. Hein Richs Kirche,建筑设计:Goerty博士)。外观是精美的石作,在拱券侧框则有些砖作……其余的则是混凝土和砂浆"(6月25日)。莱比锡"在靠近圣约翰教堂的地方,有一座现代建筑,格拉西美术馆就在其中","前往城市的郊外去参观德意志图书馆。附近还有一座现代的俄国教堂,建于1913年,它带有一个盉顶穹窿,室内也建得很好。展览中心有一些现代建筑,大学诊所是现代风格,而且很近"(6月27日);莱比锡动物园"有几座现代建筑用于大象和熊。天文馆是现代风格的,但是比较便宜,而且关闭了"(6月29日)。马格德堡展览中心的城市大厅"是用于交响乐的观众厅。乐器屏风是由覆以蓝色天鹅绒加上红色的竖向格栅所构成。室内由水平的木件所构成,窗户由浮雕玻璃所组成,并且很重。灯光的排列很有意味。色彩配置很有效果,这是我所见过的最好的现代室内"(6月30日)。在波茨坦"花了一个小时去寻找爱因斯坦塔","我非常急迫地想看到一些东西,因此我围着观察站的周边走了很远,才看了顶部一眼。照片上的塔通常是黑色的,但是它现实中看上去却是白色的,而且很洁净"(7月1日)。布雷斯劳(现弗罗茨瓦夫,属波兰)百年厅[2]"是一个带有梯状玻璃穹顶的大报告厅,室内效果强烈。所有都是混凝土和玻璃。不知道音响效果如何解决"(7月7日);沙上圣母教堂[3]"只有钟塔顶部有现代节点"(7月8日)。慕尼黑"靠近王宫的医院是现代风格的,而且还不错"(7月25日);"参观奥斯特鲁普公园(Austellup Park)的建筑,现代风格"(7月25日)。乌尔姆的"一座现代教堂(卡特城市教堂)","其外观是罗马风的一个现代版本。室内则非常漂亮(几

1　原文为Dombush,结合上下文及地图应为Dornbusch.
2　比对作者手绘图后对原文有所更正,文集上建筑名为Jahrbruderthalle,应为Jahrhunderthalle,对应波兰语HalaStulecia,中文介绍通用"百年厅"为名。
3　即文集中的"克莱门斯·玛利亚·霍夫鲍耶教堂",原文Clemens的C应为K。

乎是立体主义的），由多米尼库·波胡（Dominikus Böhm）[1] 教授设计。没有太多的颜色，但是投在整个墙面上光线和阴影非常有效果"（7月27日）。斯图加特的"肖肯百货商场（图1.19），这是我所见过最好的百货商场（当然是建筑学方面的）。它带有水平线条的砖与灰墙面的组合，用大型灯箱来显示商店名称，非常有效"（7月28日）。

在捷克，布拉格的"现代建筑缺乏修饰"（7月13日）。在奥地利，前往维也纳"三号街区去参观现代公寓（图1.20），在那里，你可以从一个庭院穿到另一个庭院，直到路边。规划得很好，建筑也很棒"（7月19日）。在瑞士巴塞尔的"阿斯霍普的附近找到了现代奥托瑞姆教堂"，"钟塔（混凝土的）是我所见过最好的。室内同样非常肃穆，缺乏戏剧性效果。但是比例看上去不够协调。它的剖面是中庭上的尖券和走廊上的平顶。所有的天花都处理成嵌入混凝土的方格。锈蚀玻璃窗是现代风格的，并且除了立体主义风格的设计外，还有人像在上面"（7月29日）。

在意大利，米兰圣斐德理堂的"砖作让人想起某个德国的现代砖作"（8月2日）；比萨大教堂圣坛上方的"马赛克（金色衬底）如此大胆，以至于它看上去非常现代"（8月5日）；威尼斯丽都岛的展览建筑"是最现代主义风格的，品质十分低劣"（8月11日）；维罗纳圣柴诺大教堂中庭上方的木天花（14世纪）"效果非常现代"，"由一个倒转头像所支撑的洗礼盆也采用了现代形式"（8月13日）。

一路读来，童寯对现代建筑的好感一览无遗，他在途中主动探访当时著名建筑师的作品，观察现代建筑的构成手法、实际效果，与现代建筑相关的室内、景观与小品，以及古典和现代结合的细节。这展现了童寯和赵深回国前对建筑风格的不同态度，即赵深关注的是各种古典风格的原初真实，是溯源之旅，而童寯的注意力在于经典比例、主观感受，以及现代主义和立体主义风格，是求新之旅。

---

[1]　多米尼库·波胡（1880—1955），又译作多米尼库斯·伯姆，一生专注于教堂设计，其子Gottfried Böhm（1920—　），获普利兹克奖。比对童寯描述的建设地点后，笔者认为这是伯姆所做施洗者圣约翰教堂（St. Johann Baptist）。该教堂二战经空袭受损严重，战后由伯姆主持修复工作，但现存与童寯的描述已不相同。

2

1931 上海、南京双城记

华盖在1933年以前三人合作完成在建或建成项目20项：

国民政府外交部（办公大楼、官舍、辅助用房），南京，1931年；

铁道部购料委员会大楼，南京，1931年；

愚园路公园别墅，上海，1932年；

苏州市青年会大戏院，苏州，1932年；

大上海大戏院，上海，1932年；

上海恒利银行（The Shanghai Mercantile Bank Ltd.），上海，1932年；

首都饭店（南京中山路旅馆2幢），南京，1932年；

中山陵孙科住宅，南京，1932年；

上海火车站修复，上海，1933年；

浙江兴业银行大楼，上海，1933年；

永和里（建华公司新建石库门楼房130幢），上海，1933年；

尚文路潘学安[1]西式住宅，上海，1933年；

郑麐（相衡）公馆，上海，1933年；

黄仁霖住宅，南京，1933年设计；

兰园合作社住宅2幢，南京，1933年；

首都电厂，南京，1933年；

五棵松高尔夫俱乐部（首都野球会），南京，1933年；

行政院临时办公楼，南京，1933年；

中山陵行健亭，南京，1933年；

中汤路私人住宅，南京，1933年。

从上可见，一家年轻的事务所，仅三年即完成了20多项设计，无论是从项目数量、规模还是类型上来看，上海和南京是华盖的业务重心。这种业务量的蓬勃发展与当时中国重要城市建筑业的整体兴旺，与中国整体实力的提高都是分不开的。所以，在展开事务所相关的史实之前，有必要将这两座城市的情况呈现出来。

1　　潘学安，笔者推测是民国大华保险公司总经理。

2.1

上海

城市面貌与规划

图2.1
1925年的上海外滩

　　从1843年上海开埠以来到华盖正式开业的1933年，1930年的数据显示，上海市是当时仅次于伦敦、纽约、东京、柏林的世界第五大城市，拥有300万人口，外侨多达15万人，与欧美有着密切的政治、经济、文化联系。上海因其地理位置和经济发展状况，很快成为各方势力的主要财政收入来源。民国二十年（1931）上海进出口贸易值总数为20亿银两。房地产业于此时达到高峰，建房数量空前增长，在这13年中，仅公共租界就新建房屋8万余幢，平均每年6000余幢；法租界民国四至十九年（1915—1930）间新建中西住房3万多幢，平均每年2000幢[1]，新工厂和商业机构与日俱增，银行、海关、洋行、饭

1　　史梅定. 上海租界志[EB/OL].（2003-08-28）[2008-03-02]. http://www.shtong.gov.cn/Newsite/node2/node2245/node63852/node63861/node63961/node64494/userobject1ai58037.html.

店、公寓和百货公司纷纷扩建、改建和新建。当时作为租界窗口的上海外滩自1843年开埠后不断翻建，经过1920—1929年10座建筑拆除重建后，已是银行、洋行等高楼林立的一条马路（图2.1），如今的外滩面貌当时已基本成型。用国际知名现代文化研究者李欧梵的话来说"在20世纪30年代，上海已和世界最先进的都市同步了"。[1] 但上海和这些城市又有所不同，开埠形成了公共租界、法租界、华界三界，其中华界又被租界分隔为南市、闸北两个独立的区域，所以又有四方之说，合称"三界四方"。

公共租界对于建筑形式管理较为宽松，其工部局仅在1901年与1903年分别颁布《中式房屋建筑章程》与《西式房屋建筑章程》作为审图依据，并未见其制定具体的区域规划。道路宽度一般在10~15米，规划间距极小，一般不超过100米，有的仅40~50米。其建筑法规既借鉴了香港，又学习了英美的经验，重点在于确保建设有序、卫生、健康。

而法租界的边界大约在1914年定型，东至黄浦江，西至华山路，南抵肇嘉浜路，北至静安寺与公共租界接壤，没有明显的工厂群，以中产阶级住宅区为主，并以白俄人聚集的霞飞路商业街为轴线向西发展。为了蓬勃的房地产开发带来的丰厚税收，法租界公董局对城市建设的控制力度很强。从1900年起，"嵩山路以西的'租界扩充区'上兴建的任何建筑物，都必须按照欧洲习惯用砖与石块兴建"，1902年"外滩到公董局之间公关马路上任何新建建筑物之门面墙都必须要用西式砖建筑建造"[2]，1914年"法国公园周围由辣斐德路（现复兴中路）、华龙路（现雁荡路）、金神父路（现瑞金二路）、宝昌路（现淮海中路）等所围绕起来的方形区域，规定只准许兴建西式房屋"，1920年，该范围扩大到由霞飞路（现淮海路）、吕班路（现重庆南路）、金神父路（现瑞金二路）、广慈医院北墙等所围绕起来的方形区域，1924年"外滩至敏体尼路（现西藏南路）之间的公馆马路（现金陵东路）两侧房屋业主必须要在屋前建造一条有屋顶的走廊"。[3]

1927年蒋介石提出要对上海的发展计划（"计划"是当时对规划的称呼）进行设计，主事者为民国上海特别市第一任市长，也是蒋介石的结义兄弟——黄郛。他在任市长的一个月零五天期间，即提出"一是筑一条环绕租界的道路，

1   李欧梵，毛尖. 上海摩登：一种新都市文化在中国(1930—1945)[M]. 北京：北京大学出版社，2001：7.

2   上海租界志·第三节 建筑管理[EB/OL]. (2003-8-28) [2012-03-11]. http://www.shtong.gov.cn/dfz_web/DFZ/Info?idnode=64494&tableName=userobject1a&id=58038.

3   上海租界志·第三节 建筑管理.

以防止租界的再扩充；另一是吴淞筑港，并在吴淞与租界之间开辟一新市区，以削弱租界的重要性"[1]。后续于1930年完成的《大上海计划》贯彻了这个思想。由于这段文字出自沈怡的回忆，笔者猜想这也许与沈怡自1927—1937年一直担任上海市工务局局长有关，同时沈怡又是黄郛夫人沈亦云（景清）的三弟。《大上海计划》确立的规划，是在租界以北，以江湾为中心开发建设，同时在黄浦江最下游，即浦西吴淞和江湾之间开辟一个新市区。该计划撇开租界区域，从市中心区域（江湾）、交通运输建筑、园林空地、公用事业、卫生设备、市政府建筑等方面作出了全面的规划，自成一体，以此达到逐步收回租界的目的。

建筑业发展概况

当时上海房地产市场上，外国房地产商始终占据主导地位。20世纪初，外商专业性房地产公司大量增加，至民国三年（1914）第一次世界大战爆发时，在上海的外国房地产商约有30家，1951年统计显示，其中沙逊（Sassoon）、哈同（Hardoon）、雷士德（Lester）、马立师（Morriss）4家在市区内占有1500亩（100万平方米）左右的高价土地。而民国十六年（1927）前成立的华商房地产公司将近10家（不包括经租账房），大都是独资或合伙性质。其中业务比较兴盛的有丰盛实业公司、捷发地产公司、锦兴营业公司、亨利地产公司等。民国十九年（1930）房产业主公会有外商会员140家，华籍会员60家。[2]上海的建筑设计力量也在不断地成熟与壮大。1880年以前，上海开业建筑师仅有3人，1885年是6人，1893年只有7人，发展缓慢。至1910年，上海开业建筑师事务所已达14家。到了20世纪二三十年代，有早年即进入中国、已经有很大影响的通和洋行（Atkinson & Dallas Architects and Civil Engineers Ltd）、新瑞和洋行（Davies, Brooke & Gran Architects）和马海洋行（Moorhead & Halse），均为英资；也有后来居上的公和洋行（Palmer & Turner Group）、德和洋行（Lester, Johnson & Morriss）、邬达克洋行（L. E. Hudec, B. A. Architect, Shanghai）、哈沙德洋行（Hazzard）和赉安洋行（Leonard-Veyssyere-Kruze Architects）；还有第一批留学返沪开业的中国建筑师事务所，如庄俊建筑师事务所、华海公司建筑部、

1   沈怡. 沈怡自述[M]. 北京：中华书局，2016：148.
2   陆文达. 上海房地产志[M]. 上海：上海社会科学院出版社，1999.

东南建筑公司等。上海的建筑技术和建筑风格都紧跟西方步伐也就理所当然。

　　20世纪以后，上海的华人施工队伍也成长起来，中国营造厂陆续承建大批重大建筑工程，到20年代，除某些设备安装行业与洋行分庭抗礼以外，上海的建筑施工行业已形成中国人一统天下的局面。

华人建筑师事务所

　　从周惠南（1872—1931，代表作为上海大世界改建）开设周惠南打样间（约1910）算起，现代意义上的华人建筑师事务所开始出现。在《中国四代建筑师》一书中，杨永生将清末至辛亥革命（1911）年间出生，出国受建筑学教育，在20世纪二三十年代登上舞台的这批人定义为第一代中国建筑师。在1924年以后，留学生开始大量回国，这一群体也有利于华人建筑师事务所在公众面前形象的树立。这个时候事务所开业的社会条件，比起10年前要有利得多。据不完全统计，至40年代，归国的建筑师共计有70多人，70％的归国建筑师，也就是50人左右选择了将上海作为事业的基地。虽然到30年代末，上海有55％的建筑事务所是中国人开的，剩下的45％的外国事务所中有50％的建筑师和工程师来自中国，但与华盖同时期的中国建筑师自创事务所，从业务量上来说远远落后于洋行。实力强大又有外商背景的设计公司占统治地位，如公和洋行、马海洋行等，几乎包揽了当时重大工程项目的设计。陈植回忆："以上海而言，1920年前后的情况主要是中国建筑师人数少，势力薄，加以大型工程均系外商投资，而中国工商界资本家又崇洋，所以中国建筑师在开展业务方面机会少，困难多，但在租界申请设计执照只有一个条件，即按照建筑管理法规行事。因此，连毫无学历、从亚光地产公司学徒出身的上海第一位建筑师周惠南（1872—1931）也设计了爵禄饭店、一品香饭店、中央大戏院、天蟾舞台及1917年的大世界等。"[1]每个华人事务所的人数也不多，像基泰工程司的规模就是最大型的了——1928年天津基泰工程司占据基泰大楼顶层后，五位合伙人均有独立办公室，图房可容20张大图桌，上海分所占据大陆银行8楼的1/3，可容10张图桌，有两个合伙人的独立办公室[2]，一说1949年以前曾有50多人先后在基泰工作过[3]，曾在京、

1　　张钦楠. 记陈植对若干建筑史实之辨析[J]. 建筑师，1991（9）：44.
2　　张镈. 我的建筑创作道路. 35、41.
3　　黄元炤. 中国近代建筑纲要[M]. 北京：中国建筑工业出版社，2015：288.

津、沈、沪、宁、渝、穗、港设分所。1936年在上海注册登记建筑师事务所达39家，其中12家是中国建筑师事务所。[1]与华盖（1933年）同时期由中国建筑师创立的事务所有：华信工程司（约1917—1920年成立，天津沈理源）、华信测绘行（1915年，上海杨润玉）、基泰工程司（1921年）、东南建筑公司（1921年）、彦记建筑事务所（1925年吕彦直脱离东南建筑公司独立开业，1928年李锦沛加入后称彦沛记）、华海建筑事务所（1922年）、庄俊建筑师事务所（1925年）、范文照建筑师事务所（1927年）、凯泰建筑师事务所（1924年，杨锡镠1927年独立开业后又回归）、董大酉建筑师事务所（1930年）、卢镛标建筑师事务所（1930年）、启明建筑事务所（1931年）、中国银行（总管理处）建筑课（1931年）、兴业建筑师事务所（1933年）、林克明建筑设计事务所（1933年）以及罗邦杰建筑师事务所（1935年），[2]数量不多，设计量也不大。据统计，除基泰工程司、兴业建筑事务所和卢镛标建筑师事务所外，以上这些大都是10人左右的设计机构。

南京

城市面貌与规划

1927年国民政府定都南京，把南京作为全国的政治中心。"首都大计划"和"首都计划"相继制定，随着"国都设计技术专员办事处"的设立，南京开始大力兴建政府工程和商业金融机构。1929年底颁布的《首都计划》第六章"建筑形式之选择"提出，基于"发扬光大本国固有之文化""颜色之配用最为悦目""光线、空气最为充足""利于分期建造"四点，政治区之建筑物"要以采用中国固有之形式为最宜（图2.2）"；商店建筑不妨采用外国形式，"外部仍须具有中国之点缀"，"不过屋顶宜用平面，备作天台"；住宅建筑的款式"只于现有优良住宅式样，再加改良可耳"。这意味着通过政府的宣传，为了实现这一目标，所有在南京的建筑都和政治意义挂钩，方可表明国民政府是中国文化的继承者，但同时客观上也增加了中国自营事务所在南京的设计机会。

1　　娄承浩, 薛顺生. 老上海营造业及建筑师[M]. 上海：同济大学出版社, 2004：54.
2　　事务所及时间根据《近代哲匠录》整理, 其中卢镛标、华信根据其他来源补充, 并按照时间调整顺序。

2.2

城市建设领导班子

　　南京与上海不同，整个南京城市的发展规划都控制在中国政府手中。"事实上，1928—1937 年南京的城市发展与其说是对一种宏伟城市设想的追寻，不如说是一种理想对现实的妥协，是由政府主导，但民间组织、私人业主，乃至一些有识之士个人共同参与的对于首都各项物质功能的逐渐完善。"[1] 有人就有江湖，这里需要介绍一下制定规划的"国都设计技术专员办事处"这个机构，其人员正是推动过广州城市规划的原班人马[2]，主事的是顾问茂飞、古力治（Ernest P. Goodrich）[3]，办事处处长兼技正是原广州市工务局长林逸民[4]，还有技术专员刘君厘、技士陈均沛。又成立国都设计评议会，议长为孙中山之子

图2.2
南京铁道部老照片

1　　赖德霖. 首都南京的的建设[M]//赖德霖，伍江，徐苏斌. 中国近代建筑史(第四卷). 北京：中国建筑工业出版社，2016：237.
2　　参见：Jeffrey W. Cody. Building in China: Henry K. Murphy's 'Adaptive Architecture', 1914—1935[M]. Hong Kong: The Chinese University Press, 2001:290.
3　　古力治（1874—1955），美国城市规划师，与建筑师福特长期合作，最早发展出一套美国城市调查程序与方法，1917年美国城市规划协会创始人之一，曾为纽约区域规划顾问。
4　　林逸民（1896—1995），1921年美国普渡大学工程学士，广州市工务局长，离任后赴哈佛大学研究城市规划。

孙科[1]，他实质上是此时办事处的最高负责人，议员有市长刘纪文，市工务局局长陈杨杰，立法委员吴尚鹰、邓召荫，建筑师文范熙。1919年，孙科所认识的英国的"田园城市"是环境优美的低密度住宅区[2]，这在后续广州市的城市规划文件与南京的"首都计划"中都得到充分的体现，其中心思想围绕着"田园城市"与分区理论展开。南京市首任市长刘纪文，1914—1917年在日本早稻田大学、法政大学学习政治经济学，也是1916年宋美龄的订婚对象，回国后担任广州市政府审计局长、陆军部军需司司长等职务。1923年于英国伦敦大学联盟成员伦敦政治经济学院进修，回国后兼任广东省农工厅厅长，1927年出任南京市市长，任期两年，恰好涵盖"首都计划"制定全过程。1929年9月，"国都设计技术专员办事处"并入蒋介石控制的"首都建设委员会"，孙科在与蒋介石的对抗中走向下风。此时他还兼任了铁道部长、考试院副院长。1931年孙科改任行政院院长，很快因财政危机辞职，1932年改任立法院院长，逐渐淡出国民党权力中心。

1　　孙科（1891—1973），1916年毕业于美国加利福尼亚大学政治学系，1917年哥伦比亚大学经济学硕士。

2　　孙科. 都市规划论[J]. 建设，1919，1（5）：855.

3

机缘巧合的开端

赵深的朋友圈

1927年赵深回国，因为师兄范文照曾写信邀请，即赴上海。他进入青年会建筑处任建筑师，与李锦沛、范文照合组事务所设计上海八仙桥青年会（图3.1），尝试中西结合。但旋即李锦沛与吕彦直（时已病重）合组彦沛记建筑事务所，接手中山陵工程。赵深即加入范文照建筑事务所。后经范文照、庄俊介绍加入中国建筑师学会。期间赵深与范文照合作设计了励志社（1929年，南京）、南京铁道部（图3.2）、华侨招待所（1930年，南京）等，大受好评。同时他还主持了折衷古典风格的上海南京大戏院（现上海音乐厅）（1928年，上海）（图3.3）的设计。"文革"时童寯撰写交待材料提及，建造铁道部时，赵深以范文照事务所名义出图，赵深常来南京看工程，常与孙科（时任铁道部部长）见面，他们之间慢慢熟了，范文照反而与孙渐渐疏远[1]，开始在社会上层中活跃起来。1932年赵深承接了第一个私人住宅设计——孙科住宅（1932年，南京，童寯）。《建筑月刊》报道"首都总理陵园孙院长住宅，由华盖建筑师设计，馥记营造厂承造，造价约四万余元"。这是一栋中国传统民居（图3.4）。它正是赵深受到孙科赏识的最佳信号。

图3.1
上海八仙桥青年会现状

图3.2
南京铁道部老照片

图3.3
上海南京大戏院（现上海音乐厅）

此外，交通系是北洋军阀统治时期的一个金融财团兼政治派系。它来源于1905年铁路督办大权的转移，以梁士诒为首，在政治上以邮传部五路提调起家，主张从国外公司手中收回路权，在金融上以交通银行为核心揽收来支持政治主张，控制北洋时期中国的交通、银行、煤矿铁矿，核心人物有叶恭绰、周自齐、汪有龄、朱启钤等人。其中与华盖前期深有交集的当属叶恭绰。据青岛市资料记载，1931年叶恭绰曾和佛学家周叔迦等在青岛避暑，见道教盛行而佛寺罕见，决定在青岛建一座寺庙。1932年，炎虚法师自西安护送经版至上海，叶恭绰在上海邀请炎虚法师至青岛主持建庙事宜。由炎虚法师聘请卢树森、赵深两位工程师设计寺庙建筑蓝图，按建筑规划，分5

3.1

1 童寯. 关于赵深的补充交待[M]//童寯文集（第四卷）. 411.

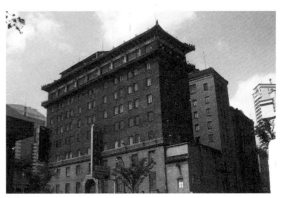

3.2

3.3

3.4

發刊詞

建築之良窳。可以覘國度之文野。太古之世。狉狉榛榛。其人皆穴居而野處。無建築之可言也。游牧之民族。帳幕隨水草而轉移。亦無建築之可言也。數千年以前。東西建築之見於紀載者。中國之萬里長城。與埃及之金字塔。及司芬克斯耳。若夫秦之阿房宮。隋之迷樓。雖皆窮工極巧。然咸陽一炬。廣陵大火。固已皆泯焉蕩焉。無復殘留餘跡。足供後人憑弔矣。

近世物質文明。長足進步。超邁前古。故建築之進步。亦超邁前古。有清一代。宮殿園陵建築之多。一如漢唐之世。北平樣子雷之模型。且爲東西建築專家所推許。而爭相購致。以資研究焉。其技術之價值。於此可以想見。

惟自漢以後之中國文章。重於技巧。工師擯於通儒。列爲九流。號稱宗匠。清鼎革後。地位稍高。顧社會狃於積習。獨未能盡知建築之重要。與建築師之高尚也。自總理陵園。上海市政府新屋等徵求圖樣以後。社會一般人士。始還然知世尚建築學與建築師之地位。而稍稍加以注意矣。絡在物質文明落後之中國。是特建築界一線之曙光耳。發揚光大。責在同人之共

—— 1 ——

3.5   3.6

期施工，共计 10 年时间全部完成。[1] 想必建筑师的人选是由叶恭绰选定的，可见此时他对赵深的信任。叶恭绰自幼便显现出文学天赋，后随嗣父到北京、江西，关注新学，1897 年祖父辞世回到广东，又与生父一起生活。1898 年因作《铁路赋》入府学，后肄业于京师大学堂法政专业，后到湖北教书，兼职为报馆写稿。后进入清朝邮传部，因精明能干、勇于任事，在部长一年三换的情况下均得赏识，崭露头角，逐渐专任路政工作。后随着梁士诒在政治上支持袁世凯，虽然叶恭绰一直坚持交通行业用款不能被挪用于军政，又支持共和，但在 1916 年袁世凯下台后，他也辞职隐居，转而进入文化教育界。

在设计铁道部之时赵深已经站在发扬中国固有文化的阵线上，后来的设计以此为基调在探索中前进。青年会立面的用砖、檐部和室内设计，无疑为后来外交部大楼（1932 年，南京）的细部设计奠定了基础。1931 年在揽得南京外交部官舍和辅助用房工程后，3 月，赵深脱离范文照建筑事务所。1931 年 5 月 25 日赵深获得技师登记证，即自建赵深建筑事务所。同年，他还加入中国营造学社，任参校。此时赵深独立设计了大沪饭店（延安东路 343 号，有书籍排版误为大泸旅馆）和西海大戏院（1932 年 9 月 9 日开业，业主程树仁，新闸路 701 号，已拆）项目（图 3.5）。1932 年赵深当选中国建筑师学会会长，同年《中国建筑》创刊，赵深题写了发刊词（图 3.6）。赵深在上海和各界有力人物多熟识，如工商界刘鸿生、李铭，金融界刘湾和，文教界的一些大学校长如黎照寰、李登辉等；在无锡，他和无锡申新纱厂厂主（即荣宗敬）有亲戚关系[2]。陈植回忆说，华盖的发展"因赵老 1927—1931 年之间所负的声誉而奠定了基础，赢得了信任。没有赵老，华盖的起步是艰难的"。[3]

1   该介绍缩写自青岛市情网：1992 年旅游业内对湛山寺的简要介绍，其中误"深"为"琛"（http://qdsq.qingdao.gov.cn/n15752132/n20546841/n20648800/n32565923/181211221053182634.html），但该网的湛山寺网页，后续昆明也有资料误"深"为"琛"，另宗关于建筑师沈理源的研究，他一名沈琛，也有误"琛"为"深"的情况，应是当时排版通病。http://qdsq.qingdao.gov.cn/n15752132/n15752817/n26394652/n26394767/n26396383/151215014424247646.html 内写明"该建筑由中国设计师卢树森、赵深设计，北平恒信营造厂施工"，故取信。另《近代哲匠录》内卢树森一条所附卢的学历证明信，可以旁证卢树森在 1930 年左右在济南府一带活动。且采信：李双辰. 卢树森建筑教育与建筑设计思想初探 [J]. 建筑与文化，2013（5）：74-75. 文中对卢树森建筑实践的总结表格包括了湛山寺药师塔及山门。
2   童寯. 关于社会关系的补充交待 [M]// 童寯文集（第四卷）. 379.
3   娄承浩，陶祎珺. 陈植——世纪人生 [M]. 上海：同济大学出版社，2013：102.

浙江兴业银行与陈植

陈植 1929 年回国，是应梁思成之邀[1]。他于 8 月进入位于沈阳的东北大学建筑系任教（图 3.7）。1930 年陈植又应邀加入了位于北京的中国营造学社，担任校核。期间他还被邀请去北京的燕京大学音乐学系（后并入北京大学）举办独唱音乐会，听众 800 余人，极受欢迎。[2]

浙江兴业银行成立于 1907 年，20 世纪二三十年代其管理权力集中于董事长叶景葵[3]（揆初）和大股东兼办事董事蒋抑卮（字一枝）手中。自 1915 年起，叶景葵担任浙江兴业银行董事长长达 30 年。因行务日繁，1921 年他邀请表姑丈陈叔通（陈植叔父）和幼时同学项兰生担任银行办事董事职务。1923 年浙江兴业银行改行总行制，以上海本行为总行。1931 年 2 月，陈植得到浙江兴业银行在上海计划兴建 11 层总行行屋（初始造价银两 200 万两）的项目委托时，他首先想到的就是师兄赵深。当时赵深已经在上海小有声望，陈植决定南下上海和赵深合伙[4]。他们于次年更名成立赵深陈植建筑事务所（Chao & Chen Architects）。这个契机一如梁思成认为自己对中国的古建筑保护研究负有责任一样，也应当是家庭倾向所致，在长辈看来，项目交给自家子侄无异于一个双赢的机会，既是信任也是锻炼。这澄清了前人所述"华盖在国民政府外交部大楼和大上海大戏院等建筑上的成功，使其赢得了兴业银行董事们的信任。他们宁可向'通和洋行'赔款以单方面中止协议，也要将设计权转于华盖"。该项目合同[5]签订于 1931 年 9 月 25 日，设计费银两七万两。

图 3.7
东北大学同仁和学生，一排右三为陈植，左二为童寯

1   "我就是由他函催于 1929 年秋往东北大学的"。张钦楠. 记陈植对若干建筑史实之辨析. 45.
2   见上海图书馆历史文献（电子版）关. 陈植教授音乐会盛况[J]. 燕大周刊, 1930（8）：8. 音乐会除陈植独唱其得意之曲外，还有卫尔逊夫人独唱，卫捷女士钢琴伴奏。
3   叶景葵（1874—1949），字揆初，实业家、藏书家。浙江杭州人。极具民族正义感。后创办上海私立合众图书馆（华盖陈植设计）。其与浙江兴业银行资料均见于：李丽. 职业经理人与社会关系网——以浙江兴业银行为中心[J]. 史林, 2013（3）：119-126.
4   陈植. 陈植致童林凤信[M]// 童寯文集（第四卷）. 506. 档案 Q268-1-545 内为 200 万元，"1930年底，我得到浙江兴业银行的委托，设计该行大楼，因与渊如在清华和宾大熟识，他在沪已有声望，乃商之于他，于次年成立赵深陈植建筑师事务所"。陈植. 学贯中西、业绩共辉——忆杨老仁辉、童老伯潜. 未用本书第 511 页陈植致方拥信："浙江兴业银行早已与英通和洋行有书面协议，一旦建新楼时，应由通和设计。后因华盖成立，三个合伙人均有较好成就，因之，该行宁愿赔偿通和'损失'而取消协议，转而委托华盖设计。"（1984）这段话应当是前人所述的源头所在。
5   上海档案馆 Q268-1-545-17，赵深陈植建筑事务所与总经理徐新六所签合同。

3.7

童寯从东北来

　　1930年，童寯结束了为期两年的工作，临旅行前在纽约收到并接受了同学梁思成的电报邀请，回国后返回家乡沈阳，在东北大学任教。原打算经欧洲后转至印度再归国的考察计划，也因东北大学开学日期的临近而只得做出变更。4月26日他离开纽约横跨欧洲，经俄罗斯，于8月27日回到哈尔滨（旅程简述见附录），随后开始在沈阳工作。陈、童、梁三人约有半年的共同教学时间，亦成为学生们的深刻回忆。现场教学特色陈植是一挥而就，要求学生照画，童寯则只做指点，绝不动手，梁思成尊重学生意图，改图时尽量维持原意，说明理由，又加以丰富提高。三人分别带不同的设计题目，闭门评图也会传出尖酸刻薄、互相攻击的语言[1]。然而这并未影响彼此的合作，在任教期间，梁思成与陈植、童寯和蔡方荫四人合作成立了联合营造事务所。现确定为四人合作设计的工程有吉林省立大学规划设计、吉林省立大学校内教学楼和宿舍等。在陈

1　　张镈. 我的建筑创作道路[M]. 北京：中国建筑工业出版社，2007：19.

植于1931年2月离开后，梁思成也转而赴北平加入营造学社，童寯便负责东北大学建筑系的一切事务。"九·一八"事变爆发，沈阳一夜之间成为日本的殖民地。次日便有本系学生亲属催促学生逃避，童寯慷慨解囊，以银元相助学生连夜乘火车进关。9月底童寯全家决计离开沈阳，暂避居北平西山。东北大学建筑系的学生也逃往北平。此时梁思成原想召集第一届学生成立东北流亡分校，未果。第三届学生先是转入清华大学土木系，后随第一届学生转入在南京的中央大学建筑工程系就读[1]。第一届10人于1932年毕业，第三届5人于1934年毕业。10月，陈植从上海发来邀请，陈植回忆"1931年赵陈事务所业务已大增加，乃由我商赵老聘请令尊来沪"，请童寯到上海自己的事务所内工作。11月，童寯把妻儿暂留北平，一人无奈地去上海"试试看"。童寯先是在清华同学会宿舍借住一个月，再搬到八仙桥青年会宿舍，直到1932年5月方才租房安顿了全家[2]。后来东北大学建筑系学生亦向上海逃亡。由陈植的关系安排第二届1929年入学的学生到大夏大学借读，由陈植、童寯教设计，江原仁、郑翰西教工程，赵深教营业规例、合同估价等课，毕业仍发给东北大学证书。还将华盖绘图员和东北大学学生的习作投稿到《中国建筑》杂志。入学的13人中，9人于1933年在上海毕业。

水到渠成的合伙

1931年11月童寯由北平抵沪，三人正式开始合作，这也是部分资料将华盖建筑事务所的成立时间标记为1931年或1932年的原因。不过更为正式的是，《建筑月刊》1933年第1卷第3期上公告，1933年1月1日起赵深陈植建筑事务所改称华盖建筑事务所（图3.8）。本书悉以此为准。这标志着赵深、陈植、童寯——三名优秀留美归国校友的正式合伙。事务所办公地址仍在上海市上海洋行大楼407室（原宁波路40号，现50号江西中路宁波路路口东北角）。

此时[3]赵深陈植建筑事务所的工程有16项延续下来：上海的愚园路公园别

---

1   张镈. 我的建筑创作道路. 22-25；刘致平. 我学习建筑的经历[J]. 中国科技史杂志, 1981(1)：78-79.
2   以上住宿情况根据童寯"文革"回忆文章整理，见：童寯. 解放前参加组织的补充交待[M]// 童寯文集（第四卷）. 384.
3   按开工时间不晚于1933年5月，或者竣工时间一直持续到1934年的项目统计。

建築界消息

福昌饭店，摄于 2000 年

峻嶺寄廬將動工建造

上海愛成斯路峻嶺廬，由公和洋行設計打樣，本刊曾載其圖樣及建築章程。該項工程業經本會第一屆主席委員王昊蓀君得標承造，造價共計元九十三萬一千兩，不日即將簽訂正式合同，開始動工建造。

楊氏公寓由余洪記承造

上海霞飛路華龍路轉角之楊氏公寓，設計打樣者為馬海洋行（本刊第一期會載其圖樣），承造者為執行委員余洪記，開造價計元三十五萬七千兩。現正從事打樁做底基工程。

古拔路將建新式中國住房

上海右拔路將建之新式三層樓中國住房，係營益地，造價計二十七萬兩。

趙深陳植建築事務所更改新名

上海甯波路四十號趙深陳植建築事務所，近因業務蒸蒸日上，又有童寯建築師加入合作，故已於一月一日起，改稱華蓋建築事務所云。

3.8

图3.8
华盖成立的公告

图3.9
福昌饭店

墅、上海恒利银行、大上海大戏院、建华公司新建石库门楼房130幢、尚文路潘学安西式住宅、郑鏖（相衡）公馆、上海火车站修复、浙江兴业银行；南京的国民政府外交部办公大楼、官舍及辅助用房工程、首都饭店、福昌饭店、孙科住宅、兰园合作社10号沈克非住宅、首都电厂。其中公共建筑8个，住宅6个，厂房1个，修复项目1个，的确是"业务蒸蒸日上"（见图3.8）[1]。另有白赛仲路出租住宅的档案图纸显示其设计在1931年即已完成（《童寯文集》中标注为1934年设计），同时同样的平立面图又出现在1933年1月出版的《建筑月刊》中的《居住问题》一文的附图中，标注为"华盖建筑事务所设计"。这样，前两项是Art Deco风格，现代式的至少有4项，中西结合风格的也至少有4项，还有中国固有式的孙科住宅，西班牙式的白赛仲路出租住宅，一时之间事务所各种立面风格全都涉猎。

　　其中，福昌饭店被归为华盖的作品一事仅见于两处资料，首先出现于2001年卢海鸣所著《南京民国建筑》中"福昌饭店"一条[2]（图3.9），其次出现于2010年叶皓所著《南京民国建筑的故事》，二者关于建筑本体的文字介绍完全一致，可能是有同一来源，另外因陈植后代处藏有探访福昌饭店的照片，

1　　建筑界消息[J]. 建筑月刊, 1933（民国二十二年）, 1（3）：66.
2　　卢海鸣. 南京民国建筑[M]. 南京：南京大学出版社, 2001：289.

但未发现民国一手史料来验证，故将本项目列入名录，却不作为标志性作品讨论[1]。另有"新街口旅馆"一名见于南京城建档案馆题名，因索引显示其建筑为4层，15.71米高，与6层楼高的福昌饭店不符，故分列为两个项目。

也许正是童寯在这批设计工作中的卓越表现促成了三人的正式合伙。事实上，童寯获得实业部技师登记证[2]是1933年5月6日，开业证明是6月1日，而陈植获得登记证[3]已经是1933年12月16日了。

1929年民国政府的《技师登记法》规定，有技师证书者均可向全国各地政府登记申请开业。1932年起，民国政府改为限定建筑科的技师执行业务采用年检制度并固定于一地开业。事务所成立时赵深登记于上海[4]，后登记于南京[5]，陈植、童寯登记于上海。

1   详见：张宇. 南京近代旅馆业建筑研究[D]. 南京：东南大学，2015.
2   童寯文集（第四卷）. 535-536.
3   公牍：通知：实业部通知：工字第八七二四号（中华民国二十二年十二月十六日）：通知陈植：据技师审查委员会报告应准予登记为建筑科工业技师合行填发技师登记证一件仰及领收具报原缴部文件分别存发由. 见《实业公报》1934年第155-156期第73页. 同见：赖德霖. 近代哲匠录——中国近代重要建筑师、建筑事务所名录[M]. 北京：水利水电出版社，知识产权出版社，2006：20.
4   赖德霖. 近代哲匠录——中国近代重要建筑师、建筑事务所名录. 227.
5   转引自：季秋. 中国早期现代建筑师群体：职业建筑师的出现和现代性的表现（1842—1949）——以南京为例[D]. 南京：东南大学，2007：75.

4

事务所运营机制
及人员情况

股份制公司

关于华盖办公环境的描述仅见于丁宝训的回忆："兴业银行大楼设计施工完成后迁入，办公面积80~100平方米，绘图室约60平方米，可容绘图桌6~7个，绘图员5~6人。"档案记载华盖公司地址为其526室。该楼于1935年10月竣工，首层银行为北京东路230号，楼上办公可从北京东路200弄21号进入，也可从江西中路406号进入（图4.1），所以1935年5月和1936年4月图签在空白处手写"21/200 Peking，北京路二百弄廿一"（图4.2），而同一项目同年8月以后手写改为"406 Kiangse，江西路四〇六"（图4.3），1940年上海图纸的图签仍然为江西路，而这段时间可见的南京项目的图签则一直空白未填。根据《上海行号录图录》中的兴业银行的平面示意图可知，华盖应是租用了526和526A两个房间（图4.4）。童寯曾回忆，"扩充或收缩绘图室面积，甚至更换事务所地址，都是根源于用最少开支，取最大利润的剥削思想"。那么从项目数量的变化来看，华盖此前在宁波路40号（上海银行大楼）407室的办公面积有可能比他们在兴业银行大楼的更大，而1946年公司搬入的四川中路220号（小汇丰大楼）201室有可能就只有一间。

华盖专门接受建筑设计任务，遵守建筑师学会的规定，不承包工程，也不经营地产，不像通和洋行那样全面铺开，甚至涉足物业管理。

华盖不负责建筑结构计算，而是交给外面的顾问工程师计算，并绘制结构图样。如华盖早期在结构方面与"华启顾问工程师"（其主持人为杨宽麟，他同时还是基泰的主要合伙人，该公司和华盖早期同在宁波路40号）有相对固定的合作伙伴关系，而后期则与蔡显裕顾问工程师合作较多，有南京美军顾问团公寓、交通部公路总局办公楼等项目。

华盖也没有专门的设备工种。设计过程中向设备制造商或设备工程承包商提交工作图及技术要求，由承包商免费完成设备专业施工图设计，再呈送建筑师审核后方可付诸实施。档案上显示，不同的项目负责设备的人员不同，并无固定合作对象，如大上海大戏院的卫生设备方面由英惠卫生工程所承担，而浙江第一商业银行只聘请了卫生工程师吴慕商[1]。

图4.1
历史地图中的兴业银行大楼门牌号

图4.2
手写北京路地址的图签

图4.3
手写江西路地址的图签

图4.4
兴业银行大楼五层平面图

1　　丁宝训. 1937年前华盖建筑师事务所概况[M] // 赖德霖. 近代哲匠录——中国近代重要建筑师、
　　　建筑事务所名录. 北京：水利水电出版社，知识产权出版社，2006：232.

4.1

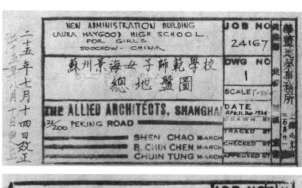

4.2 | 4.3

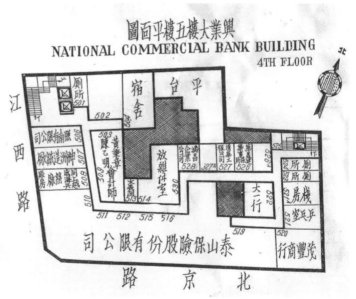

4.4

事务所只完成施工图样和施工说明书,施工图样"除个别工程外,均用铅笔绘图,用墨水注字,最后送晒图公司晒图",就连同结构图样一起交出,并替业主招营造厂商投标。一般开价最低的厂商照例就得标施工。而施工图纸的批准和营造厂商招标并无时间上的先后关系,如浙江第一商业银行由国华建筑工程公司承揽,而合记公寓的批文上营造厂一栏为"未定"。

有的业主配有自己的建筑顾问或建筑师,华盖也同他们合作设计该业主的项目,如浙江第一商业银行的图纸上同时有华盖和陈业勋建筑师的签章,后者即在该银行任建筑师,大华大戏院的图纸上也有业主建筑顾问的签字。

赵深与民国政府上层交往甚密,负责承揽业务。陈植管理内务,赵深监管财务;而童寯则主要负责图房工作。另外,赵深对事务所的管理组织能力也很强。对此童寯曾回忆道:"赵深有组织能力,事务所内部用人和收支管理几乎负全部责任。"可见,当时事务所的人事和财务亦为赵深所负责。但三人都参与具体设计,其模式有四种:三人合作、两人合作、一人主创三人讨论,以及一人独立设计,在所有项目中,童寯参加的占1/2,赵深、陈植各占1/4,[1] 设计责任按地点分开,相对明确[2](表4.1)。

又1937年2月18日及22日的议事记录[3] 显示,"设计及绘图工作由陈方及童方平均分任,每件工作经一方开始后,在可能范围内即由该方至终了为止,以求一贯。赵、童、陈三方对于每件工作凡有改善之处均得互相参加意见。"也就是说,从此时起到赵深南下后方之前,赵深没有再参与具体设计。

雇员实行"执行建筑师(项目负责人)→普通建筑师或绘图员"管理模式。第一级人员相对稳定,主要有丁宝训、毛梓尧、葛瑞卿等[4];第二级人员流动性较大,经常有刚从高等院校建筑或土木类专业毕业的学生来事务所做"练习生",往往停留时间很短。雇员曾有鲍文彬、陈庚仪、常士维、陈延曾、陈子文(上海浙江第一商业银行)、丁宝训(上海大上海大戏院、南京首都饭店、上海梅谷公寓、苏州景海女校、南京资源委员会办公厅附图书馆、苏州景海女

1　　陈植. 陈植致童林凤信[M]// 童寯文集(第四卷). 503.
2　　陈植致赖德霖的信,1990年6月10日(未刊,赖德霖先生提供)。
3　　童寯. 1937年2月18及22日赵深、陈植、童寯议事记录[M]// 童寯文集(第四卷). 518.
4　　员工信息根据图纸签名有补充,大部分人员参考:赖德霖. 近代哲匠录——中国近代重要建筑、
　　　建筑事务所名录. 230.

表4.1　华盖三位合伙人所负责工程地点

抗战前	赵深负责南京、上海、无锡工程
	陈植负责南京、上海、杭州工程及莫干山
	童寯负责南京、上海工程
抗战期间	赵深负责昆明工程
	陈植负责上海工程
	童寯负责贵阳工程（兼若干重庆工程）
抗战胜利后	赵深、陈植、童寯共同负责南京若干工程，主要为赵深、童寯
	赵深、陈植负责上海工程
	陈植负责台北、台中工程

子师范学校礼堂、南京立法院大楼）、葛瑞卿、郭毓麟、何立蒸、黄志劭[1]（苏州景海女校、苏州朱兰孙先生住宅、苏州景海女子师范学校礼堂）、林元准、刘致平、刘光华、陆（此项目签名只签了一个字）（苏州景海女子师范学校礼堂）、陆宗豪、潘昌侯、彭涤奴、沈承基、沈仲山、孙肇福（南京资源委员会）、毛梓尧（南京购料委员会、南京实业部地质调查所陈列馆、南京陵园孙科住宅书斋扩建、南京资源委员会办公厅附图书馆、南京铁道部办公楼扩建、南京立法院大楼、上海大华大戏院改建、上海合众图书馆）、王彬、汪履冰、周辅成、张伯伦（南京资源委员会办公厅附图书馆、南京铁道部办公楼扩建）、张昌龄、张潜（南京资源委员会办公厅附图书馆）、张致中，Chang P.L.，Chang Z.Y.（张仲义）（苏州景海女校），Chen Z.T.，Chiang H.C.，Fu P.S.，King（上海兴业银行大楼），King Van Ping（苏州青年会大戏院），Kuh T.C.，LOH T.M.（苏州景海女校），Shia D.K.，Sun（苏州青年会大戏院），Tao S.S.，Wang T.Z.，Waung K.T.（南京资源委员会办公厅附图书馆、苏州景海女子师范学校礼堂），Wong H.C.等三十余人（按姓氏汉语拼音字母排序，笔者所见项目图纸有该人签名的将项目名附与人名后，不排除英文、英文缩写、中文全名、中文姓氏之间重名的可能性）。

　　绘图员负担全部施工图任务。"画图员具体人数按照业务忙闲来定，最多十来人。绘图员往往比较辛苦，有时甚至打夜工。但绘图员工资最高一百多元，只有合伙建筑师月薪三、四分之一。还有'学生意的'青少年一至二人，无工资，

1　其简历见于：娄承浩. 从报废档案解读重要史实（附图）[EB/OL].（2009-01-14）[2018-7-30]. http://www.archives.sh.cn/zxsd/201203/t20120313_11270.html. 文章记载黄志劭1932—1937年在华盖，同时1934—1940年在兴业银行打样间任绘图员，1942—1946年任华东建筑地产公司建筑工程师，1946—1949任上海大厦建筑师事务所设计绘图员。签名"志劭"见于1936年景海女中校舍钢窗大样图签。

做些杂事如理图、晒图等。同时接受基本训练。过两三年就可以在草图上工作，成为正式画图员，服务工役一人管茶水、跑街买东西，又有司账一人"，"事务所……种种手续由文书会计一员负责"[1]。

华盖的监工员都临时雇用，执行较严格的监工制度。由于设计收费一般包含了工程监造费用，故施工图交付之后，现场"监工"就变为设计单位的主要任务。这就要求在工程进行期间，合伙人定期检查之外，还要有在场的代表，专管核对质量和进度，直到竣工验收交付使用为止。华盖的惯常做法是遇到具体工程临时雇用监工员。如华盖曾雇用陈瑞棠为南京外交部办公处工程监工员。曾还因陈身兼数职有时不在工地，事务所被外交部警告。

华盖在成立之时合伙人之间就订下了明晰的分配比例，三人互相信任，从无怨言。在华盖内部，无论合伙人抑或雇员，经济核算方式平时一律是分级按月支薪，盈亏在合伙人之间按规定比例分配或补空。

在1935年2月27日签订的合同书上，第一合伙人赵深月薪500元；第二合伙人陈植400元；第三合伙人童寯350元。其余如毛梓尧等雇员，入所之初月薪仅几十元，后逐渐升级，雇员最高月薪可达150元。另外于年终核算时，扣除一切开支及下一年度准备金外若有节余，则按赵深44%，陈植31%，童寯25%进行分红。若出现亏损，还应按上述比例分摊补空。如有特殊情况，薪金还会有变动。

原合同期限为2年，到了1937年3月3日重订时，三人月薪都为400元，赵深每月再多100元专做应酬费。这无疑是提高了童寯的合伙地位，损益比例也将赵深的2%转移到童寯方面。同时查得1937年的上海米价较1935年要高出20%左右，可以认为新合同实质上降低了合伙人的月收入，提高了绩效的比重。

陈植认为抗战时期自己在上海所做项目过少，于是1947年11月1日三人重新签订了为期三年的合同，赵深让出2%股份，陈植让出1%股份给童寯，是进一步认同了童寯的设计能力和图房的工作量。

华盖的工程运作特点及所拥有的人员建制与当时大多数中外建筑设计机构类似，只是与另一家业务繁忙的大型事务所（雇员超过20人）——基泰工程司在建制上区别甚大。李海清曾经专门撰文讨论过这两家公司的运营与文化的区别[2]，华盖合伙人之间互相体谅，以平等、坦荡、无私留住骨干，基泰则注

1   丁宝训. 1937年前华盖建筑师事务所概况. 232.
2   李海清, 付雪梅. 运作机制与"企业文化"——近代时期中国人自营建筑设计机构初探[J]. 建筑师, 2003（4）: 49.

重以经济补贴安定合伙人人心。

基泰工程司对分所在经济上控制较紧，分高级、初级合伙人，但从未分红，主持图房的杨廷宝占20％，负责结构的杨宽麟占10％，而负责承揽业务和管理的关颂声、朱彬合计占52％。对比可见华盖的利益分配更加均衡，更认可设计工作对事务所收益做出的贡献。

客观上来说，华盖的机制在其公司内部并未给雇员留出足够的上升空间，雇员成熟或有其他想法后，会脱离公司，独自开业；而基泰则试图用初级合伙人的上升通道为公司后期储备人才，虽然张镈抱怨公司从未分红，但从其回忆录中可以明显地看出其晋升过程。可以说华盖的经营展现的是固定合伙人的小型事务所的特点，而基泰则试图建立起一个资本化的大型建筑设计公司的框架。

收款办法

在浙江兴业银行的档案中有两段文字涉及华盖事务所的收款办法，别处未见。以中山陵工程甲方付款办法[1]作参考对比：该项目设计费为22 150两，"在工作条例与普通工作图画完成之时，先付二千五百两；在投标决定与工作开始以后，根据得标工程成本计算应付建筑师费之余款应分期支付，在工程进行期中，每两月一次"。工程的分期付款情况按月计，第1—14期为开工14个月之内，每月均等，每笔约为总数的6.4%，第15期为尾款，支付于工程落成、业主正式接收后三个月时，约占总数的10%。转换为表格如下：

表4.2　中山陵工程甲方付款方式一览表

阶段	金额（两）	占比	描述
第1期	2500	11.29%	工作条例与普通工作图画完成
第2—8期	2491/期	11.24%/期	投标决定与工作开始以后
第9期	2215	10%	业主正式接收后3个月

可见除方案定稿之外，当时的设计费支付与施工进度紧密挂钩，第2期款项要待施工招标后才行支付，更多的设计工作可能是在工地展开的。

1　总理陵园管理委员会. 总理陵园管理委员会报告（上）[M]. 南京：南京出版社，2008：149–166.

浙江兴业银行项目的正式沟通手段为信函和电报。"贵行设计以来已六阅，月照例在草图核准之后投标图样起始之前应收第一期之手续费为十分之二刻"，即方案到施工招标图时期收费为总费用的20%。该项目原计划造价100万两，档案中的合同所体现的设计费总计70 000两，合同签订于1931年9月25日，故应收款14 000两。

"变通办法……先五千两，……一俟抑卮先生（即兴业银行董事蒋抑卮）来沪合同签订再行付讫"，"深谨上8.28"。"现有合同自九月至十二月仍付银八仟两，每月二仟两"，"陈植30日"。以上共计1.3万两。

陈植与兴业银行讨论变更计划的信函落款为24日，结合"九一八"事变及下一份信函档案为30日可知，赵深、陈植与业主自9月起即已开始按照廉价材料设计，并进行减层设计。而按照第二节的办法，1935年完工的最终造价为566 500.91元，兴业银行项目即使是仍按照7%结算，华盖的设计费最高不过39 665元。

赵深、陈植的提议应是获得了业主的同意。兴业银行的开工时间为1933年11月，即使按从合同签订日算起，设计时间也已26个月。到1935年10月项目竣工，中间回款过程23个月，陈植回忆"十层部分已收费三万元"[1]，那么实际尾款不到一万元，项目周期4年有余。

另有两项政府工程有少许关于设计收费的记录。一是行政院临时办公楼项目。其设计合同[2]内所做预算为79 970元，设计内容为新建一栋办公楼，"凡关于此项工程之设计，工程进行期内之监察，暨建筑上一切管理，均归该建筑师负责办理，并按建筑费之百分之六给予手续费"，设计费按此预估为4 798.2元。从合同签订时间1933年7月27日，以及档案起始日期1933年7月19日来看，是先有施工图纸再行签订合同，方案设计应已在当年更早时间确定。9月2日华基公司中标合同建筑费低至53 680元，仅为原预算的67%，工期仅95天。然而由于原址尚可沿用，行政院于1934年1月又通过了修葺旧屋、在原址南侧新建建筑并为原址的参军处另建4幢楼房的决定，追加概算64 580元，合计144 550元，则设计费结算为8 673元。最终的设计内容涵盖了新建建筑9幢，建筑及室内工程（修理旧屋），景观工程（改建大门、旁门、围墙，添建穿堂、

---

1   陈植. 陈植致童林凤信[M]// 童寯文集（第四卷）. 506.
2   项目见于南京城建档案馆目录，其地址及合同细节参考：蔡鸿源，涂晓虹，缪晖. 南京国民政府
     行政院增建修葺工程经过[J]. 钟山风雨，2002（4）：63–64；缪晖. 南京国民政府行政院增建修葺
     工程考[J]. 档案与建设，2013（11）：36–38.

走廊，改修马路、庭院），家具设计工程（绘制办公设备、器具图样及说明书）四大类。新楼最迟3月即已启用，整个项目于该年6月底全部竣工开放。设计合同签订2个月后中标的总建筑费比预算值低了33%，如果按此结算，项目设计费会相应下降；而4个月后增加的修葺工程追加概算后，二者总费用达到预算的181%，又弥补了设计费可能出现的损失。

二是《中国地质调查所南京所址建筑经过考》[1]中有国防设计委员会（即资源委员会）补助建筑费的支款清单。摘录如下：1934年12月12日付赵深设计费燃料室第一期洋305元6角，付赵深制图费洋100元，1935年1月5日付裕信公司燃料室第一期建筑费，1月26日付第二期建筑费，2月14日付赵深设计费燃料室第二、三期洋450元4角，3月9日付赵深设计费陈列馆第一期建筑费洋888元，燃料室第三期第二次洋152元8角。结合工程总造价164 000元、工程师费7000元来看，设计费费率约4.2%，可能是分楼栋、按月施工进度付款。

年营业额估算

事务所执行一整套服务所得的服务报酬，称为设计费。其按照工程造价提成收取，在当时一般是造价的5%~6%，如浙江兴业银行档案中的来往信件中华盖就坚持收取6%。当时的设计费一般以60%作为设计绘图的报酬，40%付给现场监造、配图之用。在设计费大概为造价的3%~3.6%的情况下，华盖还需划出结构设计的费用，从当代设计院的分配模式来看，划出的费用可能占到设计费的1/3~1/2，故而华盖的实际收入（假设分包时没有税费发生）大约为造价的2%，设计费的1/3。同时，由于时局动荡，在业主缩减预算的情况下，结算的设计费可能与合同金额差异很大，所以实际的设计费当以最终工程造价为准。

在华盖已知项目的档案中，有造价资料的共计48个，其中新建项目43个，改建项目5个，汇总到下表中。其中1931—1937年信息较为丰富，以这些项目为参照，取低限5%，同时没有建筑面积信息的项目（75/126）均按照一栋小住宅的设计费计算，可以估算出这段时间华盖年均营收最低约71 236.3元，实

---

1 李学通. 中国地质调查所南京所址建筑经过考[J]. 地质学刊, 2009, 33 (2)：221.

表4.3 华盖建成项目造价信息一览表

附录编号	地点	项目名称	开工时间	竣工时间	造价	单位	折后造价（元）	建筑面积（平方米）	折后单价（元）
7	上海	大上海大戏院	1932-10-3	1933-12-29	270 000	法币	270 000.00	3300	81.82
8/1/2	南京	国民政府外交部办公大楼暨官舍	1932-11-19	1934-6-30	520 788.87	法币	463 559.32	5771	80.33
30	南京	首都饭店	1932	1933	207 207.1	法币	207 207.10	3600	57.56
10/84/105	南京	孙科住宅	1933-1-1	1937-6-19	40 000	法币	40 000.00		
13	上海	浙江兴业银行大楼	1933-11-14	1935-10-9	566 500.91	法币	454 322.51	9584	47.40
15	上海	尚文路潘学安西式住宅	1933		34 000	法币	34 000.00		
20	南京	首都电厂	1933	1933-10	294 000	法币	294 000.00		
22	南京	行政院临时办公楼	1933-7-19	1934-3-8	144 550	法币	115 926.24		
23	南京	中山陵行健亭	1931	1933-6-30	10 000	法币	10 000.00	87	114.9
25	上海	金城大戏院	1934		160 000	法币	128 316.83	3600	35.64
27	上海	合记公寓	1934		100 000	法币	80 198.02	2970	27.00
61	南京	实业部地质调查所	1934-3-13	1937-6-23	164 000	法币	111 865.26	2500	44.75
80	南京	中山文化教育馆、住宅工程	1934-4-17	1934-10-16	134 785.19	法币	108 095.05	2188	49.40
101	南京	国立北平故宫博物院南京古物保存库工程	1936-5-1	1936-12-30	450 000	法币	350 480.77		
104	南京	首都资源委员会办公厅附属图书馆、宿舍、车库等工程	1936-2-25	1939-8-30	1 560 000	法币	588 062.83		
106	南京	铁道部办公楼正殿及保存库	1936-6-17	1937-7-31	120 000	法币	77 142.86		
143	上海	叶揆初合众图书馆	1940-11-19		150 000	法币	11 250.00	900	12.5
150	上海	张允观公馆三层住宅	1941		96 000	法币	3267.23		
151	昆明	白龙潭中国企业公司昆明太和街办公室、宿舍油库	1941		226 000	法币			
156	上海	东南银行改建	1942		213 000	中储券	4083.55		
168	上海	新华银行改建	1944		1 200 000	中储券	504.94	仅门面	
169	上海	交通银行办公大楼改建	1944		11 000 000	中储券	4628.57		
172	上海	瞿季刚库房改建	1945		49 500 000	法币	53 460.00		
173	上海	陆栖凤库房	1945		67 000 000	法币	72 360.00		

附录编号	地点	项目名称	开工时间	竣工时间	造价	单位	折后造价（元）	建筑面积（平方米）	折后单价（元）
174	上海	中国银行保险库	1945		18 550 000	法币	20 034.00		
176	上海	中苏药厂厂房二宅	1945		4 720 000	法币	5097.60		
179	上海	浙江兴业银行改建	1946		12 450 000	法币	1578.17		
183	南京	交通部公路总局办公楼	1946		100 000 000	法币	12 676.06		
186	南京	AB 大楼	1946-5-15		3 100 000 000	法币	392 957.75	15000	26.20
206	南京	刘瑞棠住宅 2 幢	1948		326 000	金圆	22.61		
213	常州	戚墅堰丁堰大丰面粉厂新建麦栈房、宿舍、粉栈房	1948		300 000 000 000	金圆	20 807 110.38		

注：金城大戏院无原始图纸，其面积出自薛林平《上海金城大戏院（现黄浦剧场）建筑研究》，应为其对 1949 年后同济大学改建图纸的翻图测量，另据《中国戏曲志·上海卷》记录为 2350 平方米。AB 大楼面积来自当代《南京民国建筑》一书，其他建筑面积根据建筑图纸标注的尺寸，翻图估测。

际收入约 23 745.4 元，按照全公司 15 人计算，则人均产值为 1583 元。（这段时间内，上海米价波动幅度大都在 20% 左右，取每石平均米价 11.3 元，如果按照每石折合 60.453kg 折算到 2017 年国家统计局提供的稻米价格 4.365 元 /kg，可得出公司实际年收入合 2017 年 77.3564 万元，人均产值合 5.1517 万元。）如果按照当时上海工人较低工资月均 12 元与 2017 年上海最低工资 2300 元的比值计算，则公司实际年收入合 2017 年 455.1202 万元，人均产值合 30.3413 万元。以 1931—1952 年间的上海米价[1]作为基准，以施工时间为准，还可以折算出项目每平方米的建造单价，详见上表。

从上表可见，抗战时期米价与单方造价的价值关系可能有所偏离，故本书仅讨论抗战前的建筑物造价。对比可见，同在南京、作为构筑物、没有设备费用的"中国固有式"行健亭的每平方米造价要高出立面装饰中国元素、内饰彩画的外交部大楼 44%，当可窥见"中国固有式"一类建筑的建造成本亦如此。而外交部项目的每平方米造价比起现代式的首都饭店又要高出 40%。

1   米价参考了《上海工商资料》1—20 期内 1937—1949 年上海主要日用必需品每月平均价格统计表，同时换算办法参考：卢锋，彭凯翔. 我国长期米价研究（1644—2000）[J]. 经济学，2005，4（2）：427–460.

雇员来源与发展

华盖三位合伙人对雇员不摆老板架子，尤其是童、陈两位与下属间"不是师生，胜似师生"，促使机构内形成亲切、祥和的氛围，富于人情味。童寯赴南京出差，总让下属与自己同乘头等车厢，共用西餐，不搞"特殊化"。陈植还曾出席毛梓尧的私活（上海金山饭店）典礼，并向毛表示祝贺。正因此，下属皆称他们为"先生"，并执弟子礼，而未按习惯称"老板"。事务所内学习氛围浓厚。三人都非常重视员工的专业素质培养与提高，为此积极创造机会，无私传授工作技能与方法。如工作之余三人常训练雇员快速设计和渲染图技法（图4.5）；童寯亲自绘图，陈植组织雇员观摩等。这既是"华盖"三位负责人借鉴国外管理经验的结果，又是他们的本色状态的反映。以至于没有特殊情况，雇员们一般不想离开独立发展[1]。

雇员中常世维、郭毓麟、刘致平[2]为东北大学的第一届毕业生，由童、陈两人聘用到事务所中，同时安排东北大学流亡学生复课事宜。不过当时大学毕业生月薪应为50~60银元，流亡学生仅发20银元[3]。在抗战时期，西南各办事处再行招聘雇员，如建筑师虞日镇，原在邬达克事务所工作，1940—1941年任华盖贵阳办事处主任；又如1940年从中央大学（重庆）毕业的刘光华，随建筑师女友龙希玉回其原籍昆明后，在昆明办事处任建筑师。刘光华回忆在他之前何立蒸亦在华盖工作。黄元焰书中记录，此阶段雇员还有杨卓成、汪坦，惜无出处。《近代哲匠录》"汪坦"词条记录其有（贵阳）华盖建筑事务所从业人员经历，但在该书的附录7中汪坦先生回忆：(1941年)"毕业后先到兴业建筑师事务所工作了两年，然后回校当助教"，故笔者认为不应将他列入华盖雇员中。

第一级雇员中的丁宝训和毛梓尧都长期在华盖工作，独立开业后也与华盖保持着紧密的联系。

丁宝训在1926年大一辍学后进入范文照事务所做学徒，直接在范文照和赵深的指点下学习建筑绘图和设计。后进入英租界工部局建筑科，1931年加

图4.5
童寯1933年绘龙华报恩寺
a. 渲染图（右页）
b. 渲染图局部（下页）

1　　娄承浩, 薛顺生. 老上海营造业及建筑师.

2　　刘致平. 我学习建筑的经历.

3　　张镈. 我的建筑创作道路. 26.

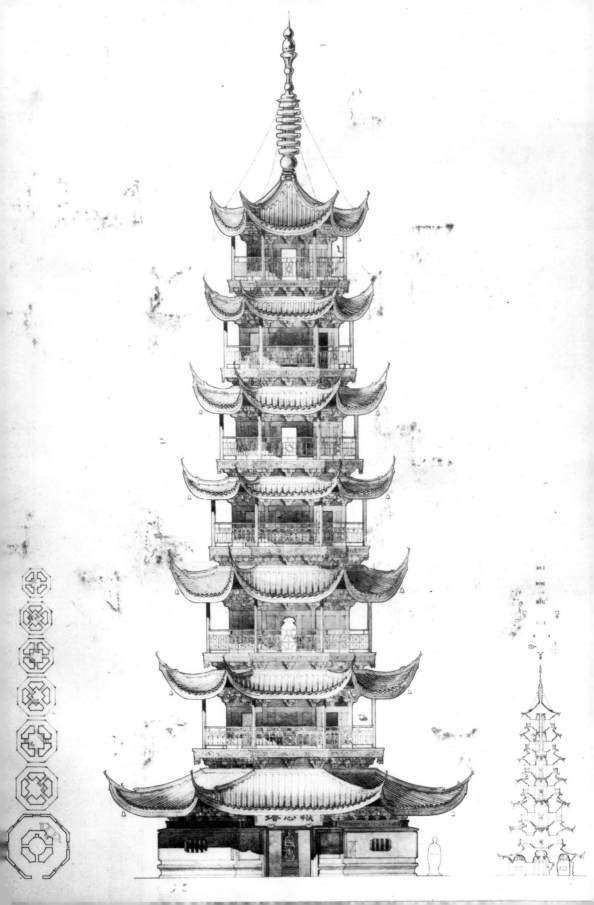

4.5 b

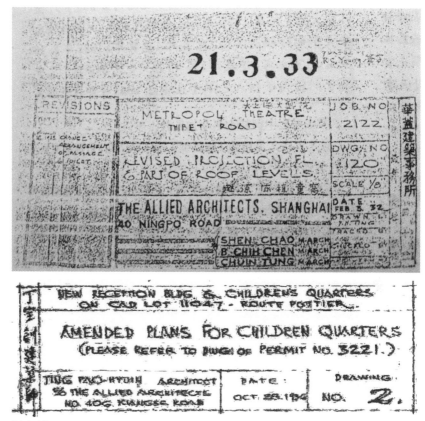

4.6 | 4.7

图4.6
大上海大戏院图纸，丁宝训
（P. H. Ting）绘制

图4.7
宝庆路3号改建图纸：Ting
Pao Hyuin Architect, 56 The
Allied Architects, No. 406
Kiangse Road

入赵深建筑师事务所[1]，如大上海大戏院1932年图签的设计一栏就有他的签名
"P. H. Ting"（图4.6）。1934年开始出现他独立设计的作品：上海巨鹿路宋轼
四层公寓[2]，在1936年他设计的宝庆路3号的图纸上还可见到一枚特殊的图签：
丁宝训建筑师，华盖建筑事务所（图4.7）。1937年日本进攻上海后，华盖暂时
停业，他即离职。查有署名为丁宝训的摄影作品"欧亚菲三洲间之最高建筑上
海四行储蓄会"[3]见于1934年的《摄影画报》，推测为他所摄。

　　毛梓尧出生后随经商的父母居住在浦东，18岁时由父亲送到乡亲的女婿
手下做学徒。经过一年多时间的学习，师傅邬懋林看他进步很快，1932年就
通过朋友介绍他到赵深陈植建筑事务所工作[4]。从1934年底的南京实业部地质
调查所陈列馆项目起，"制图（DRAWN BY）"一栏开始出现毛梓尧的签名"毛

1　　丁宝训. 1937年前华盖建筑师事务所概况. 232.
2　　赖德霖. 近代哲匠录——中国近代重要建筑师、建筑事务所名录. 26.
3　　丁宝训（摄）. 上海北平街头风景线：欧亚菲三洲间之最高建筑上海四行储蓄会（照片）. 摄影画
　　　报，1934（10）：5.
4　　毛梓尧. 新中国著名建筑师：毛梓尧[M]. 北京：中国城市出版社，2014：10-15.

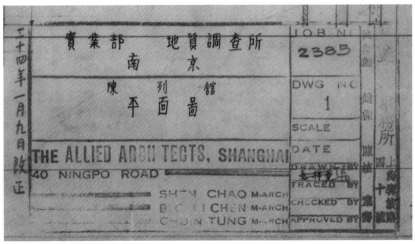

4.8

梓尧"（图4.8），"T. Y. Mao"初见于抗战全面爆发时期的大华大戏院改建图。

可以推测，直到1937年上海沦陷前，毛梓尧一直参与南京项目的制图工作。期间，毛梓尧还完成了（上海）万国函授学校（I. C. S.）建筑工程系的函授课程。抗日战争时期，毛梓尧留在了上海，从1938—1943年一直跟随陈植参与华盖的工作。抗战时期，上海设计市场萧条，业务冷清，收入减少，尚可得见的图纸一是大华大戏院的改建，一是合众图书馆的新建。华盖上海本部只得将雇员工资打折。但所内形成默契，雇员可以在业余自己承揽设计项目，所得收入归己。于是他在上海以个人名义承接了汉口路金山饭店以及北京西路、南阳路西康路、宛平路、宛平南路、青海路50号绿漪新村共五处多层住宅的设计（高邮路复兴西路项目仅加建一间不计）。1947年毛梓尧在南京市工务局申请建筑师开业登记，与方鉴泉合办（上海）树华建筑师事务所。毛梓尧自述"在华盖工作十余年，完成设计项目数十项，其中有住宅、办公楼、电影院等工程"。[1]

1　　同上，15.

5

黄金十年的繁荣

华盖一开业就进入了事务所最繁荣的时期，直至1937年年底上海沦陷，这5年时间恰好赶上史学家定义的中华民国的黄金十年的下半场。在5年的发展中，华盖的新建项目共计126个（含更名前的20个，不含孤证项目），年平均25.2个，占事务所现所知建成项目的56%，另有一个修复项目——上海火车北站修复，一个雕塑设计——首都新街口广场总理像座设计。

从业务分布范围来看，华盖以上海和南京（地址为南京中山东路72号馥记大楼）[1]为基点，向外延伸到苏州、杭州（分所地址为三元路兴业银行二楼）和浙江省湖州市德清县莫干山。从项目类型来看，居住建筑设计项目数量极大，共计88项（69%），其中南京的私人住宅设计项目更是高达61项。公共建筑设计项目共计38项，以办公类为主。（图5.1）

华盖在上海的业务（24项）主要位于公共租界内，因而几乎未受到上海北部淞沪战争的影响。位于上海的公共建筑项目共计8项，占比约33%。在南京，因为外交部的示范性作用以及孙科的推荐，华盖拿下的项目主要是政府办公建筑和核心住宅区住宅，前者投资额大，共计17项，后者数量繁多，占到事务所南京项目总数的71%。这些私人住宅，一半集中在兰园合作社[2]（图5.2）、新住宅区一区（颐和路一带）和陵园新村（图5.3）。它们的陆续建成形成了集中效应。

三人相约以华盖的名义出图，因而大部分的项目难以区分是哪位建筑师的设计，个别项目从《童寯文集》中的交待材料可以判断，而陈植遗物中的1979年自述履历与时间未知的作品清单手稿亦值得参考（图5.4）。

繁忙的业务是否会影响设计质量或者设计热情？从地域主义的角度来看，快速铺开的业务范围是否会使得新地区的建筑与环境不协调？建筑类型的多样化，无重复性是否会降低建筑师思考的深度？此时的不同建筑类型是否与设备的关联性不强？从目前的资料来看答案都是否定的。

华盖这段时间作品资料的丰富程度参差不齐，笔者按照项目的功能类型将其中资料翔实者综合而完整地呈现出来，将资料稀少者分门别类，呈现其中内在的统一与连贯性，从中可窥见事务所的设计标准与原则。

图5.1
华盖繁荣期（1931—1937）作品统计。底图为《长江三角洲地区区域图》局部，自然资源部监制，审图号：GS（2020）3189号，来自标准地图官网http://bzdt.ch.mnr.gov.cn

图5.2
兰园合作社用地现址：兰家庄合围片区拟征收地块用地范围图（黑框所示红线拟为保留的民国建筑）

图5.3
陵园新村区位图
a. 新村在中山陵内的位置
b. 新村内地块图

1　　见于祝词落款，因上海地址落款中为4楼，实为526室，推测杭州地址实为3楼，见：华盖建筑事务所. 清华同学健康[祝词][J]. 清华年报, 1937:133-134.
2　　其全称应当是有限责任南京市兰园住宅公用合作社，属于消费合作社，社员62人，股金10 200元，当属集资买地建房。见：戴文亮. 1927—1937年南京国民政府时期地方自治考察：以社会管理为视角[J]. 暨南学报（哲学社会科学版），2013（8）：51. 其注释写明源自南京市档案馆的行政统计报告"民国二十四年度"，据此推测其位置即如今南京市东南大学四牌楼校区宿舍东面的兰园。

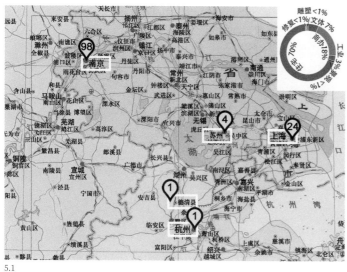

5.1

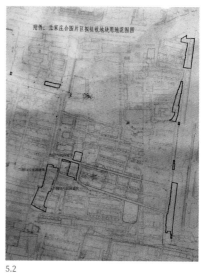

5.2

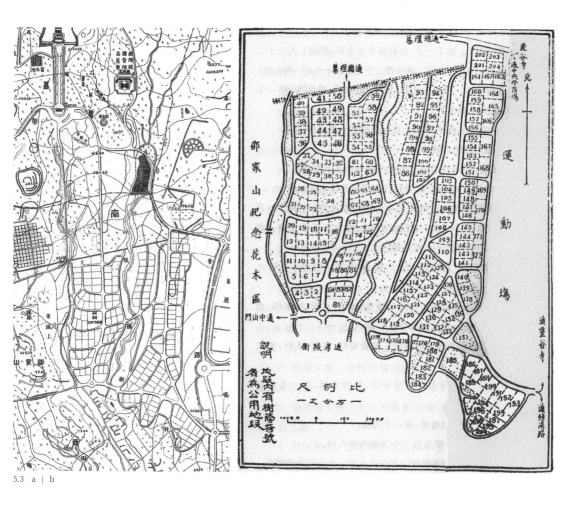

5.3 a | b

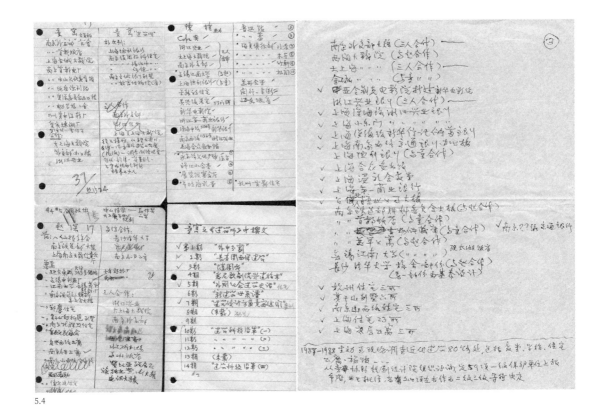

5.4

戏院 / 电影院建筑

民国时期 1930 年代的首映戏院、电影院多集中于上海，刘呐鸥主编的《现代电影》期刊 1933 年第 4 期里援引了美国商业部的统计结果：中国共有电影院 200 座，其中有声影院 90 座。这类项目在华盖前期仅有 3 个，却奠定了华盖在电影院设计方面的地位。以立面风格而言，大上海大戏院（1932）、苏州青年会大戏院（1932）和金城大戏院（1933）均在装饰艺术风格上加以创新，有一定现代式的倾向，这一方面可能与该影院主要投资于新设备、建筑造型预算较低有关，一方面也可能与设计师选择拥抱新趋势有关。20 世纪 20 年代中期到 30 年代，"上海'装饰艺术派'建筑的流行，与美国几乎是同步的"，"1929 年 9 月落成的沙逊大厦，标志着上海建筑开始全面走向装饰艺术派时期"。[1] 而此时的欧美，现代主义建筑的思想已经成熟并开始传播。

受到 1932 年"一·二八事变"的影响，上海原有的影剧院格局被日军的

图 5.4
陈植遗稿

图 5.5
夏令配克大戏院旧照

图 5.6
大上海大戏院用地图

1   郑时龄. 上海近代建筑风格 [M]. 上海：上海教育出版社，1999：267.

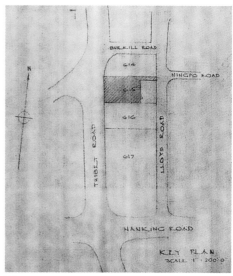

5.5　　　　　　　　　　　　　　　　5.6

轰炸打破，早年兴盛的虹口剧院圈几乎被摧毁，有研究表明，至1932年11月《申报》和《新闻报》的娱乐场所广告才恢复到战前水平，上海电影院业的中心从虹口转移到了公共租界的中区。而大上海大戏院是南京路及跑马场剧院圈中最后一个开业的高档电影院。

　　根据陈植的回忆，大上海大戏院是三人共同的创作。其创作着重于体现"新"。华盖所理解的"新"不同于摩登，而是源自他们对20世纪30年代国际建筑界前沿的观察。在30年代之前，上海的影院戏院不乏欧洲古典风格，如夏令配克大戏院（1914，图5.5）。随着30年代上海电影院爆发式的增长，几乎同时，在跑马场周边，出现了邬达克设计的大光明大戏院和华盖设计的大上海大戏院，前者早半年恢复营业。它们都选择了更为简洁的造型。虽然从类型学上来看，前者属于Art Deco中的流线式，后者属于"Art Deco中的折线型"[1]，但从设计立意来看，都属于求新求突破之作。这应当与电影业本身对新技术的追逐有一定的关系。

　　由于业主追求尽可能多的座位，建筑面积仅3300平方米的大上海大戏院座位就有1750座，导致堂座的坡度极陡，和大光明大戏院（邬达克设计，距离基地直线距离不到500米）建筑面积6249.5平方米、2016座相比，无疑紧凑许多，也给建筑师的设计带来了限制与机遇。大上海所在的长方形地块仅窄面一面临街（图5.6），也限制了水平方向设计的展开。

1　　该分类参考：许乙弘. Art Deco的源与流 [M]. 南京：东南大学出版社，2006.

5.7   5.8

该项目投资充裕，依前文按照米价排除通胀的方式折算，其每平方米造价几乎和简约仿古的外交部大楼一致，大约81元/平方米，如不排除通胀因素，实际上大上海大戏院的单价甚至高于外交部。按《中国建筑》杂志中的分项造价表，建筑面积约为5271平方米的外交部办公大楼总造价仅约39.6万元，即单价约75元/平方米。同时它的总造价还是同为现代式立面的浙江兴业银行的1.7倍。再单独验算营造费用单价，即减去影院购入设备的费用后再与外交部大楼做比较，大上海大戏院营造费用约18万元，单价54.5元/平方米，外交部办公大楼建筑工程费333 831.92元，单价约63元/平方米。

以投资背景来看，大上海大戏院立面风格本应追随上海流行的装饰艺术风格，其中现代式的元素，应是建筑师主动选择的结果。装饰艺术风格里，"灯光使Art Deco风格绚丽的色彩体系更加突出"[1]。对室内外灯光效果的追逐正是Art Deco风潮的一大特点。"霓虹灯布满了这些建筑（电影院）的立面，五光十色，充满动感"，"它是所谓'好莱坞风格'的惯用手法"（图5.7）。陈植在给童寯弟子方拥的信上回忆说："有些作品有独到之处，如大上海大戏院……从南京路北望是一大片灯光，效果特好。""外立面底层入口处用黑色磨光大理石贴面，中部有贯通到顶的8根内嵌浅蓝霓虹灯的玻璃柱，入夜更显辉煌（图5.8）。"[2] 从当年的蜡笔夜景渲染图（图5.9）来看，在立面上华盖所突出的正是

图5.7
20世纪30年代的洛杉矶影剧院（沿用译名上为布鲁因，下为精艺）

图5.8
大上海大戏院老照片

图5.9
童寯绘大上海大戏院效果图

1   许乙弘. Art Deco的源与流[M]. 南京：东南大学出版社，2006：29.
2   罗小未. 上海建筑指南[M]. 上海：上海人民美术出版社，1996：100.

他们精心设计的8根霓虹灯柱——为玻璃砖柱内贯穿浅蓝色霓虹灯管，玻璃砖断面呈"凹"形。以玻璃砖柱作立面，实际上是极大地简化了立面的装饰，又获得了视觉上的娱乐效果，所以并不显得简陋。而作为背景的下一个层次的窗户和窗槛墙，华盖就处理得极其简单，二楼及以上墙面只做斩假石（pre-cast artificial stone polished），在窗和玻璃砖柱之间的墙面上拉出两组横纹，窗也只选金属细框。《上海近代建筑风格》称其"比恒利银行大楼更多地体现了装饰艺术风格"，《上海百年建筑史：1840—1949》除了提及"竖线条构图"外，还关注其内部的"流线形装饰"。但在玻璃柱范围以外的正立面上，二层以上各层的小窗几乎形成了带形的长窗，除影院logo外也再无其他装饰元素。

从平面组织来看，大上海大戏院延续了通用的影院流线和空间设计。它在西藏中路面宽23.4米，进深40.8米，平面呈长方形，单侧通廊，进门厅就正对观众厅堂座入口（图5.10），功能一如现在的电影院设计要求。只是偶尔作为上演戏剧用，银幕后还设有舞台，舞台进深仅5.7米，也没有后台准备房间。"前部5层，后部为观众厅，厅内有大挑台楼座，760余席位。观众厅下有地下室。前部进厅高占两层，有跑马廊通向楼座。外立面底层入口处用黑色磨光大理石贴面（图5.11）。"[1] 底层平面布置基本对称，从外向内依次为堂座出口、楼座出口、辅助用房、厕所以及正中的入口。

而在平面上门厅、观众席、舞台空间完全对称的情况下，各个小房间的设计则灵活多样，门厅很浅（约6.5米），就需要分散并加快人流的引导来调和这个矛盾，华盖的做法是将楼座的楼梯间和疏散通道直接对外。新的矛盾是这样减少了可出租的沿街商铺的面积，于是华盖在利用北面必须留出的3米宽的通道作疏散，余下的立面尺度完全对称的前提下，在轴线以南多布管道井，使得此侧一层立面封闭，而轴线以北的立面得以开敞，得到两间门面。然后改变南侧上楼座的楼梯间，从入口逐渐变窄，既插入了管道井又自然地引导了人流的方向，有机而生动。内墙都转圆角，更加流动而人性化，又与室内天花的平行的曲线灯带（图5.12）遥相呼应。后面我们还能在更多项目上看到公共空间转圆角的设计。

再从媒体文章来看(不能排除其中一些文章由事务所供稿的可能性)，如《中国建筑》的编者在1934年3月的期刊上感叹道：

大上海大戏院的外表，可说是一座匠心独运的结晶品。"大上海大戏院"

图5.10
大上海大戏院平面图（左侧为主入口）（下页）

图5.11
大上海大戏院底层入口局部

5.11

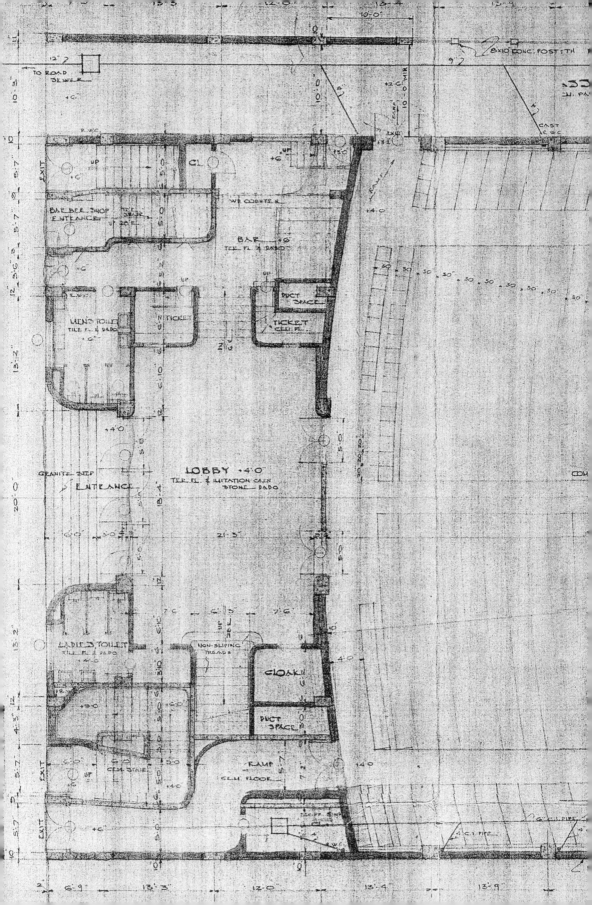

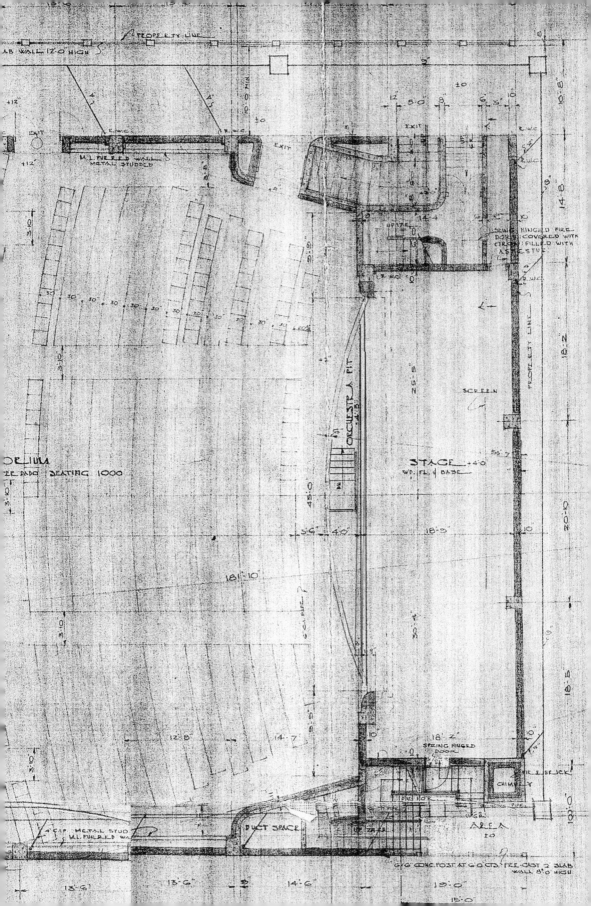

5.12 a | b

图5.12
a. 室内照片：台口处
b. 室内照片：后座处

几个年红管标识，远远的招徕了许多主顾，是值得提要的。正门上部几排玻璃管活跃的闪烁着，提起了消沉的心灵，唤醒了颓唐的民众。下部用黑色大理石，和白光反衬着，尤推醒目绝伦也。

发行遍及全国的《申报》《时事新报》两家报纸都有专评。《申报》增刊文曰"像玉阙一样的瑰丽，像天宫一样的伟奇：大上海大戏院是在80万的巨大投资下，矗起它远东仅有的新姿态……这是给上海无数电影迷的最新精神乐园，也是艺术最高峰的摩登影宫"。报中所说80万元的投资与结算造价27万元的差异之大，确有吹嘘的嫌疑，笔者查阅大众媒体史料的数据时持更谨慎的态度，重点观察的是媒体表达出的态度和趋势。就这部分的报道来看，大戏院就是当时上海最摩登的事物之一，是李欧梵笔下的那个被动全球化形成的新都市主义的摩登社会的重要组成部分。

苏州青年会电影部（富仁坊巷29号）自1921年就开始放映活动，其场所不仅兼有影院、集会、戏剧表演的功能，甚至还和健身房并列，有高等浴室、理发室、弹子房，食堂还兼备中西大菜、西点咖啡，成为民国时期苏州最时髦的场所。1932年在西北侧另择新址（观西），委托华盖设计，其6月28日的开业广告还在大上海大戏院之前。抗战时期影院毁于战火，幸有图纸藏于苏州城建档案馆。根据苏州市住房和城乡建设局官微2017年10月30日放出的透视图档案（图5.13a）来看，其入口效果和大上海大戏院甚为相似。然而它只是两个比选的方案之一，施工图的正立面（图5.13b）维持了该方案的比例，大样图显示其正立面装饰条均为实心线脚，未采用大上海大戏院正立面设计中最醒目的灯带。

大戏院不仅是观影的场所，也是社交的场所，数倍差异的票价天然区隔了不同的收入阶层。拥有一流建筑设计及最先进设施的电影院属于高档电影院，大光明、卡尔登、南京、国泰、大上海都属于此类，同时也是外片首映影院，最低票价约6角/场，华盖设计的第三个电影院——金城大戏院则属于高档电影院中的国产片首映影院，另有新光电影院与之并列，初始最低票价为3角/场[1]。1934年的《申报》以"成立未久大上海，开幕声中有金城"一诗作为罗列各大电影院的结束语。金城大戏院的开业还抢去了怡怡公司控制的北京大戏院对联华电影公司影片的首映权。金城大戏院投资方为后来成立国华影片公司的柳中浩、柳中亮兄弟。金城大戏院是他们投资兴建的第二个电影院，专门上映国产片，还上演中外话剧，1935年金城大戏院还举行过聂耳逝世追悼会。1943年孤岛期间日军禁止放映英美影片，柳氏兄弟拒绝放映日本片，金城大戏院还演出了一年京剧，1944—1945年主要交由国风剧社演出话剧，抗战胜利后恢复电影放映[2]。但考察戏院平面，舞台狭小，后台并无回旋余地（图5.14），演员候场可能需要占用前排座位。

金城大戏院的基地位于城市转角，亦将主入口设于转角处，既为影院吸引两个城市方向的人流，又为可能存在的底层商铺留出了最大的展开面，实现商业上的双赢。基地方正，其在北京东路面宽36.6米，贵州路面宽29.7米。门厅与大上海大戏院一致，仍较浅近，直径约11米的圆形门厅去掉楼梯后大约还有7米进深。其内部平面几经修改，又未寻得原始图纸档案，笔者只能从媒体的描述、老照片以及翻修图纸中一窥端倪。

《中国建筑》杂志在介绍大上海大戏院的同一期里也介绍了金城大戏院，其文如下："北京路冲，贵州路口，新式之影戏院兀立，即金城大戏院也。按

1　关于影院票价的变化，可参见：楼嘉军. 从上座率看30年代晚期电影市场的萧条——以上海金城电影院为例[J]. 历史教学问题，2005（4）：84-87.
2　上海市黄浦区文化志编纂委员会. 黄浦区文化志[M]. 上海：上海市黄浦区文化志编纂委员会，1995：66.

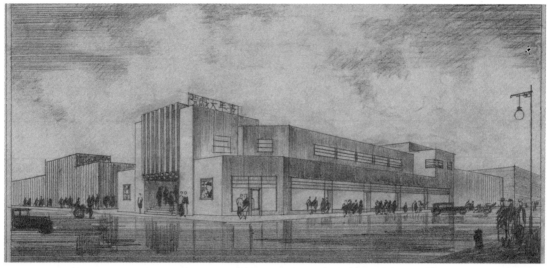

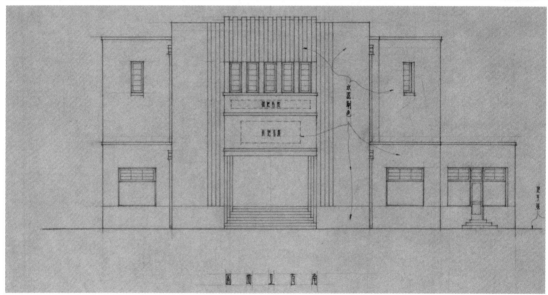

5.13 a | b

金城戏院，于最近日完工，图样为华盖建筑事务所设计，采用最新式。除入口
上部开辟高大之窗数行外，另则设小窗几点而已。其余部分，则施之以极平粉
刷，不尚雕饰，为申江别开生面之作——编者识。"开业前一天《申报》的详
细描述如下："建筑，全屋采用立体式。式样峻伟，姿态壮威，气盖弥暇。装饰，
门表有玻璃巨柱五座，高五丈四尺，入夜绿光四射，鲜艳璀璨。戏台两旁饰以
玻璃柱子，内外辉映。蔚为巨观，电灯布置，纯美艺化。"[1] 从同年元旦海声在《申

1   转引自：沈思睿. 西藏中路及周边影戏院之变迁[J]. 东方电影，2015（9）：90.

5.14

图5.13
a. 青年会大戏院效果图
b. 青年会大戏院施工图之正
　立面图

图5.14
1937年金城大戏院举办聂
耳追悼大会

报》上的文章《新年对于建筑界之展望》来看，当时所谓的"万国式、立体式、国际式"同样指的是现代式风格。但同时笔者坚持它仍带有装饰艺术风格的特征，因其立面设计仍然为阶梯状造型，以转角主入口上方为重点装饰部位，具有明显的主从关系，装饰处转圆角缩进，玻璃窗格带有中式云纹变形的纹样设计。南侧和西侧沿街面的开窗均接近方形，每层再用窗上下沿的挑板将该层整面的窗整合到一个更大的尺度上，远看似有柯布西耶所说的"带状长窗"的感觉。西立面顶层放映室外阳台应当有功能性的作用，可能是在节约室内通道空间的同时便于对放映室进行火灾扑救。

从多张历史照片来看（图5.15），起主要装饰作用的金属窗的样式在历史过程中不断变化，而其背后挑高的入口门厅空间始终未变。虽然客观地说，在艺术史和建筑史中它不是一个具有标志性的案例，但金城大戏院国产首映影院的定位却给它带来了革命史和政治史上的地位。它是以国歌为主题曲的电影《风云儿女》首映之处，是影业界悼念聂耳之地，是左翼人士出没之所。故而在今天其外部得到了保护性修缮，内部实现了功能性更新。修缮后该建筑并未沿用当年金城大戏院之名，而是冠以1949年后所用"黄浦剧场"的名字[1]。

1　该名称为周恩来总理为金城大戏院1958年后转为淮剧专用剧场所起并题名，见：杨莉珍. 黄浦
　剧场名称的由来[J]. 上海党史与党建，1998（2）：37.

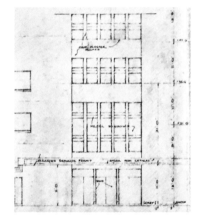

5.15 a | c | d　　　　　　　　　　　　　　b

图5.15
不同历史时期的金城大戏院
a. 1933年设计图
b. 1934年照片
c. 1950年照片
d. 1934年照片局部

金城大戏院虽晚于大上海大戏院建造，二者建设规模相近，从1933年到1934年上海米价又呈上升趋势，但其未折算造价也仅44.44元/平方米（按米价折算后为35.64元/平方米），只有大上海大戏院的一半。

金融办公建筑

华盖的第一个银行作品浙江兴业银行（上海市江西路406号，现北京东路230号）是经多方证实的赵、童、陈三人的第一个合作项目。仔细考察该建筑的平面组成可以发现，1930年代的银行不是现代意义上的银行总部，而是银行冠名并占有首层门面的商务写字楼，二层为银行办公室，楼上三层全部出租[1]。兴业银行建成后华盖建筑事务所即迁入其526室[2]。

对比其首轮方案和华盖同年所做恒利银行的立面设计（图5.16），二者在整体的分段比例上相当接近，可见这一时段内设计师对这一类型立面设计的执着。恒利银行正立面道路转角一侧为斜边，比另一侧宽度略窄，除去这两个端头，中部立面比例为3:3:1:4:1:3:3。浙江兴业银行初始方案北京东路沿街立面除边跨外中心对称，各跨柱距比值约为3.5:2:3:3:3:5:3:3:3:2:4。底部首次采用柱间大窗[3]，其细部的装饰除了窗间的垂直线条和成组小方块，柱上更增加了中式垂柱。一层和夹层之间的窗槛墙也做竖向浮雕装饰处理。门分为两种尺度，洞口为一层或一层半高，再在人的尺度开门，其间全是浮雕装饰。

进一步对比建筑师对两个项目立面的解说：

> 浙江兴业银行近数年来业务发达，房屋狭小，不敷办公，为事实上需要起见，已定在北京路江西路转角建筑大楼一座。此项建筑计划，极为精致壮丽。该行已定年底迁移至宁波路9号上海银行旧址。现有行屋即行拆毁改造。该行新屋建筑各图系由赵深陈植建筑师事务所设计。年内即可动工，预计民国廿二年可⋯⋯

---

1   童寯. 参加过哪些工程设计？[M]//童寯文集（第四卷）. 387.

2   见于上海市档案馆档案Y9-1-226：上海市行号路图录[M]. 上海：福利营业股份有限公司，1940：
     341. 亦见于档案图纸上华盖图签中No.406 Kiangse Road字样。

3   陈植. 陈植致方拥信[M]//童寯文集（第四卷）. 510.

> 最新之建筑
>
> 　　该行新屋纯用钢架水泥建筑，绝无火险之患。各内墙有防声之设备，毫无传声嘈杂之虞。内外建筑式样，均用现今德荷两国之最新者。外部纯用天然石，极为坚固。内部银行部份墙壁地板，纯用中国及意大利大理石。……
>
> 最新之设备
>
> 　　内部设备均系选择最新式者而购置。例如记账计算等等，均用机械。其余用电之机器，有传送机、电钟及自动电话机等等。……[1]

图5.16
a. 兴业银行初始效果图
b. 恒利银行沿天津路立面
c. 天津路中轴入口局部照片（2007年）

《中国建筑》创刊号：

> 　　本埠恒利银行，以原有行址不敷应用，已择定河南路天津路转角自建六层大厦。地层及一层归该行自用，余备出赁写字间之用。该屋建筑由赵深陈植两建筑师设计，倍见德荷两国最近建筑之作风。地基……屋内外装修，悉用天然大理石暨古色铜料构成，富丽矞皇，得未曾有。……保管库采用最新式之保管箱及库门。……电梯则用怡和经理之瑞士出品（新特勒）牌。……预计明春三月间，可告落成。

一年后《中国建筑》第1卷第5期用了更长的文字篇幅和图片来介绍恒利银行，文字中仍然保留了一些要点：

> 　　……新厦优越之点，在十足显露德荷两国最近建筑之作风；而屋内外装修，悉用天然大理石及古色铜料构成，美丽新颖，殆无伦比，而于外部彩色之配合，尤感调和适度，悦目赏心。……
>
> 　　尤有进者，建筑设计之巧，在立面能表现平面之用途，此则建筑师视为难题而在该行设计上独能解决者也。……

　　文中可见建筑师仍视装饰艺术风格为当下的流行风格，且名为"德荷两国最近建筑之作风"，此时华盖并未自觉地提倡现代式。只是后来因经费紧缩，浙江兴业银行预算减半，整个造型走向了带装饰艺术局部的现代风格。其落成

1　　作者录自上海市档案馆档案Q268-1-548浙江兴业银行关于上海行屋建筑专卷

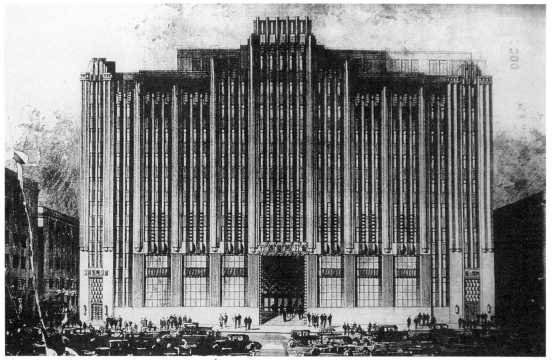

5.16 a

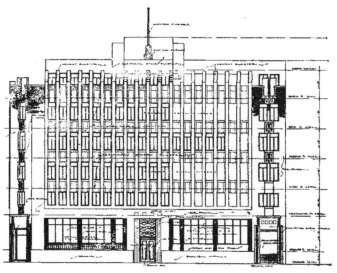

b | c

时间——1935 年 10 月也比恒利银行的落成更晚。在档案的英文设计说明[1]里，明确写着"in the best of modern style"。成就了今天有口皆碑的"朴实无华的简洁立面与造型表现了现代建筑的实用经济原则"[2]，实是建筑师不得已而为之。陈植曾提出这可能是第一个取消角门、采用柱间大窗（图 5.17a）的银行设计。

三段式消失了，屋顶檐部简化为装饰块和 45°出挑的檐口（图 5.17b），比南京外交部大楼暗示的中国传统檐下部分更简化，立面不对称，不用面砖，上两层窗间有凹线，笔者认为它仍然暗示了欧洲文艺复兴府邸立面的石块装饰分隔。入口偏于一侧，保留初始设计的两层高柱间大窗的设想，上三层三扇窗一组。沿北京东路柱距除了边跨都在 5.5 米左右（图 5.18），沿江西路立面与沿北京东路立面均平行于道路，除了出入口，均采用了重复单元。这两条路并不垂直，华盖一定是精心计算了立面单元的尺寸，才能使内部框架柱延伸的分户墙均能与立面重复单元中较长的墙体相交。这同时说明华盖已掌握钢筋混凝土框架结构建筑的特点，已有自由立面的表现。其首层高度较高，夹层设财产库。三至五层可通过首层江西路上的独立门厅的两部电梯和楼梯直达平面流线起点。标准层设计为单走道两侧办公，其终点是货梯和卫生间。三层平面有整个楼栋明确的公共空间——俱乐部、图书室和游艺室，本层走道另有分支通往一间餐室，该餐室同时有室外楼梯连通二层银行办公，其功能推测可等同于如今高层写字楼中的员工食堂。体现出当年业主和建筑师对办公空间所容纳的日常活动的理解。

上海恒利银行为陈植、童寯合作设计，仁昌营造厂承造，1932 年 11 月动工，1933 年 8 月建成，故推测其设计时间为 1932 年，不取童寯"文革"材料中的1934 年。

该银行由上海的"宁波帮"北仑小港李氏家族的第三代李咏裳（1871–1953）投资，1928 年开办，到 1949 年时尚存。他还投资上海、杭州、宁波多处钱庄，曾担任四明银行、中华劝工银行董事。李氏家族以航运业起家，后进入金融业，再投资上海房地产业，还在东北开展垦殖，等等。1942 年恒利银行将整栋大楼低价售与永利公司，改称永利大楼。

《中国建筑》杂志创刊号（1932 年 11 月）及第 1 卷第 5 期（1933 年 11 月）和《建筑月刊》第 1 卷第 1、2 期合刊（1932 年年底）都有大篇幅报道，既说明了建筑的基本情况，还可窥见建筑师对一些观念的认知。

1　　上海档案馆 Q268-1-548-0199，英文设计说明。
2　　伍江. 上海百年建筑史：1840—1949. 158.

该大楼位于"上海公共租界之经济中心区……河南路天津路转角处",现址河南中路495、503号,天津路100号(图5.19),共6层。

前文提及的两段介绍实际上突出了该银行设计上的新潮、华丽、安全、便利,以及吸引顾客的实用性。

大楼平面体现了功能主义(图5.20)。由于业主对金融业非常熟悉,推测其在功能上有自己的要求。童寯曾回忆银行家"在银行设计大厦上,柜台怎样排,银库在何处,经理办公在何处,都有自己的主张,争取取得'顾客服务'周到和避免工作上浪费人力物力"。底层实为恒利、大中两家银行,夹层为保管库,采用了大空间设计。恒利银行主入口位于建筑东南角,也是道路转角,是人行到达时建筑最容易被注意到的部分;设办公室的银行主入口位于建筑东北角,内有独立楼梯连接夹层办公。二者之间由实墙隔开,仅在首层有一狭窄通道相连。楼上出租写字间给多家公司办公,与一楼北侧的银行办公完全分离。它们在东面即沿街面建筑首层的正中位置共享一个交通门厅,名为"恒利大楼",采用环绕电梯的三跑楼梯模式,在建筑西北角的楼梯也仅为楼上所共享。其平面选用了中间通道、两边房间的模式,有律所、诊所、绸庄、同乡会、贸易公司等各色商户,五楼则是更小的办公单元,东向5个房间享有露台,实际使用时有4户为住家[1],另一户为纱布号,内部为五金号、贸易公司,还有两户住家。南侧银行营业区的楼梯也通往楼上,达到最大效率。保管库的设计也较独特:"银库设于该屋之第一层,盖为避免沪上巨水为患,水浸地窨殃及金库之虞。保管库采用新通公司承办最新式之保管箱及库门,设置于夹楼北隅,由底层仰首在望,顾客租用,极感便利。"

其立面风格不同于同时期的大多数位于转角处的 Art Deco 风格建筑(图5.21)——上海电力公司(1929年,上海,哈沙德洋行),百乐门舞厅(1931年,上海,杨锡缪),汉弥尔登大厦(1931年,上海,公和洋行),国泰大戏院(1932年,上海,鸿达洋行)等等,即华盖没有把转角处作为整个体量最高耸的部分,而是将视觉中心安排到沿河南路的立面上。大陆商场(1932年,上海,庄俊)则是两者皆取,转角高耸,长向立面很长故正中亦收缩(图5.22)。

换句话说立面设计、入口设计、夹层设计是它的三大亮点。恒利银行的立面确以"垂直线条处理",带有"装饰艺术派风格",这些线条都带有功能性。

1　上海市档案馆Q185-3-12618,上海地方法院关于永利公司诉恒利银行迁让案档案资料中显示单元客户名称以及恒利银行2~5层平面图。

上海浙江興業銀行大廈全部計劃透視圖

5.17　a | b

5.19

大楼沿河南路立面主体部分高宽比接近3:4，沿天津路立面则是立面长度与到露台女儿墙顶的高度之比为3:4，而更小的尺度也近似于此比例（图5.23）。平面上仍然讲求比例和对称（图5.24）——长边以窗六等分柱间，短边柱间距等于长边柱间距的一半，短边柱间三等分，故能在立面上取得与长边一样的韵律。转角为45°斜线，造成转折处到长短边柱子的距离不等，所以短边加一条窄窗，长边为一片墙，长边三跨立面上以中线对称，第四跨和短边一样加两条窗，再由转角处窗下的水平短线条联系。从路的转角望去既古典均衡又因地制宜。推测设计时专门考虑了这个角度的透视效果。入口的空间序列设计也是该建筑的亮点之一（图5.25）。这道开在转角的门并非让人直接进入银行大堂，而是先进5米高的门洞。石麟炳称："观夫恒利银行之正门，莫不使各建筑家欣然许之。门属铜质，设计异常新颖;结构不繁，而呈入眼为安;横竖参差，设计各尽其妙。加以四周镶以云石，黑白相映，顶上冠以雕饰，凹凸均衡。雅寓宜人，堪称建筑上乘"。然后身体左转45°，再上五级大理石台阶进入约正常尺度的门，穿过约1.2米（长）×1.6米（宽）×3.6米（高）的空间右转，两层高的大堂就扑面而来。抬头即可见恒利银行夹层的保管箱，但客户用的楼梯在尽端，可见而不可得，也仅有这一部楼梯可达且只到夹层，想来可以保证其安全性。

在技术上，这是上海的银行首次采用间接回光法的灯具[1]（图5.26），华盖在《中国建筑》杂志上介绍恒利银行时特意选择了两张以灯具为主要表现对象的室内照片，灯具或布置在梁下，或在门上方，可见华盖注意了选用新的工业产品。对灯具的重视也正是Art Deco风格的体现。

恒利银行大楼的建造正处于战前上海金融业的繁荣末期，也是装饰艺术派在上海大行其道的时期，华盖注重"适用与壮观"的态度，体现了它作为商业事务所的一面，目的在于协调甲方要求，运用自己熟悉的手段来完成设计，稳重而不激进。从设计手段上来看，除了熟练地利用古典比例和装饰式样，注重对称之外，他们还注意试用新技术、新材料来定位本事务所的特点，并且想要发展出属于自己的建筑语言。但新技术、新材料毕竟多经由西方辗转传来，过程漫长，虽为首创，但迅速普及，尚不能称为华盖特有的建筑语言。

目前恒利大楼屋顶加建甚多，立面不能保持原貌，原恒利银行一侧现为南京东路幼儿园，楼上已改为汉庭酒店。

1　中国建筑师学会. 上海恒利银行新厦落成记[J]. 中国建筑, 1932, 1 (5)：19.

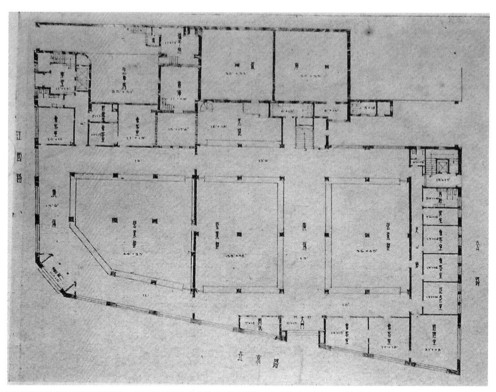

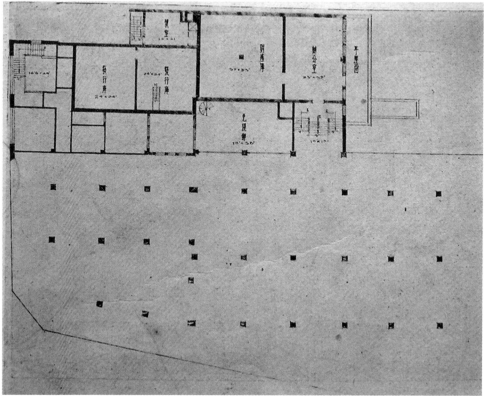

5.18 a | b

图5.18
a.浙江兴业银行一层平面图
b.浙江兴业银行夹层平面图

图5.20
a.恒利银行一层平面图
b.恒利银行2—4层平面图
（下页）

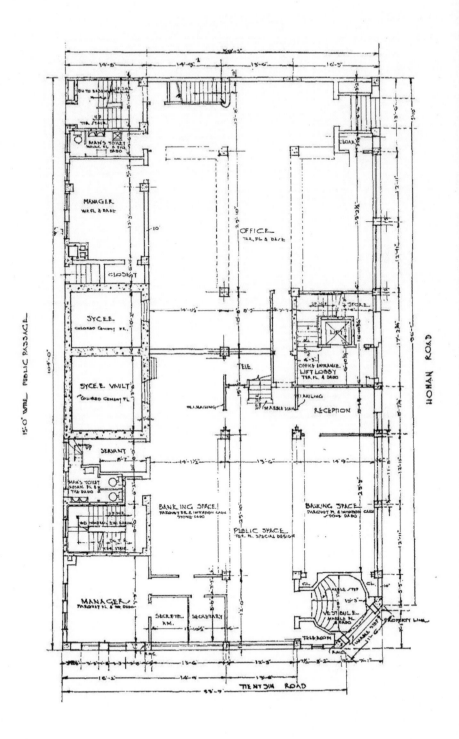

5.20　a

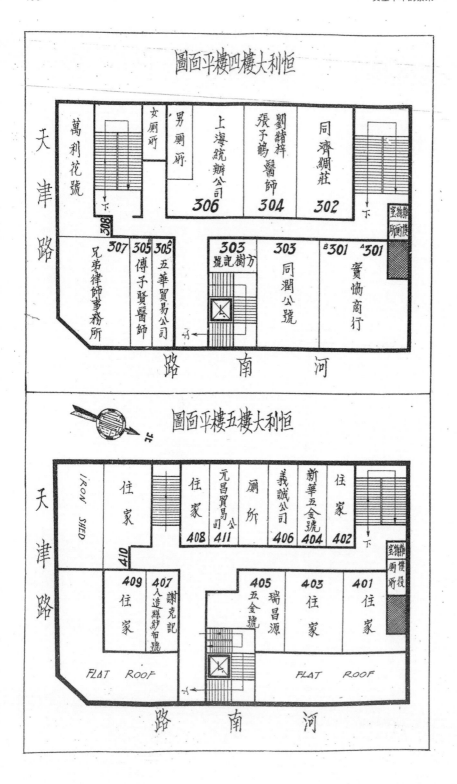

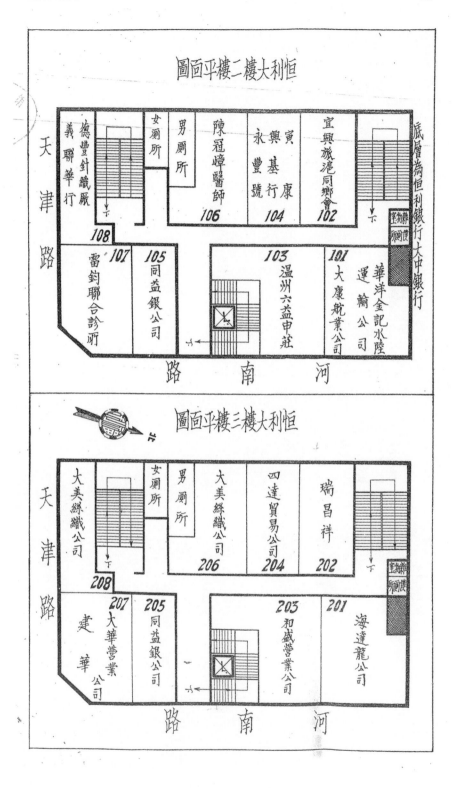

恒利大楼二楼平面图

恒利大楼三楼平面图

5.21 a | b

c | d

图 5.21
其他 Art Deco 风格建筑的转角位置处理：
a. 百乐门舞厅
b. 上海电力公司
c. 国泰大戏院
d. 汉弥尔登大厦

图 5.22
a. 大陆商场
b. 恒利银行

5.22　a｜b

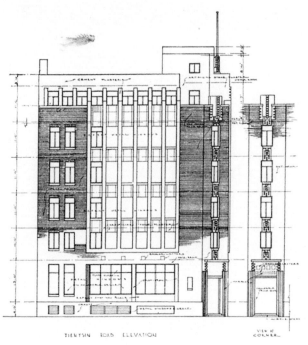

5.23 a

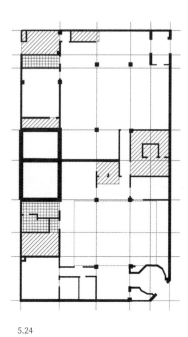

5.24

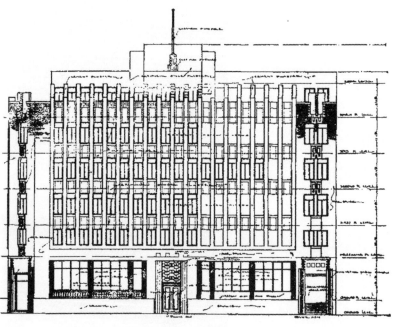

b

图5.23
a. 恒利银行沿天津路
　　（长高比3:4）
b. 河南路立面
　　（长高比4:3）

图5.24
恒利银行一层平面
（作者自绘）

图5.25
恒利银行大门

图5.26
恒利银行室内

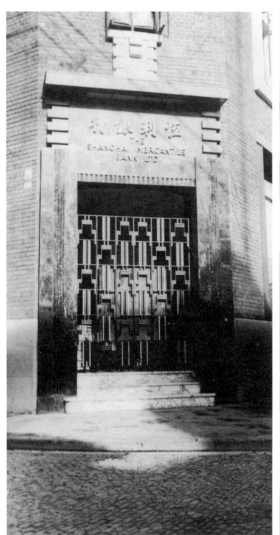

5.25   5.26

政府办公建筑

　　这一时期华盖承接的行政办公建筑均为政府机构所需，在历史背景下建筑师必须回应"首都计划"对"中国固有式"的诉求。装饰艺术风格的建筑化特征是"奢华的材料，绚丽的色彩，奇异的灯光，商业化的艺术，几何化的造型，多样化的包容性"[1]。受到"布扎"体系教育的建筑师对照装饰艺术风格来理解中国固有式应当毫不困难。中国固有式"本诸欧美之科学原则"，保存"吾国美术之优点"，将中国式"用于外部"，可以说是将装饰艺术风格中的西方几何化、工业化的语汇替换成为中国元素，这与梁思成后来提出的"建筑可译论"正可对应。自然，在何种位置、用何种比例、选用何种抽象的传统元素就因人而异了。

　　外交部办公大楼（1932年，南京）是华盖的第一次探索，也是华盖第一个获得较大影响的政府建筑。原由基泰工程司设计，1932年9月21日至27日间项目移交华盖[2]，李海清的文章叙述了整个转移因由：1930年春，国民政府外交部将"外交宾馆"委托基泰工程司设计，而"补充各司办公室及汽车库"则委托赵深建筑师设计。1930年年底，基泰工程司完成了美观详尽的方案设计，收到设计费5000元。1931年7月2日及8月17日外交部分别与二者签订合同。根据1934年基泰向《中国建筑》杂志社提供的全套图纸来看，其出图日期为1931年8月12日[3]。然而随着日军的入侵，国内形势急转直下，项目暂停。直至1932年8月28日，总务司呈文报告外交部修改了项目任务书，从以外交宾馆为主调整为以办公功能为主，官舍、宿舍为辅。经过外交部内部、外交部与基泰老板关颂声的多轮沟通，一个月后，即9月28日，外交部次长向部长报告该项目与基泰工程司的合同已可合理终止，改由赵深建筑师设计。朱振通在其硕士论文中补充：时任外交部次长的刘崇杰为陈植叔父陈叔通的邻居及好友。但考虑到关颂声和蒋介石的关系，这个关系只是让华盖和基泰站在了一条起跑线上而已。另外本项目结构设计最终由基泰合伙人杨宽麟（1927年第四位合伙人）开办的华启顾问工程司负责，这可能是因为杨宽麟和华盖有长期合作关系，如白赛仲路出租住宅项目，也可能是官方的一种平衡手段。11月中旬，

1　　许乙弘. Art Deco的源与流[M]. 南京：东南大学出版社，2006.

2　　具体内部操作过程及历史档案详见：李海清. 历史的误会——南京原外交部办公处建筑设计引发的思考[M]// 张复合. 建筑史论文集（第14辑）. 北京：清华大学出版社，2001.

3　　基泰建筑工程司. 外交宾馆全部图样[J]. 中国建筑，1934，2（11，12合刊）：9.

华盖的设计工作已告一段落，并开始着手施工招标。

华盖首先改动了总体平面，将原独立的两个工程整合起来。原设计中两栋建筑主要立面均朝西，各自朝向中山路开门（图5.27），最终方案则从中山路引入辅路，设置环岛，两栋建筑均朝向环岛，主要立面调整为南北向（图5.28）。华盖设计的平面也呈T字形，基泰工程司的方案平面（图5.29）布局[1]成为华盖设计的依据，只是根据调整的任务书做出稍许改动。办公大楼整幢建筑通面阔51米，通进深55米，面积约5050平方米，原方案通面阔约67米，通进深约48米。整个中轴序列上的内部空间与外部体量都缩小了，故而形态上呈现出的是前部建筑由凸出改为凹进，后部建筑由横向改为纵向（图5.30）。*The China Reconstruction & Engineering Review*（《新中国建设月刊》）1934年7月刊登的介绍文章称，这种平面是为了方便图书馆和花园二期施工，文章刊发时一期主体已经完成。

室内外风格大异，室内以借鉴中国传统建筑室内装饰手法为主，这种做法在当时可能也颇为流行，如董大酉五角场自宅外部为现代式，内部天花仍用彩画。外交部主要结构构件如柱、梁、枋等均上施油漆或彩画，但结合了现代化的地面铺装，如大厅用淡红色水刷石，局部间或镶嵌黑色，室内走廊大面用浅绿色马赛克，四周用深绿色马赛克作为边框；顶部明装的日光灯和墙上方形的古铜色壁灯（图5.31，图5.32）并置。

此时华盖未沿用已出现的全面仿古和在西式建筑上加盖中国式屋顶两种解答"中国固有式"的模式，而是自创了在平屋顶檐口出挑少许，下部用同色琉璃砖做成简化斗栱装饰的新模式。实际上外交部主立面（图5.33）采用了古典建筑三段式构图法[2]，分基座、墙身和檐部三部分，檐部设计进行了创新，墙面用褐色面砖贴面，底层半地下室部分的外墙用水泥粉刷，象征基座[3]。"该大楼为首都之最合现代化建筑物之一；将吾国固有之建筑美术发挥无遗，且能使其切于实际，而于时代性所需各点，无不处处具备，毫无各种不必要之文饰等，致逊该大楼特具之简洁庄严。"[4]童寯曾对长孙童文提及过，此建筑立面灵感是

---

1   基泰平面两轮方案图纸对比详见：朱振通. 关于"基泰"南京外交宾馆方案初始图的探究[J].
     华中建筑，2005（5）：180-184，191.
2   详细比例与案例可参见介绍本楼修缮的东南大学硕士论文:龙潇. 原国民政府外交部建筑研究[D].
     南京：东南大学，2007.
3   刘先觉. 中国近代建筑总览·南京篇[M]. 北京：中国建筑工业出版社，1992.
4   外交大楼[J]. 中国建筑，1932，1（1）：11.

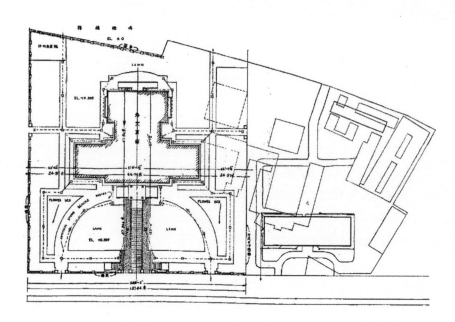

5.27

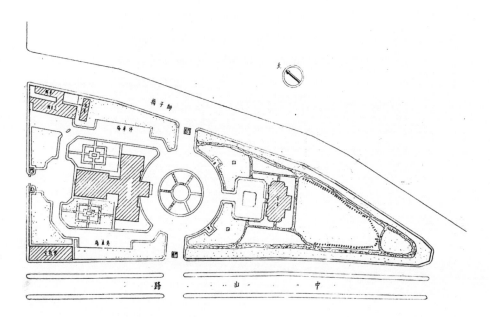

5.28

图5.27
基泰方案总平面图

图5.28
华盖方案总平面图

图5.29
基泰工程司设计的外交宾馆
平面图

图5.30
华盖设计的外交部大楼一层
平面图（单位：英尺）

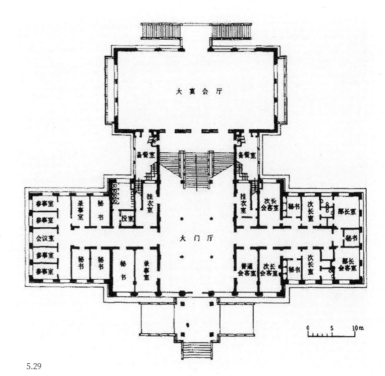

5.29

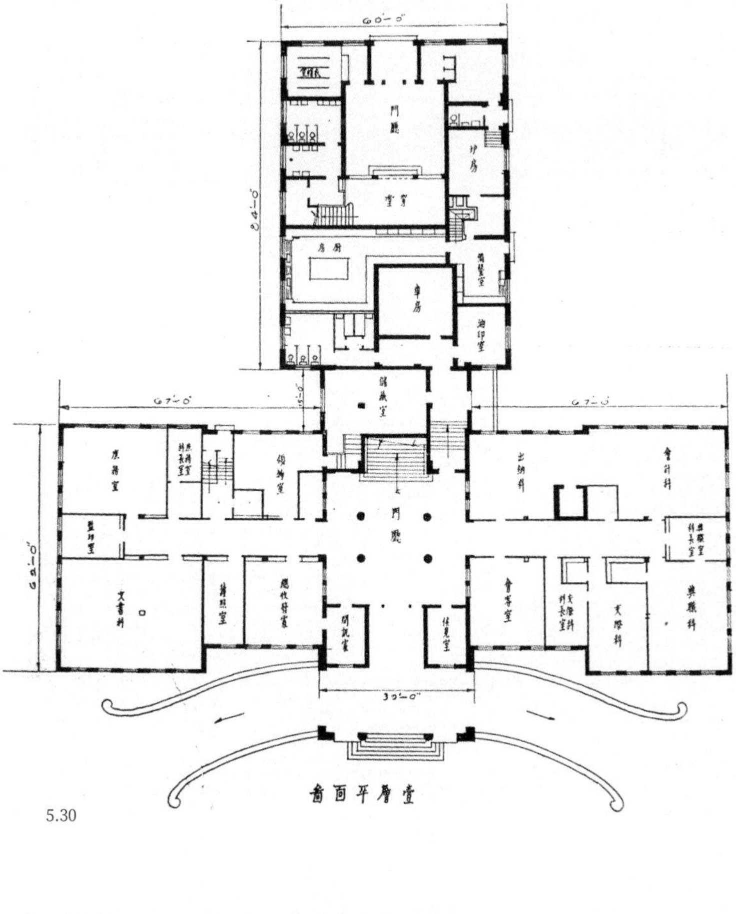

5.30

5.31   5.32

5.33 a | b

5.34 | 5.35

从西藏布达拉宫的造型中获取的[1]。

不过据刘致平（当时的绘图人员为刘致平、沈仲山等）回忆说："建成后大家都不满意，童先生和我也不满意，我们觉得民族形式的建筑应更为丰富多彩，这种在西式建筑上加中式装饰的作法很不足取。"童寯在《建筑艺术纪实》（1937）一文中认识到，"当建筑物增高，窗户的重要性增大，屋顶与基座作为中国特色的意义就减小了。在高大的结构物上，此类表面装饰就显得肤浅。这种装饰除了情感上的意义外，再无其它，也几乎看不太出了。失望的心情常促使建筑师把中国式的处理集中到视线高度，通常也就在入口大门上"。外交部办公大楼在立面加中式装饰的地方主要有檐部模拟斗栱、顶层的窗间墙（图5.34）、阳台下挑出的梁头和阳台栏板、入口门廊饰有简化的蚂蚱头。童寯的文章正反映了他自己的不满意之处。不过在媒体上，*The China Reconstruction & Engineering Review* 1934年7月号（图5.35），仍然以"外交部在南京的新居，结合古典中国建筑与现代简朴"（New home of Ministry of Foreign Affairs in Nanking combines classical Chinese architecture with modern simplicity）为题向英语世界介绍了本项目："南京外交部新建筑是将中国古典建筑的精美细节与现代结构简单的体量和线条相结合的一次成功的尝试。其特点是大胆地去掉了斜屋顶，这种屋顶已经成为一种毫无意义的、传统木构的混凝土复制品。"（The new building of the Ministry of Foreign Affairs in Nanking represents a successful attempt to combine the exquisite details of Chinese classical architecture with the simple mass and lines of modern structure. One feature was doing away boldly with the sloping roof which has come to be a rather senseless copy in concrete of what used to be in wood.）

南京铁道部购料委员会大楼（后粮食部）（1936，图5.36）、行政院临时办公楼（1933）、铁道部办公楼正殿及保存库（后行政院）（1936，图5.37）、立法院大楼（1937，图5.38）、铁道部档案库（有地下室）5个项目都可能与孙科历任铁道部部长、考试院副院长、立法院院长有关，而参谋本部国防设计委员会（资源委员会）冶金、电气试验室，矿室等工程，实业部地质调查所矿产陈列馆、燃料研究室等工程，首都资源委员会办公厅附属图书馆、宿舍、车库等工程又可视为一体。实业部办公楼资料奇缺，仅见于南京市城市建设档案馆资料。审计部办公楼尚存，除档案馆资料外还查得老照片一张[2]，中式装饰窗格

1　童文，童明. 童寯年谱[M]//童明，杨永生. 关于童寯——纪念童寯百年诞辰. 北京：知识产权出版社，中国水利水电出版社，2002.

2　缪晖. 南京国民政府行政院增建修葺工程考[J]. 档案与建设，2013（11）：36.

5.36　a

5.37

图5.36
南京铁道部购料委员会大楼
（后粮食部）
a. 老照片
b. 立面细部图

图5.37
铁道部办公楼正殿及保存库
（后行政院）老照片

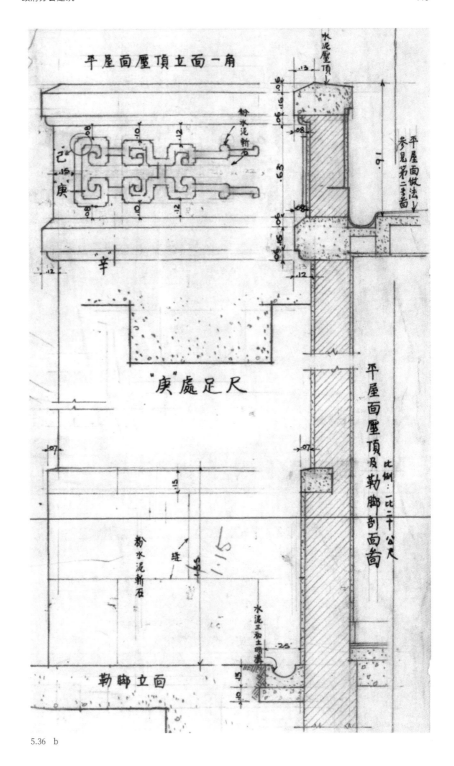

5.36 b

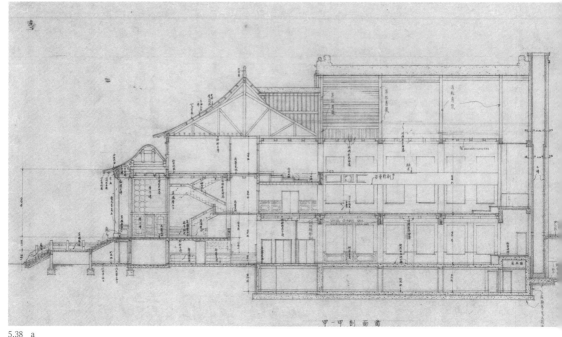

5.38   a

设计清晰可见（图5.39）。

　　以上大部分项目均为2层小楼的组合，立面也以装饰艺术风格为主，仅铁道部建筑群延续了赵深在范文照事务所时设计的中国固有式的立面风格。但其中出现了中国固有式做正立面，后部续接现代式样的楼栋。这可能与政府预算控制有关。完全采用中国固有式做法的仅有立法院大楼。

　　装饰艺术派风格如行政院临时办公楼（图5.40）设计宗旨为"力求简朴大方"，直接委托赵深设计，从现存建筑来看，仅办公厅一幢建筑立面饰以青砖，入口大门带有装饰纹样。据当时的新闻界记者招待会记载以及如今的复原陈列来看，办公厅一楼最西面为行政院会议室，会议室外南北分列六七间办公室、会客室，入口正中设开敞式楼梯。二楼西面一分为三，北面是行政院长汪精卫的办公室，南面是副院长孔祥熙的办公室，中间是秘书长褚民谊的会客室。楼梯东侧第一间与秘书长室平行者为政务处长彭学沛办公室。走廊东头为稽核室。也是典型的"一"字形平面设计。

　　又如在陈植的回忆清单里，实业部地质调查所矿产陈列馆、燃料研究室等工程，资源委员会的冶金、电气试验室，矿室与办公厅附属图书馆、宿舍、车库两项工程（统一规划）均为童寯设计。其地址均为南京珠江路水晶台（图5.41），可能由时任地质调查所所长兼资源委员会秘书长的翁文灏先后购买。1933年日军威胁平津，身在北京的地质调查所所长翁文灏深感"在此不啻处于炮火前

图5.38
a. 国民政府立法院大楼
横剖面图
b. 国民政府立法院大楼
纵剖面图

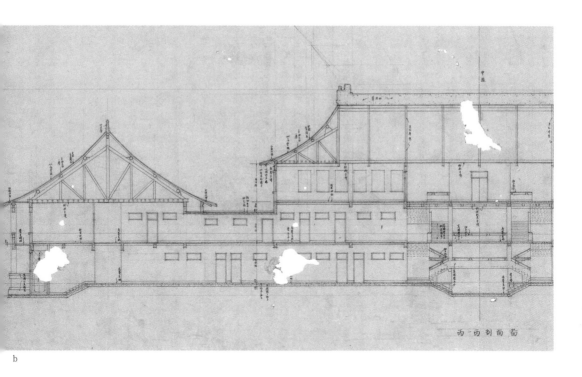

b

线，精神上激刺甚深，无法安心工作"，为防发生意外事件，他选择将部分重
要图书、标本紧急南运。翁将具体的选址购地工作交给时任国防设计委员会统
计处处长的杨公兆代为操办，"南京市财政局长提出调查所可与中华教育文化
基金董事会共同购买古物保存所附近旗地[1]"，以之为新所址。经过从3月到10
月的几番周折，地质调查所方确定购地约42亩（28 000平方米）[2]。而此时的资
源委员会还叫作国防设计委员会，从属于国民政府参谋本部，是一个保密机构，
经费充裕，办公机关不挂招牌，在南京三元巷2号办公。这也可能是两个项目
无论从开工时间（1934年3月13日和1934年6月13日）还是地理空间上都如
此接近的原因，二者总平面完全契合（图5.42）。另一个证据是，地质调查所
购地后与资源委员会共同组织了一个地质调查所建筑委员会，派该所沁园燃料
研究室主任金开英赴南京常驻，督工建造[3]，并聘请其四叔金绍坊为顾问工程
师，负责工程监理。1935年金开英在向翁文灏汇报工程进度的文件中提到："建
造地基因煤气罐改大而又加壹只。故非侵入资源会地界上不可。资源会方面亦
愿让地壹角，共约一亩左右，现正在协商中。"[4]

1　　旗地即清皇室的地。
2　　李学通. 中国地质调查所南京所址建筑经过考[J]. 地质学刊, 2009, 33（2）: 218-219.
3　　出自：金开英先生访问纪录[M]. 台北：中央研究院近代史研究所, 1991. 转引自：李学通. 地
　　　质调查所沿革诸问题考[J]. 中国科技史杂志, 2003, 24（4）: 355.
4　　李学通. 中国地质调查所南京所址建筑经过考. 220.

5.39 a | b

5.40 a | b

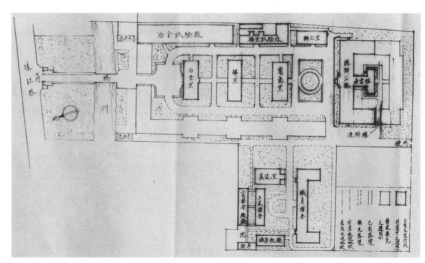

图5.39
a. 审计部主入口
b. 1934年3月30日会议
　 代表在审计部楼前合影

图5.40
行政院临时办公楼，现
总统府内南京中国近代史
遗址博物馆
a. 外观
b. 室内

图5.41
a. 资源委员会规划总平面图
b. 鸟瞰效果图

图5.42
实业部地质调查所矿产陈列
馆、燃料研究室等工程地图
定位，拼合资源委员会两项
工程总平面图

5.41　a | b

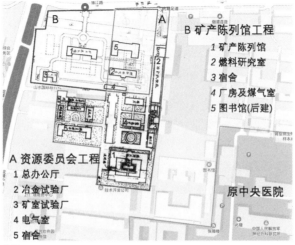

B 矿产陈列馆工程
1 矿产陈列馆
2 燃料研究室
3 宿舍
4 厂房及煤气室
5 图书馆(后建)

A 资源委员会工程
1 总办公厅
2 冶金试验厂
3 矿室试验厂
4 电气室
5 宿舍

原中央医院

5.42

5.43

　　1937年6月地质调查所的所有建筑完工时，资源委员会仅3个实验室竣工，办公厅及其附属工程是到1939年方才完工。随着"七·七事变"的爆发，资源委员会已于1937年10月从南京转移，1938年1月公开这一消息，同年3月5日开始在汉口市办公，即是位于南京水晶台的地质调查所办公厅尚未启用。1945年12月资源委员会迁回南京三元巷2号，这批办公楼却一直为美军顾问团所占用，直至1949年顾问团撤出中国方才收回。如此当可解答《南京民国建筑的故事》一书中《国民政府资源委员会》一文将其对应于中山北路200号（1947年杨廷宝设计），而产生的华盖方案未被采用的疑问[1]。国防设计委员会于1935

1　　见：叶皓. 南京民国建筑的故事[M]. 南京：南京出版社，2010：147.

5.44

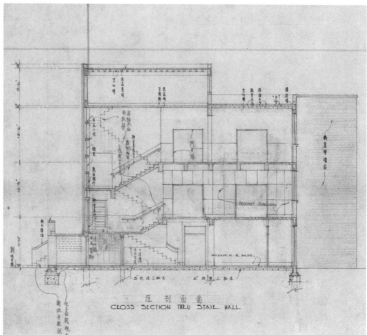

5.45

图5.43
矿产陈列馆正立面（上）与资源委员会办公厅主入口面（下）对照

图5.44
基泰工程司设计的中央医院

图5.45
矿产陈列馆入口剖面放大

年4月1日改组为资源委员会后，隶属军事委员会，蒋介石任委员长，翁文灏、钱昌照任正、副秘书长，下设秘书厅、专员室、矿业室、冶金室、电气室等，主任秘书兼设计处长为时任上海工务局局长的沈怡，调查处长杨公亮，统计处长孙拯，矿室主任朱玉仑，冶金室主任叶渚沛，电气室主任朱其清，员工共计163人，负责国防工业规划与建设[1]。童寯因这次设计的工程问题接触到清华校友叶渚沛，在抗战全面爆发初期又获得了资源委员会在后方的三个厂房项目。

　　矿产陈列馆与资源委员会办公厅不仅平面相似，其正立面也颇为相似（图5.43）。矿产陈列馆着力于用红砖构成立面细节变化，更有现代性，而办公厅立面可能注意寻求与一墙之隔已建成的由杨廷宝设计的中央医院（图5.44）立面的统一性，偏向装饰艺术风格。矿产陈列馆平面呈"一"字形，中轴对称，单廊两侧为办公室，大空间位于端部，共4层，多数资料称其建筑面积有2000多平方米。正立面一层抬高半层（图5.45），室外楼梯立面也做成缩进式样，入口两侧墙上有一排凸出的砖块装饰，中央部分带有强烈的缩进感，利用房间转角做几次缩进，而中间用大面积窗，顶层高出女儿墙的部分饰以5根线条（图5.46）。资源委员会办公厅为E字形布局（图5.47），正中为3层，两侧仅2层，

1　　关于资源委员会的沿革及活动情况，详见以下文献正文及大事记：薛毅. 国民政府资源委员会研究述评[M]. 北京：社会科学文献出版社，2005.

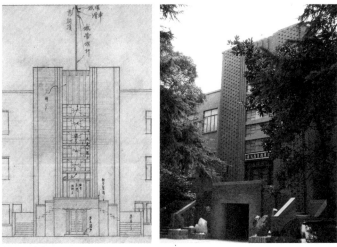

5.46 a ｜ b

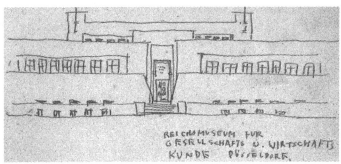

5.48

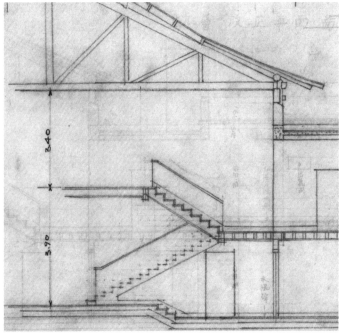

5.49

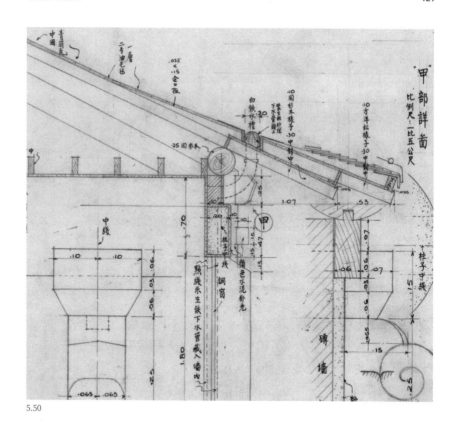

5.50

中轴线后部为礼堂及图书馆，主入口高差较小，台阶3级，图案构成更接近童寯考察过的帝国博物馆[1]（1926年，杜塞尔多夫，Wilhelm Kreis，现名NRW - Forum für Kultur und Wirtschaft，图5.48）。

中国固有式风格如赵深与陈植合作设计[2]的南京铁道部购料委员会大楼，又如立法院大楼。

铁道部建筑群计有铁道部购料委员会大楼（后粮食部）、铁道部办公楼正殿及保存库、铁道部档案库（有地下室）等。《童寯文集》内照片将粮食部定义为1936年设计，但根据对粮食部的历史资料的追寻，可以确定的是1941年7月1日，粮食部方才正式成立[3]。对粮食部的典型描述如下：1946年5月，粮食部随行政院迁回南京，与行政院同在一个院内办公。其办公大楼坐落在行政院办公楼正立面的西北侧，主楼高三层，属于仿明清宫殿式建筑；主楼之后还有两层宫殿式大屋顶楼房一幢，平顶楼房一幢，此外，还有平房两座，活动室五座，以及饭厅、车库等附属设施。由于行政院即占用的是抗战前铁道部办公

1　童寯. 旅欧日记[M]// 童寯文集（第四卷）. 333.
2　见陈植1979年履历表（照片）。
3　郭从杰. 徐堪与战时中国粮政[J]. 农业考古，2015（6）：215-220.

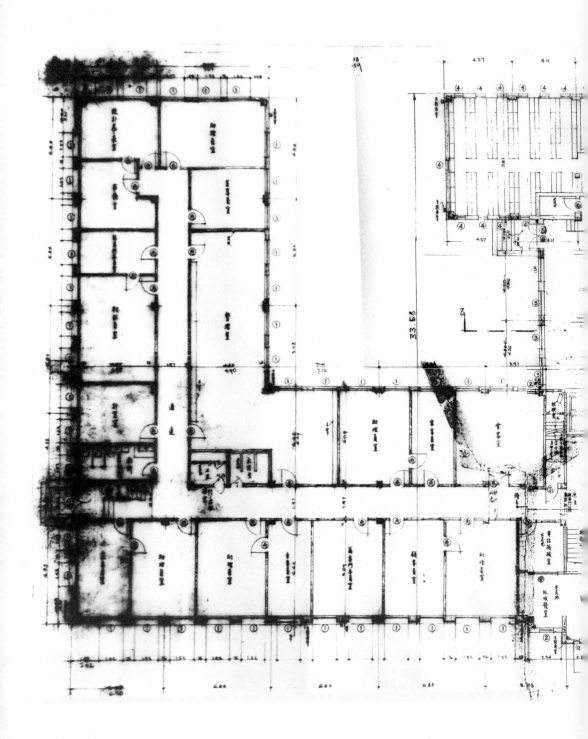

图5.47
资源委员会首层平面图

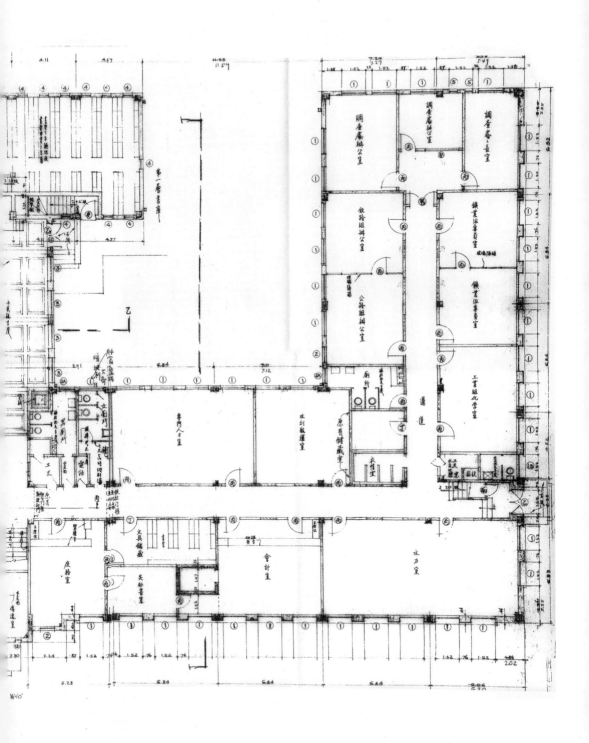

5.51　a

5.53

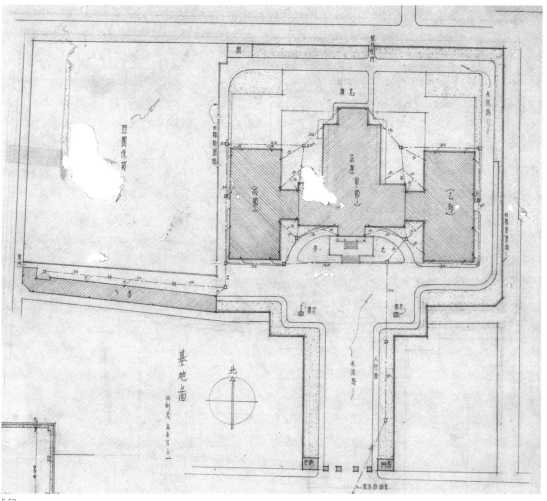

5.52

楼，粮食部应该就是抗战前的购料委员会大楼。购料委员会大楼档案图纸可见歇山顶与檐廊，与《童寯文集》内粮食部照片以及现存中山北路254号建筑照片基本吻合（见图5.36）。值得注意的是，图纸显示虽然其建筑主体部分采用了钢筋混凝土结构，但实现大屋顶用的是在钢筋混凝土梁上再搭木结构人字形洋松屋架（图5.49），配合配筋水泥造型屋脊（正脊、角脊、垂脊），屋面排水也不是传统木构建筑的自由落水，而是在木梁上方做白铁水槽（图5.50），下水管或沿柱设置，或埋入墙内。

相传位于南京中山北路105号的立法院大楼为华盖设计，但对比存档图纸与照片，二者明显不符。图纸显示华盖设计的立法院大楼为三层建筑，入口门廊带中式屋顶，正立面朝南。现存建筑仅两层，正立面朝东北，入口门廊为现代式（图5.51），故不取。又因华盖设计的立法院图纸档案还伴有立法院侯府公寓图纸档案，且根据建筑单体尺寸反推的总平面图轮廓尺寸、朝向（图5.52）与立法院原址白下路273号街区（图5.53）大致相似，故判断该设计方案应为立法院拟将原白下路273号拆除后新建的方案，现存的中山北路105号可能是当时立法院准备的临时办公地址，抗日战争结束后立法院在此办公。有可能立法院直接套用了1937年华盖设计的图纸。

旅馆建筑

华盖对自己作品的公开介绍里唯一一次提到"国际式"，就是在《中国建筑》第3卷第3期首都饭店项目说明里描述的"建筑式样为国际式"。这也是战前华盖设计的唯一一座旅馆建筑。

首都饭店是业主中国旅行社所建最大的招待所，"自1934年夏开工到1935年8月开业，历时一年"[1]，并可以其新加坡分社1936年出版的《行旅指南》作旁证："本社……于各地建置招待所，设备不必图其绮丽；而清洁卫生，侍应周到，则当严格要求。……最近落成之南京首都饭店，规模较为美备"[2]，配上南京城市建设档案馆图纸[3]纸面所签修改时间"二十三年十二月"和"二十四年一月

1　南京首都饭店[J]. 旅行杂志，1935（9月招待所专号）：7-13.
2　陈湘涛. 中国旅行社创设招待所之旨趣[J]. 行旅指南，1936（1）：17.
3　见于论文图3-92：张宇. 南京近代旅馆业建筑研究[D]. 南京：东南大学，2015：86.

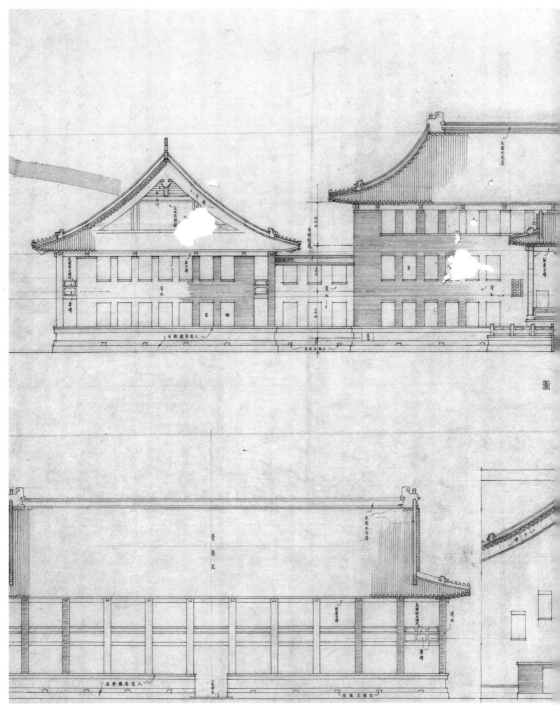

5.51　b

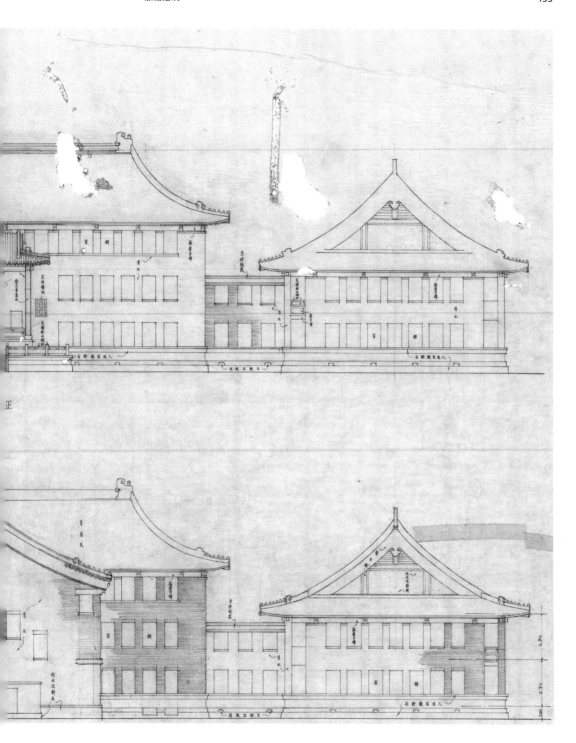

5.54

图5.54
首都饭店效果图

图5.55
首都饭店一层平面图

七日"，基本可确认首都饭店的设计建造时间当在1934年，并非此前各资料语焉不详的1933年。

"首都饭店是一座平面'八'字形的四层大楼，如两翼展开，依科学化设计，采取立体式，纯钢筋水泥建筑，东西长八十步，南北宽三十步，外观已极尽富丽庄严。屋的前后左右，均有广场，可以通车马。屋顶有花园，凭栏远眺，南京全市历历在目。有大小房间46间，每一房间内均有浴室、瓷盆、衣柜、写字台、新式桌以及化装台、抽水马桶等，房间床铺均为席梦思，软绵适体，舒美无比，一切布置陈设，华丽雅静，餐室则高广轩敞，悉合卫生，并备有冷热水汀，随时调节气温，旅客身处其中，所得精神上之安慰，感到生活上之满足，殆非楮墨所能描写万一者。"[1]

尤其是在接待方面适应国际化的需求，"所雇招待侍役，靡不先为训练，对于各国之习尚，中外人士之心理，悉心考察，施以相当之知识及应如何招待服务之工作"。并且还聘请留学美国专习旅馆的专家周良相为襄理，主持饭店内部管理；延聘外籍专家桂拉莫管理内务，每逢周末，在餐厅举行音乐、茶舞会，为当时最高级的宾馆饭店。在旅客的饮食方面也非常讲究，聘请有经验的厨师精制各式菜肴，价廉味美，适口卫生，"即沪上著名之中西菜馆，亦较逊一筹"，饭店建成后多年仍保持着南京最高档饭店之一的口碑。由于运营良好，抗战时

1   南京首都饭店[J]. 旅行杂志，1935（9月招待所专号）：7-13.

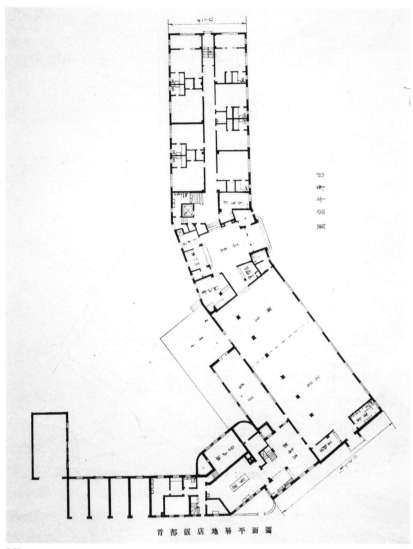

5.55

期作为日本军官居住地得以完好地保存下来。

首都饭店是"为求得到一最高尚之旅舍客为目的而建"[1]（图5.54）。"已基本将造型加以净化，而且平面根据功能与地形的特点做成不对称形式，是同期建筑中手法较新颖的一座"[2]，也颇有现代主义的特征。

从首层平面图（图5.55）来看，主体平面呈折线形，"建筑的每一条边线都与邻近的基地边线平行，复杂的基地形状产生了一个复杂的建筑轮廓，产生

1　《中国建筑》1935年第3卷第3期第21页。
2　汪坦，藤森照信，刘先觉等. 中国近代建筑总览·南京篇[M]. 北京：中国建筑工业出版社，1992：10.

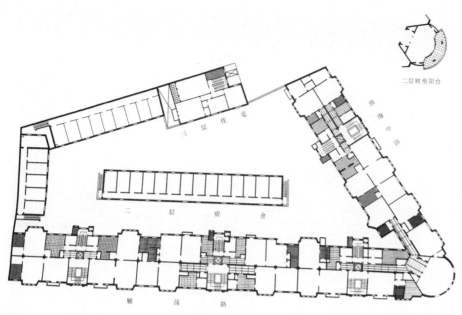

5.56 a

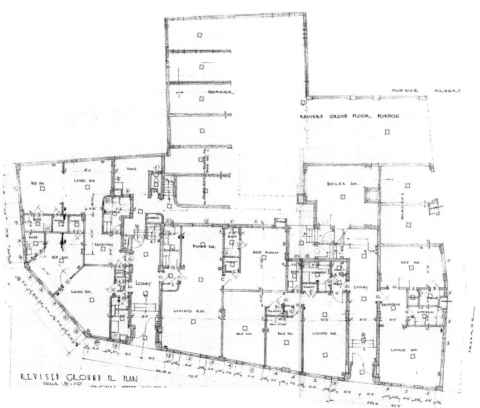

b

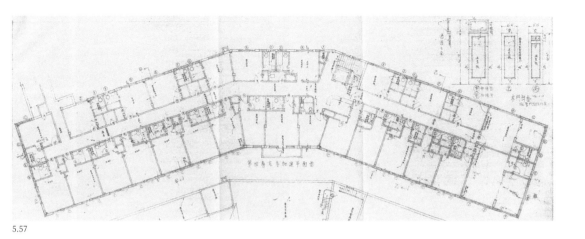

5.57

了一种自由的现代感"[1]。一层的锅炉房和餐室凸出于主体,西北端的活动室与主体的交接也显暧昧,童寯重复了1931年赵深设计铁道部购料委员会时的做法,即辅助功能与建筑主要功能体量在平立面上的双重脱离。辅助功能单层化、洞口宽度标准化、与主体建筑以室内通道相连,建筑表面仅"粉水泥打毛"。这种双重脱离同样出现在童寯设计的合记公寓之中——佣人房与车库的组合体量与公寓主体脱离,还可以在上海杨氏公寓(现永业大楼,马海洋行设计,1932,图5.56)的设计中看到。这些项目有一个共同特点,其用地相对宽裕,建筑覆盖率都较小。在华盖设计的寸土寸金的商业和金融建筑中就没有发现辅助空间的双重脱离现象。这显然不是建筑师的设计功力问题,而是当时的使用方和设计方对于辅助空间布置的主动选择。推测当时普遍认为围墙存在时,低层的辅助用房的立面只要不干扰主体建筑的正立面,立面就可以不做装饰,只注重平面使用的高效、动线的组织即可。

首都饭店"顶层有阳光室、会聚室、阳台及平台花园,可供旅客应用"[2],是出于功能考虑,但也和柯布西耶的新建筑五点深相契合,展示了华盖对现代主义建筑思潮的了解。不过就在开业8个月之后(图签为1936年4月4日),可能是因旅游客源旺盛,存档出现了华盖设计的花园和阳光室改建为客房的图纸(图5.57)。在当年3月的杂志照片中首都饭店还是三层体量(图5.58),在南京被日本侵略军侵占之后的照片中,其正立面已是四层(图5.59)。

建筑的正立面经过了建筑师的精心控制,这时对现代式的理解应当并不排斥过去的一些原则,其定义边界较现在更为模糊,如对称与均衡,中轴体量的

1　　王颖. 探求一种"中国式样":早期现代中国建筑中的风格观念[M]. 北京:中国建筑工业出版社,2015:114-115.
2　　首都饭店[J]. 中国建筑,1935,3(3):21.

5.58   5.59

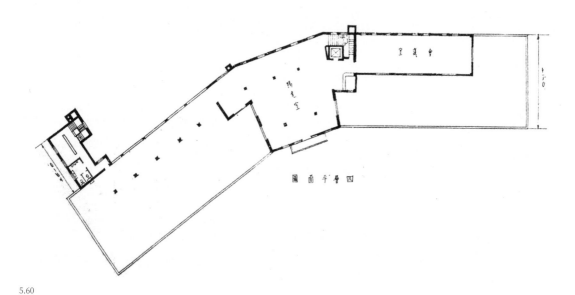

5.60

突出。表现为顶层楼梯的对称位置设计了一个拔高的阳光室辅助空间与之呼应，而右翼的长方形会议室也与左翼的架空结构达成均衡（图5.60）。"许多流线形风格建筑身上，仍然可以发现来自折线形摩登的手法"（图5.61），"摩登的外观与现代主义风格愈来愈接近"。[1]

图5.58
首都饭店1936年照片

图5.59
首都饭店完工照片

图5.60
首都饭店方案四层平面图

图5.61
美国碾磨设备公司实验室
（1937）

1   许乙弘. Art Deco的源与流[M]. 南京：东南大学出版社，2006：51.

5.61

居住建筑

这段时期设计项目中数量最多的便是占总量1/3的住宅，而且1937年可见的设计项目均为独立式住宅。遗憾的是，到目前为止仍未见针对华盖的别墅作品的研究，特别是档案相对完整的南京项目的系统性研究。

在上海的两个档案馆中，未见华盖别墅作品图纸的踪影，上海的原址亦不得其门而入，迷雾一片。能够直接观察的只有6个公寓和联排住宅项目，它们在时间和空间分布上都较为集中（图5.62），功能组合上却又完全不同，是上海的公寓需求多样性的一个缩影。

合记公寓设有专用的佣人宿舍，集中于车库上方，以台阶与两个主要楼梯的半平台相连。梅谷公寓面向街道设两层商铺，公寓从地块内的室外楼梯进入。兆丰别墅和愚园路公园别墅都是名为别墅，实则是几幢联排住宅，剑桥角出租住宅则是一个由双拼别墅和联排别墅组成的微型小区。它们的空间序列所反映的生活方式对于当今的住宅设计仍然有一定的借鉴意义。

5.62

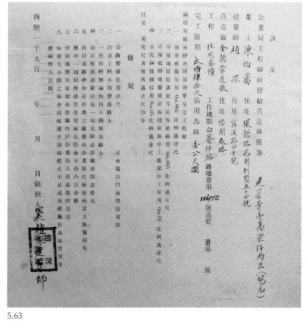

5.63

白赛仲路出租住宅的施工图最晚完成时间为1931年11月，法公董局的监察单显示项目于1932年9月6日完工，陈植遗物记载该项目由赵深负责，档案图的标注修改处也可见到赵深的签名。存档清单上中文清楚地写着：业主陈伯蕃，建筑费壹万柒仟两正（规元）[1]，由金龙营造厂承建（图5.63）。结构图纸上签章为华启顾问有限公司。巧合的是，时间稍晚在这幢住宅（现地址复兴西路141、143、145号）的北侧，陈伯蕃委托了启明建筑事务所的奚福泉设计了现复兴西路147号（即1949年之后的柯灵故居），也由金龙营造厂承建，设计图纸发表于1933年的《中国建筑》1卷1期（图5.64）。从《童寯文集》的照片来看，华盖作品完成后，147号正在施工中（图5.65），这也可作为设计时间的依据之一。

白赛仲路出租住宅为三栋不同的户型联排，建筑最长39.45米，最大进深14.2米。建筑实际朝向为东西向，东北方向临复兴西路。由于地块为不规则形状，每户的居住空间数量有所不同，而空间序列大体一致。考虑到边套受用地边界的影响更大，特殊化的处理更多，此处仅展开叙述正中的143号平面（图5.66），着眼点在于空间尺度及生活场景。该户面宽12.7米，层高3.6米，共2层。143号临街共有三个出入口，南侧（左）为停车库，净宽3.05米，倒车停车后司机可以方便地从室内开门上三级踏步进入楼梯厅。正中入口门宽1米，外有石材

1　规元：清朝至1933年以前上海钱庄业曾经采用的虚拟银两记账单位，一百两规元等于九十八两标准银，又叫九八规元、规银。

5.64 ｜ 5.65

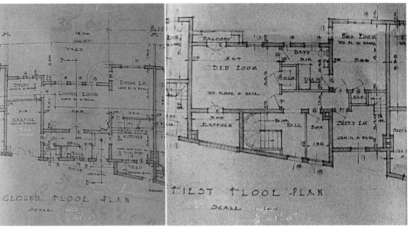

5.66

141号   143号

5.67

图5.67
2010年白赛仲路出租住宅
沿复兴西路立面

包边，室外即有两级踏步，开门后左转上两级踏步亦进入通高的楼梯厅，两条路线在此相会。

两层通高的楼梯厅是整个交通体系的汇聚点，厅中心正对客厅1.2米（宽）×2.15米（高）的实木大门，背靠带扇形踏步的楼梯，右侧通往车库以及藏在楼梯半平台下的卫生间，左侧通往厨房。北侧（右）为佣人入口，先进入一个宽约3米、进深约1.2米的小天井，再进入厨房。客厅为面宽5.4米、进深3.6米的空间，靠近厨房的墙角留有壁炉的位置，左侧为书房，与车库同宽，深1.8米，右侧为餐厅，3.66米×4.27米。三个空间完全连通，门洞与外立面风格一致，也做成拱形洞口。建筑后部为私家花园，餐厅尽端为唯一入口，3级台阶设计为1/4圆弧状，收边也带圆角。餐厅与厨房也有3级台阶的高差，这样的设计是将一层所有有水房间都放在了低标高的位置。下台阶前的小平台同时也作为通往楼上佣人房的楼梯起点。通过楼梯厅上19级台阶完成一个回转来到二楼，左转是连接两间卧室及佣人房的通道，右转是沿街的窗户，在此，建筑师设计了一个小的斜向出挑，它在功能上既扩张了二层的停留空间，使人得以放松，又对首层起到了雨篷的作用，在外观上还契合了街道的方向，也为体量的构成设计提供了基础。进入通道后再左转进入主卧（为方便叙述，将面积较大者称为主卧，原标注仅为BED ROOM），其进深同客厅，面宽较之客厅还稍大一些，室内约20平方米，应兼有起居作用，朝街面方向有较大的露台，朝花园方向有约0.6米深的装饰性阳台，唯一的窗户也朝向花园。入口墙面上还有两道门，一道通往卫生间，一道通往步入式衣橱。通道右转右侧一扇门通往约4.5平方米的储藏间，尽端左侧开门进入较小的次卧（3.66米×4.27米，约15平方米），次卧的衣橱约为主卧的一半，仅有一扇窗，面向花园，从次卧可直接进入主卧卫生间。

项目二层卫生间均为这种共用设计，145号还多了一个不带卫生间的卧室，楼梯厅也更舒展方正些，但首层没有书房，车库与其他房间不连通，厨房也不

147号　柯灵故居

能从楼梯厅到达，141号是用地进深最浅处，正入口的台阶利用了楼梯下方的空间，但一进门即见卫生间还是略为尴尬，车库亦不再连通，客厅门不在正中，改为利用客厅的斜角直通花园。

目前立面最为完好的仅有三个主入口门洞和沿街的经典西班牙式小露台（图5.67）。141号及145号的二层沿街露台早已被实墙围合，佣人入口形态尚且完好，但两个天井均搭建为房间。143号稍好，用玻璃围合露台。整个沿街立面失去了层次感。底层车库全改为房间，其洞口也被改为大小不一的长方形，就现状照片来看，可能有8~9户在共同使用这个建筑。二层的拱形窗洞大多被改为长方形，外墙上象征性地加了一条白色花边。原设计排水方式为自由落水，也没有空调，在现在的加建状态下空调和落水管的布局和装饰问题十分突出。

合记公寓，又名陕西公寓、立地公寓（即项目英文名Lidia Apts. 直译），为清华校友黄季岩（1913）委托，施工图备案于1934年6月28日。完工期限10个月，进度表显示其于1935年5月25日完工。陈植回忆："华盖曾因此而存黄的银行三万元之巨，因他是老清华与渊如熟，结果全部因银行倒闭而分文无着"[1]。合记公寓备案造价10万元，即便按照3%计算华盖实收，建筑设计费也只得3000元，造成事务所实际巨额亏损。

公寓用地极不规则，建筑沿街贴用地红线布置，在用地后部留出车库与内院。建筑平面围绕着两个楼梯间展开（图5.68）。南侧靠近陕西南路永嘉路转角每层均3户，北侧首层2户，2~4层每层6户，共计32户。其中南侧3户均为一室一厅一卫，北侧首层端户为一室一厅一卫，中间户为两室一厅一卫，标准层为3个一室户和3个一室一厅一卫。车库共计8个，难以再多。从内院车库可通过半室外的走廊进入门厅，走廊亦通往天井、锅炉房、公用的垃圾间和卫生间。

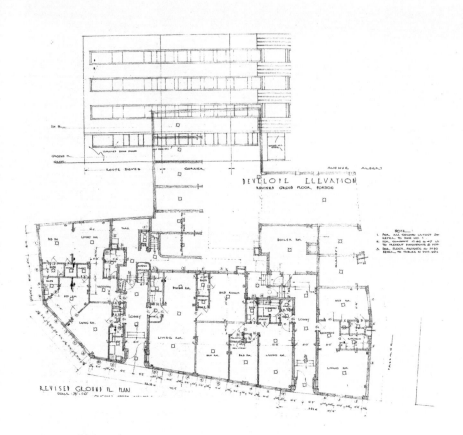

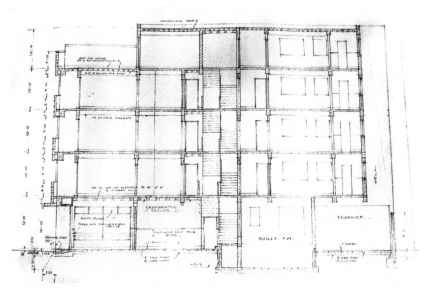

5.68

图5.68
合记公寓首层平面图（上）
及剖面图（下）

车库上方设置一层密集的单间作为佣人房，这个两层高的附属建筑的走廊通过一条室外走廊与主体建筑两个楼梯间的半平台相连。佣人房共计17间，约一半房间有外窗，且所有房间共用两个单人卫生间。这种佣人房集中为一栋附属建筑的处理办法并非华盖独创，前文首都饭店已举例，它是上海同时期公寓建筑的折射。

公寓立面典型的分段手法在当时上海的公寓建筑设计中并不少见，如更早的开纳公寓与更晚的良友公寓（图5.69）。这里要展开叙述的是建筑师的局部处理手段。建筑师将两个面街的门厅入口定义为立面中心，乍一看照片特别像建筑的楼梯间，究其平面，一个是卧室的阳台，一个是客厅的阳台。在现代式的外衣下，在一层墙面上拉出水平条纹，到入口处转圆角，一二层之间向外稍挑出两块屋檐板制造水平线条（图5.70），室内墙体也有转圆角的部分。立面图纸为展开沿街立面图，而未见建筑内立面图纸，现场的建筑内立面亦仅见水泥抹灰，侧面证明当时的立面设计主要关注"门面"（facade）。建筑内部如今还保留着浓郁的装饰艺术风格，剖面图（见图5.68）上示意的门厅、公共走道的"ornamental ceiling"实际上是水泥或者灰塑做成的线条。水磨石地面设计了三块黑色底色一组的纹饰。两者均与立面上起标识作用的阳台设计相呼应。楼梯栏杆、窗扇的铁艺亦明显配套（图5.71）。

公寓墙地面均以装修交付，主要房间均为柳桉木地面，厨房、卫生间为马赛克地面、瓷砖墙裙，阳台为缸砖地面。公共楼梯间及其前厅地面设计为马赛克，现场实为水磨石地面，墙裙所用的colored mat tile是一种橙红、黄色组合的水磨石（图5.72）。

梅谷公寓，英文名Mico's Apts.，又名亚尔培公寓（因所在地址陕西南路原名亚尔培路），"系懋华郑相衡委托"[1]，在档案馆藏图纸中有业主郑麐（字相衡）的毛笔签名。郑麐为原清华政治系创始四教授之一，后"南下上海，弃学经商"，出任银行经理[2]。华盖初成立时曾设计过巨泼来斯路310号郑相衡先生住宅（安福路260号，图5.73）。该住宅曾作为中国建筑师学会1933年年会举办地[3]。三份文件互相契合，可以认定所指为同一人。

在民国的历史背景下，梅谷公寓可以说是一个相当复杂的综合体建筑。它

1 陈植．陈植信．
2 郑相衡履历见：张伟．谁人识得郑相衡[J]．收藏·拍卖，2006（1）：106-107.
3 中国建筑师学会廿二年年会，见：中国建筑师学会[J]．中国建筑，1933（1）：37-38.

5.69　a   b | c

5.70

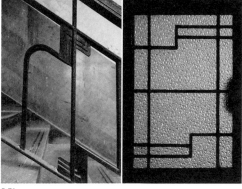

5.71

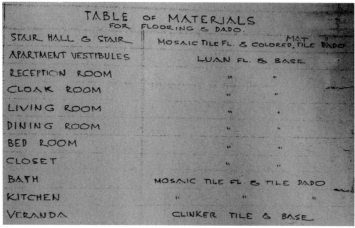

5.72 a | b

图 5.69
a. 合记公寓
b. 良友公寓
c. 开纳公寓

图 5.70
合记公寓入口细部

图 5.71
合记公寓楼梯栏杆及门扇
细部

图 5.72
a. 合计公寓材料表
b. 墙裙

的首层是面向街道的商铺，内部挑高，层高约5.8米（9'6"×2¹），标高2.9米（9'6"）处设置夹层（图5.74），上部住宅层高均约3.2米（10'6"），共2层。建筑内部楼梯均为一梯两户，住宅每层4单元8户，2层共16户。建筑还设有室外楼梯，方便各户从阳台疏散到地面（图5.75），这承接的是西方的防火逃生办法，在其他设计中鲜见。为解决住户倾倒垃圾不便的问题，华盖在每层西侧的阳台角落设计了垃圾道。每层北侧6户每户均拥有过厅、起居室、卫生间、卧室、佣人房各一间，南侧的2户各多一间卧室。建筑中央部位设有很多小天井，使得佣人房、卫生间、楼梯间均全明，过厅仅1户无窗。北侧7户每户入口即达过厅，再分为两个方向，卧室朝西南，起居室朝东临街（图5.76），推测是考虑到沿街噪声较大，有个由动到静的过渡。卫生间和佣人房分布于从过厅到卧室的通道两侧。但南侧位于十字路口的单元，平面为梯形，为保证下部商铺空间的完整，建筑师将楼梯安排在建筑西端，卧室和起居室均沿马路，比较像当代居住空间的流线设计。和其他租界公寓不同的是，梅谷公寓未通煤气，采用电炉。[2]

立面是现代风格的两段式（图5.77）。以商铺首层为基座，借用窗台高度优化基座比例，夹层设小窗，将窗高借与上部住宅段，优化居住段比例。首层转角处设两扇大窗，商铺门居中。为了丰富立面，建筑的三层平面（the second floor）有5户均牺牲了客厅进深，后退出一个5英尺2英寸（约1.6米）深的阳台。笔者2007年拍摄的实景照片显示，它们又以墨绿色钢窗或白色铝塑窗的形式被封还为室内空间。

1　此处有夹层，一个夹层的高度为9英尺6英寸，约2.9米。
2　汪启颖. 上海近代公寓建筑研究（1920—1949）[D]. 上海：同济大学，2003：66.

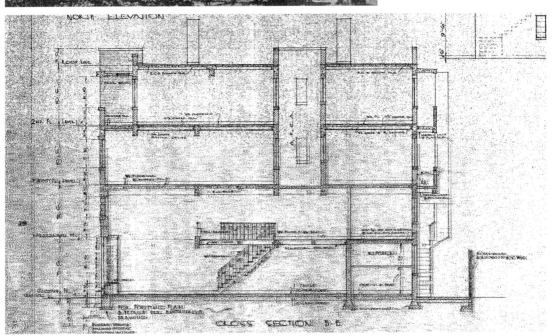

图5.73
郑相衡独立住宅

图5.74
梅谷公寓剖面图

图5.75
梅谷公寓西立面图

图5.76
梅谷公寓二层平面图（局部）

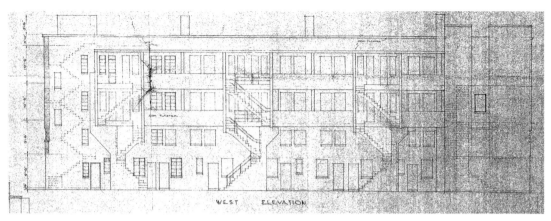

WEST ELEVATION

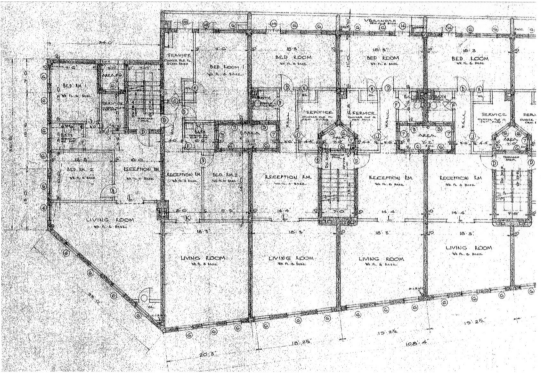

5.75 | 5.76

5.77 a | b

· 5.78 a | b

惇信路陆宅（1936 年，上海）位于上海武夷路 477 号，是《中国建筑》华盖专刊介绍的最后一个项目，对深入了解华盖设计私人住宅的观点和想法无疑具有重要的参考价值。

原图没有显示总平面图，从照片上看来用地也不大，查 1947 年行号图上建筑基地呈长条形，建筑位于整块地中央稍靠前的位置，两面都是厂房，东面是木材堆场（图 5.78）。可见其环境并非宜人，应是附近某实业的厂主自宅，风格就很有可能受到建筑师的全盘控制。

从平面布局来看（图 5.79），建筑北部密实，南部敞亮，完全不对称，除去入户花园，建筑占地面积约 195 平方米。北部集中了交通和仆役使用的空间，南部餐室、会客室、书房一字排开，每层在南面都有户外平台，室内外空间便得以交流。看起来简单，用起来却很方便，交通面积也很小。

建筑外观非常现代，线条直挺，南立面（图 5.80）第二折转角挑空阳台，扶手用水平线条栏杆，第三折细圆柱支撑雨篷，简洁大方，深得风格派神韵。西立面（图 5.81）餐室部分稍外凸呈弧形，从上下功能来看是建筑师有意的造型设计，而且屋顶还内收一段再铺开雨篷的平板，烟囱也结合了雨篷，从南立面可以看到这个穿插，形成整体上大小远近界面繁复的变化，具有非常明显的现代建筑的特点。建筑沿最西的一堵墙设竹篱，北面不远处亦是，竹篱顶部做弧线造型，与西面的外凸相呼应，浑然一体。

建筑现为开伦造纸集团办公室，雨篷已消失不见，三层的平台被加建成房间，原客堂东窗上方的布料雨篷也变成了板状，应是不久前修缮过，使得建筑体量变方，失去了原来绵延而有层次变化的感觉。如今更是加上了金灿灿的欧式窗套，又将水平线条的栏杆换成了宝瓶栏杆，足见现代风格的立面完全不得如今的业主之心。

本阶段华盖设计的独立住宅风格各异（图 5.82）。因笔者对南京的历史地名变迁欠缺研究，仅根据现有名称无法一一定位各个独立住宅，而这部分项目恰恰在华盖的独立住宅设计中占据绝大多数，南京市城建档案馆又有相应图纸保存，极具价值和研究可能性。尤其是金城银行住宅，抗战时期它作为南京安全区国际委员会驻地，还拥有重大的历史价值。谨录其中知名者：郝更

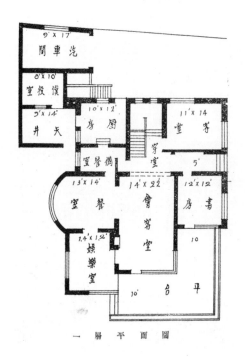

图5.79
惇信路陆宅平面图

图5.80
惇信路陆宅东南角

图5.81
惇信路陆宅西面

5.80 ｜ 5.81

5.82   a   b

c

e

图 5.82
这一时期华盖设计的其他
住宅（共计 18 栋）
a. 上海，愚园路公园别墅
   1931 年
b. 上海，石库门 130 幢
   1933 年
c. 南京，中山陵园孙科住宅
   1932 年
e. 南京，三住宅
   1933 年
f. 上海，剑桥角出租住宅
   1934 年 /2007 年

f

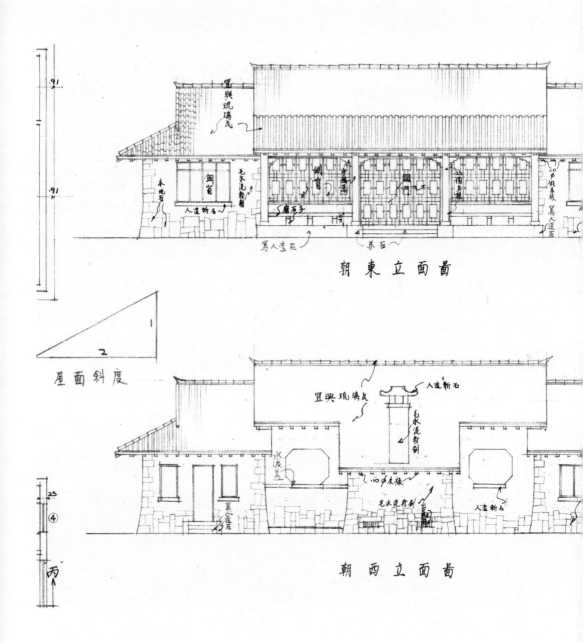

朝 東 立 面 圖

屋面斜度

朝 西 立 面 圖

d. 中山陵园孙科住宅书斋
立面图

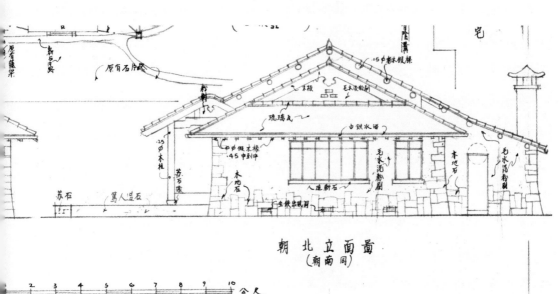

朝 北 立 面 圖
（朝南同）

比 例 尺
（1/8 = 1'-0"）

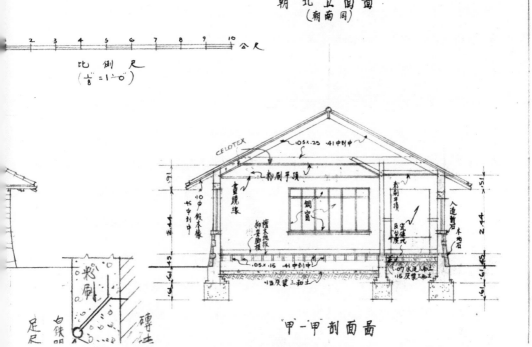

甲-甲 剖 面 圖

g

g. 浙江省湖州德清县莫干山
   益圃蒋抑卮别墅
   1932 年
h. 南京，中山陵园张治中住宅
   1934 年
i. 蒋抑卮别墅蒋氏后人合照
   局部
   2010 年
j. 南京，宁海路卢树森住宅
   1934 年
k. 上海，某住宅
   1935 年

h

i | j | k

l

m | n

l. 南京，金城银行住宅
   1935/ 近照
m.南京，住宅
   1936 年
n 上海，哥伦比亚路陈宅
   1936 年
o. 南京，某住宅
   1936 年
p. 南京，中山陵园何应钦宅
   1937 年
q. 南京，沈举人巷张治中宅
   2000 年
r. 上海，西藏路公寓
   1935 年效果图（下页）

o | p | q

5.83　a｜b

图5.83
a. 惇信路赵深宅旧照
b. 惇信路赵深宅现状

生[1]、何键[2]、何应钦[3]、黄仁霖[4]、李迪俊[5]、林苑文、凌士芬、邵力子[6]、沈克非[7]、沈士华[8]、吴保丰[9]、肖同兹[10]、徐廷瑚[11]、张治中[12]、朱一成，还有来自建筑界卢树森的委托，商界有程觉民[13]、戴自牧[14]、陆法曾[15]、恩东，文教界有常宗会[16]、陈俊时、程孝刚[17]、傅汝霖[18]、顾毓琇[19]、李熙谋[20]、伍叔傥[21]、吴震修[22]、许继廉、赵士卿[23]、邹树文[24]。

　　这一阶段合伙人中的赵深率先在上海购地修建自宅，2007年笔者根据陈植家属提供的照片来到武夷路35弄4号 (图5.83)，所见外立面已全贴白色瓷砖，现为私宅，弄口铁门紧闭，无法入内。

1　　郝更生（1899—1976），1933年被聘为首任负责体育的督学。还曾任教育部国民体育委员会常委等职。
2　　何键（1887—1956），赵深的清华同学，曾任湖南省政府主席、国民政府内部部部长等职。
3　　何应钦（1890—1987），任国民党中央政治会议特别事务委员会委员，1944年任中国陆军总司令。
4　　黄仁霖（1901—2001），励志社总干事，1937年出任新生活运动促进会干事。
5　　李迪俊（1901—？），毕业于北京清华学校，历任国民政府外科长、外交部秘书、外交部情报司司长等。
6　　邵力子（1881—1967），近代教育家、政治家，极力促成西安事变和平解决，1937年任国民外交学会长。
7　　沈克非（1898—1972），1931年在南京参加筹建中央医院，任外科主任、副院长、院长。
8　　沈士华，留德博士，1933年任国民政府交通总务司司长，并任管理中英庚款董事会秘书处主任。
9　　吴保丰（1899—1963），曾任国民党中央广播事业指导委员会副主任委员等职。
10　肖同兹（？—1973）国民党中央委员，曾任中宣部部长秘书，香港中央通讯社社长等。
11　徐廷瑚，实业部农业司司长。
12　张治中（1890—1969），爱国将领，中国国民党革命委员会领导人之一。
13　程觉民，字志颐，绍兴人，童寯清华同学，交通银行经理，1934年在南京开发板桥新村，抗战时任贵阳分行经理兼曦社社长。
14　戴自牧，聚兴诚银行创办者的女婿，抗战前任金城银行汉口分行经理，抗战时任金城银行重庆分行经理。
15　陆法曾（1892—1970），电力专家。曾任南京首都电厂厂长兼总工程师。
16　常宗会（1898—1985），著名的农业蚕桑畜牧专家，中央大学教授。
17　程孝刚（1892—1977），机械工程专家，华盖为其设计住宅时任铁道部技术标准委员会委员和津浦铁路局机务处长。
18　傅汝霖，中央研究院语言研究所所长，中央大学校长。
19　顾毓琇（1905—？），教育家顾毓琇之弟，无锡人，纺织机械制造专家。曾任中央大学教授。
20　李熙谋（1896—1975），曾任暨南大学（上海）教务长、系主任。据赵深履历，1928年赵深曾设计过真茹（真如）暨南大学科学馆男女生宿舍大礼堂。
21　伍叔傥，教育家，曾任中央大学师范学院国文系主任等，著有《谢朓年谱》。
22　吴震修，留日学者，日伪时期任中国银行董事长。
23　赵士卿，留德学者，曾任中山大学医学院院长，1939—1940年任同济大学校长。
24　邹树文（1884—1980），生物学家，1932—1942年间任国立中央大学农学院院长。曾向合众图书馆捐书。

几处史实辨析

2011 年山东画报出版社《老照片》主编冯克力在《蔚为大观的"家国合影"》[1]一文中引用蒋抑卮之孙蒋世承先生的文章《忆抑卮公》，其中写道："而抑卮本人则将更多的注意力转移到追求个人生活的安逸享受，养病纳福。继在杭州购入胡雪岩故居，1931 年前后又在莫干山购入德侨别墅一宅，买下周边山坡地五十余亩，遍植松竹，请陈植先生另行设计，在山坡中部新建豪宅别墅一幢，内置圈形楼梯，安暖气设备，尤为人乐道。"在陈植家的作品清单内，"莫干山蒋抑卮别墅"属于赵深在华盖时的设计作品，那么再综合《中国建筑》第 1 卷第 5 期的建筑照片，以及皇后饭店不同时期多角度的照片，终于可以确认益圃即皇后饭店了。在陈植遗物清单中写有"莫干山别墅六所"（图 5.84），推测其叔父陈叔通在莫干山的"武陵村"别墅群（共 6 所，1933 年）[2] 亦可能为陈植设计。

杭州黄郛住宅（南山路 113 号）仅见于陈植家藏记录及照片（图 5.85），因为孤证仅将其列入附录，不做讨论。

仅从地址及名称来看，原因为"公园"二字怀疑愚园路公园别墅（文集注明为 1932 年）即为紧邻中山公园的兆丰别墅，考察童寯文集照片与陈植家属提供的二层阳台装饰细节明显不同，在附录中仍分为二项列出。兆丰别墅设计时间未明。后在展览上辨识放大后的童寯文集照片（图 5.86）左侧照相馆招牌，其右侧角落有汉字"愚园"二字，橱窗上张贴的英文可读出"YU YUEN STUDIO"，查愚园路原始拼写为"YU YUEN ROAD"。据此对《上海市行号路图录（民国三十六年）》的愚园路部分进行排查，查得仅有一家"愚园照相"位于愚园路 1421 号（图 5.87）。且该位置靠近中山公园，项目取名"公园别墅"顺理成章。故推断该项目原地址即为愚园路 1423 弄弄内。愚园路 1423 弄是一个规模庞大的弄堂，弄内各户门牌号均只有双号，自北侧愚园路弄口 2 号起至南侧诸安浜桥头 240 号空地止。门牌有跳号的现象，弄内有部分空地，有可能土地已编号出售。按照民国开发项目的取名习惯，比如行号录内里弄索引中就记载了"戈登、四明、平泉、兆丰、安登、西新、西摩、良友、武定、金城、威海、春江、浦行、凌云、沧州、贤邻、静安、鸿运"这 18 个以别墅为名的里弄住宅，推测本项目也为统一建造的联排别墅。弄内看似联排有 8 处：2—

图 5.84
陈植遗物作品清单（局部）

图 5.85
杭州黄郛住宅

图 5.86
公园别墅旧照

图 5.87
愚园照相馆位置及判定公园别墅范围图（见框线范围，色块示意现在还存在的同一风格的建筑）

1   见：冯克力."老照片"札记[M]//褚钰泉.悦读 MOOK（第二十四卷）.南昌：二十一世纪出版社，2011.
2   见：潘鹤龄.寻迹莫干山别墅群[J].文史春秋，2004（1）：52-53.

5.84 | 5.85

5.86

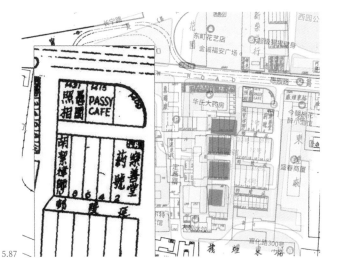

5.87

26号（3栋联排环绕着18号独立住宅用地），54—70号（名为梅邨），80—96号（两排联排），100—106号（4号联排），108、110号（双拼），122—128号（两栋双拼），134—140号（两栋双拼），202—206、208—212、230—238号（三栋并列的联排）。

　　弄堂如今被1975年新建的定西路北段一分为二，西侧荡然无存，东侧现存门牌18、80—98号，并入延陵邨。现场看来12—18号建筑的入口设计有装饰性的门套，无需在弄口设立指示招牌。其中80—86号，90—96号南立面一致，同时设计建造的可能性极大，90号3层还设计有装饰性的圆形阳台，像是有建筑师对朝向主弄的建筑转角做过特殊的设计。这两栋建筑具有典型的地中海风格元素，不妨暂定"公园别墅"即是指80—86号，90—96号两栋建筑。陈植全家在1937—1945年间所居住的延陵邨与该项目仅有一墙之隔。

文教体育建筑

　　这段时期华盖设计的文教体育建筑功能各不相同，仅南京中山文化教育馆，苏州景海女中校舍、礼堂，南京东门街幼稚园，南京内政部图书馆，上海吴淞海滨健乐会，南京五棵松高尔夫俱乐部7项。

　　中山文化教育馆位于南京中山陵灵谷寺南侧白骨坟一带（图5.88），现在的位置应在南京体育学院北侧，是一个由国民政府投资的项目。

　　其筹备过程简要摘录如下[1]：1932年冬孙科发起中山文化教育馆筹建一事，次由叶恭绰、吴铁城、史量才、黄炎培、刘湛恩、王孝英等演说。1933年1月10日筹备委员会在上海莫里哀路10号开始办公，孙科自任会长，叶恭绰为副会长，马超俊、李大超为总务组正副主任，黎照寰、黄汉梁为财务组正副主任[2]。至筹备结束时，教育馆发起人已达231人，筹得23万元以上。1933年国

1　相关资料均转引自：南京市档案馆，中山陵园管理处. 中山陵档案史料选编[M]. 南京：江苏古
　　籍出版社，1986：748-764. 另有一篇期刊文章亦曾引用这段史料：程薇薇. 浅析民国时期重要
　　杂志《时事类编》[J]. 中国纪念馆研究，2014 (1).
2　马超俊（1886—1977），孙派骨干，1935—1937年任南京市市长，台湾有：马超俊. 马超俊先生
　　访问纪录（The reminiscences of Mr. Ma Chao-chun）[M]. 郭廷以，王聿均访问，刘凤翰纪录. 台北：
　　"中央研究院"近代史研究所，1992. 李大超（1900—1984），协助吴铁城处理党内外及社会事务.
　　黎照寰（1898—1968），时任交通大学校长. 黄汉梁（1892—？），曾任丰和银行经理，原铁道部
　　次长，蒋介石下野后应孙科要求，1931年短期署理财政部部长.

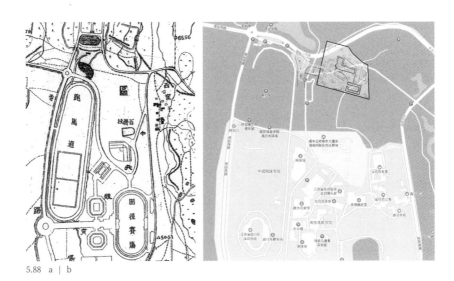

5.88　a | b

图5.88
中山文化教育馆定位
a. 总理陵园地形全图
（中山文化教育馆在
百骨坟一带）
b. 百度地图
（中山文化教育馆位置
如框线所示）

民政府每月拨款2万元，自1934至1937年每月从国民政府拨款3万元（获批每月5万元），1934年上海市亦拨款2万元（获批每年5万元）。其工作为设置专门研究员及组织实地考察团研究中国艺术史、教育、社会、地理并编译丛书，设立博物馆、图书馆，研究孙中山学说，设立中山奖学金及助学金。1933年9月1日孙科发函请求总理陵园划拨土地作为教育馆馆址，1934年1月25日正式签订租约，用地面积32亩1分（21 400平方米），租期30年，年租金仅48.15元。"馆址既定，孙理事长遂委托赵深建筑师绘图设计"。建筑平面设计两个中期节点为同年3月3日及5月9日，5月13日通过决议，5月27日进行图样及预算核定。建筑费用计划"在中央补助费项下节省经常支出，以其余款拨付"，建筑费10万元，设备费5万元，图书费5万元。施工招标结果连工包料计价96 000元，于6月4日与张裕泰营造厂签订合同，7月1日正式动工。合同规定建筑材料国货要占到十分之七。1935年1月18日由马俊超发函，获准增加林地5亩（3333.3平方米）建设小花园。1935年1月30日补办奠基仪式，由林森题字基石，同时接受全部官舍。3月1日中山文化教育馆开始在新址办公。至1937年共5年时间，该机构出版研究书籍13本，编译书籍37种，本馆季刊4卷2期，主办英文 *T'ien Hsia Monthly*（《天下月刊》）[1]，向西方解释中国文化，主办半月刊《时事类编》5卷8期，向中国介绍世界最新情况，可谓硕果累累。

1　　按程薇薇《浅析民国时期重要杂志〈时事类编〉》，《天下月刊》共出版12卷56期（1935—1941），《时事类编》（后改名《时事类编特辑》）共出版5卷101期（1933—1942）。《天下月刊》现有国家图书馆出版的影印本全文，其前言亦称共出版12卷56期，并介绍原编辑部位于上海市愚园路1283号，抗战后撤至香港，发行面向日本、新加坡、爪哇、英国、德国、法国、美国。

5.90

　　《中国建筑》介绍该项目四面环山，西面临荷花塘，一共两栋。一栋是合院式的宿舍楼，计有公寓式和住宅式两部分，惜无配图；一栋是L形的馆舍，设馆员办公室、礼堂、图书馆、藏书库、研究室。馆舍内单层大空间礼堂独占L形的短边，图书馆及图书编目索引也只有一层高，布置在另一个端头，藏书库、锅炉房和一部分图书馆位于地下。转折点和图书馆之间是单走廊两侧小房间的办公室和研究室，共有两层。一个楼梯在图书馆部分的大屋顶下，自然地分割了图书馆与办公室功能，主楼梯结合入口布置在转折处，面朝荷花塘，并结合立面造型设计出第三层平面——仅有五个研究室（图5.89），第三层共计150平方米，同时楼梯还上升到第四层，与入口造型形成咬合的立方体体量。它的独特性在于，入口造型是两个藏族碉楼般的设计，和现代式的立方体一起突出于礼堂和图书馆两个水平伸展的传统建筑背景之上（图5.90）。该项目虽然出现了一部分中国传统的大屋顶，但碉楼和现代式的部分位于视觉的中心，又是浅色，在视觉上统领了立面，减弱了整体的体量感，看上去像是三栋建筑因为建造时间的关系并列在一起，该造型可以说是华盖的独创，是一次对中西合璧的立面形式的探索。这个纪念性的入口造型产生的一、二层小房间都作为配套用房使用，大小适当，还使得二楼的走道尽端产生一个透气的阳台，算是恰到好处，只有三层作为研究室的功能受限较大。在建筑材料的选择上，因多用国货，华盖选择"外面用青砖，墙大门一部覆刻花方砖，屋面用宜兴琉璃瓦，内部水泥楼地板均铺启新水泥砖，扶梯铺设缸砖，主要房间饰以北平彩画"。而华盖在建筑造型上对中西合璧的探索也就此画上了句号。抗战全面爆发时期以及抗后项目经费更加紧张，新项目中只有室内的传统装饰纹样还诉说着中式的气氛。

图5.90
中山文化教育馆旧照

图5.91
1937年的《新建筑》杂志

5.91

改革开放后，陈植被问及设计创新时，曾以中山文化教育馆（1935年，南京）作答，他曾写到"中国文化教育馆对民族风格大有创造性"，"华盖创作突破了中国古典形式（例如外交部、中山文化教育馆），一般比较简洁、朴实"。该项目还出现在1937年的《新建筑》第3期上，名为《1935-6世界建筑名作选》，其收录的中国建筑仅有该建筑、广州市中华书局（范文照设计）以及虹桥疗养院（奚福泉设计）（图5.91）。

在设计外交部之初，童寯就研究过藏族建筑，最终在外交部大楼上有所体现，后来他设计的中央博物院方案立面图亦有此味。童寯从建筑的平、立、剖面及部分透视图中立体全面地分析藏族建筑的特点，并形成对民居与现代中国公共建筑关系的一些认识。关于此点，童寯在1937年10月发表的Architecture Chronicle（《建筑纪事》）一文，在介绍上海中山医院与附属医学院的同时说到其屋顶处理并不新颖：若干世纪以来，瓦屋顶与平屋顶组合于一座建筑的做法，在西藏、蒙古、热河特别是青海等地相当典型。令人惊讶的是，这类建筑在平整的墙面上加一些窗牖和简单的压顶线之后，整体看与瓦屋顶一样是中国式的（图5.92）。从《童寯文集》第三卷的西藏建筑部分可以看到他在这方面研究的一些初步成果，以及从20世纪30年代到60年代持续不断的研究路线。

苏州景海女中全名苏州景海女子师范学校，前身是1902年成立的景海女塾，为景仰上海中西女塾校长、美国女传教士海淑德（Laura Askew Haygood）而名，办学宗旨是对中国上等社会的女子进行基督化教育。1917年9月学校正式改为现名，并改用中文授课，共设音乐师范科、高中师范科、幼稚师范科三个科，并附设幼稚园，以后又增设日间托儿所[1]。华盖签名为苏州城建档案馆图纸孤证，图纸时间为1936年2月—1939年1月。校舍、礼堂现在作为苏州大学内部建筑仍在使用，为外语学院崇远楼、敬贤堂（图5.93）。

南京五棵松高尔夫俱乐部（1932年）即首都野球会，是由国民政府外交部为满足外国侨民需求，向中山陵园租借灵谷寺东侧五棵松村附近的山地建

1　孙迎庆. 培养聪慧优雅才女的景海女师[J]. 钟山风雨，2012（1）：58-59.

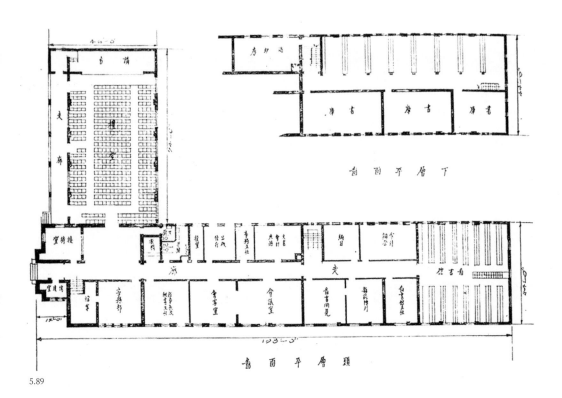

5.89

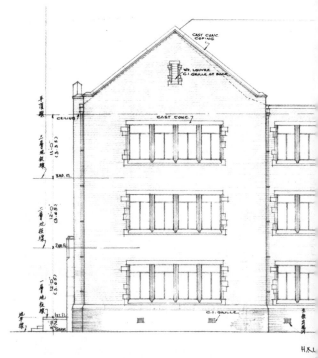

5.93

图5.89
中山文化教育馆平面图

图5.93
原景海女中校舍（下）、
礼堂（上）图纸

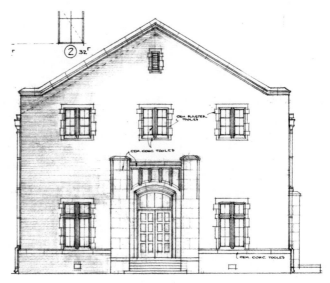

FRONT ELEVATION

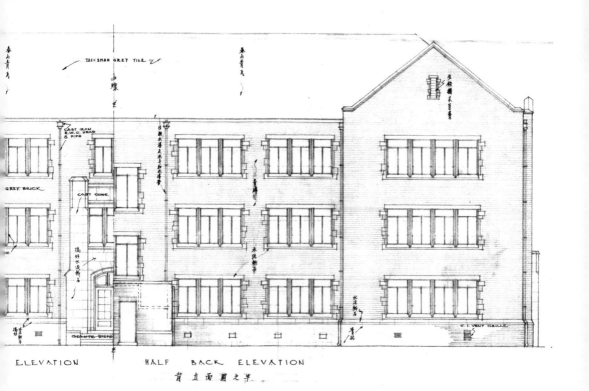

ELEVATION   HALF BACK ELEVATION

背立面图之半

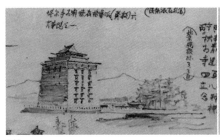

5.92

5.94

5.95

设的（图5.94），该球场共建六片球场场地和一座会所（图5.94"球"字下方的黑色方块）。1937年原建筑遭焚毁，抗战后由各国大使馆集资重建，1949年后停用，种上大批果树，其地被南京人命名为新果园。《童寯文集》发布的照片和网络发布的南京老照片几乎是同一个角度（图5.95）。它是一栋两层建筑，首层为三面回廊的T形平面，立面为不带任何装饰的连续拱券，二层却隐蔽在一个复折式屋顶（Gambrel）中，正面有老虎窗，山墙面有阳台，是西班牙式和荷兰式屋顶的结合体。有报道称"屋内有大小12间房，楼下为大厅、酒吧间、办公室、厨房和役室，楼上设会客室、浴室和卧室"。[1]

图5.92
1950年代童寯绘西宁塔尔寺

图5.94
五棵松高尔夫球场
总平面

图5.95
五棵松高尔夫俱乐部

图5.96
修复后的上海火车站

其他建筑及活动

这一阶段事务所设计的其他建筑中还有3栋其他类型的建筑尚有少许资料且有现存痕迹，它们是：上海火车站修复、南京中山陵行健亭、南京首都电厂（均为1933年完成）。

1   王国樑. 南京最早的高尔夫球场藏身紫金山东麓[N]. 金陵晚报，2017-04-15.

5.96

　　赵深主持的上海火车站修复工作利用原有底脚和石墙将英国设计师设计的3层（局部4层，现以80%的比例在原址重建上海铁路博物馆）建筑修改为一栋2层站屋，建筑风格也从英式古典风格修改为更有现代感的风格（图5.96）。他设计的行健亭为中山陵四亭之一，仍是用钢筋混凝土仿木构建筑，正方形重檐攒尖顶，四角各由四根方柱成组支撑，使供人通行的宽度最大化（图5.97）。

　　1930年下关电厂在原有9亩余地的基础上以4万元添购15亩（10 000平方米）土地，计划分期建设为5万千瓦规模的发电厂，至1939年全部完成。1931年购入1万千瓦发电机，1933年3月新厂落成，9月验收，10月电厂正式接收。[1]下关电厂1万千瓦的厂房照片和4万千瓦的厂房模型[2]都极其类似，从透视角度判断，厂房中后部会按照发电机容量的增长进行一个方向的加长扩建。再与华盖设计的首都电厂效果图对比（图5.98），华盖所做的应当是整个5万千瓦规模发电所的建筑设计。现原址已辟为纪念性遗址公园。《拉贝日记》记录了1937年9月25日电厂被炸毁的情景，其2/3都不复存在。

　　另对照《童寯文集》记载[3]和上海地方志办公室资料[4]可知，记载中提到的上海五和织造厂实为1936年五和盘进的康脑脱路（今康定路）三阳棉织厂（也是后来的以鹅牌驰名的五和织造厂二厂），同时1947年《上海市行号路图录》康定路1119号显示为五和棉织厂，只是该项目再无其他资料。

　　1930年中华民国收到美国邀请参加1933—1934年在美国芝加哥举办的"百年进步博览会"。1931年中国政府决定参加芝加哥世博会，实业部为此编制预

1　王树槐. 首都电厂的成长，1928—1937[M]// "中央研究院"近代史研究所. "中央研究院"近代史研究所集刊第20期. 台北："中央研究院"近代史研究所，1991：298-300.

2　见于上海图书馆近代文献馆藏《首都电厂发电所全景》《首都电厂四万千瓦发电所完成后全景之二》。

3　童寯. 参加过哪些工程设计// 童寯文集（第四卷）. 387.

4　上海纺织工业志·企业选介[EB/OL]. [2015-3-14]. http://www.shtong.gov.cn/newsite/node2/node2245/node4483/node56676/node56695/node56697/userobject1ai49813.html.

b

5.97　a

算40万元。1932年6月实业部正式聘请政府官员及工商、金融、文化名流69人组成中华民国芝加哥博览会筹备委员会，着手筹备工作，其中有两名建筑师：陈植、董大西。[1] 1932年9月中，筹备委员会邀请中国建筑史学会进行设计，由徐敬直、童寯、吴景奇主持筹划，12月底完成第二轮方案（图5.99）。据记载该城墙鼓楼式方案为茂飞设计，"四周沿墙内圈分建陈列室，中央配置花园。建筑物系就政府馆原址划出一部，其面积约三万平方呎[2]。建筑完成时间据茂菲估计至多为四星期。建筑费估计约需美金一万二千元至一万五千元。建筑监工工作请现在芝城之过元熙工程师兼任"。[3] 估计上述五位建筑师在其中主要起的是协调作用。然而受世界经济危机的影响，国内经济不振，财政困难。1933年2月28日，行政院第89次会议决定停止参加芝加哥世博会，并由实业部通知各方办理结束事宜。后得工商界自行出资，采用了兴业公司提供的四合院展馆方案，入口处沿袭1904年圣路易斯博览会、1915年旧金山"巴拿马太平洋万国博览会"中国馆的传统，设双阙及牌坊，牌坊是租借了旧金山世博会

图5.97
a. 行健亭赵深手绘效果图
b. 现状

图5.98
下关电厂旧照

图5.99
芝加哥世博会原设计方案

1　　上海图书馆近代文献馆藏：实业部聘书，总字第四一三六号，实业公报，1932（74-75）。但陈植晚年回忆"未听见过什么芝加哥中国馆"，见：陈植致方拥信 // 童寯文集（第四卷）. 509.

2　　英尺旧也作呎。

3　　见中国第二历史档案馆，77，中华民国参加芝加哥博览会筹备委员会致实业部公函（1933年3月16日，字第一七九号）：《民国档案》编辑部. 中国参加芝加哥世界博览会史料选辑（二）[J]. 民国档案，2009（2）：15.
　　　以及中国第二历史档案馆，138，中华民国参加芝加哥博览会出品协会致实业部呈（1934年4月5日）：《民国档案》编辑部. 中国参加芝加哥世界博览会史料选辑（三）[J]. 民国档案，2009（3）：12. 而陈植晚年回忆否认此事，称"我未听见过什么芝加哥中国馆"，此处不取。

5.98

5.99

的展品。讽刺的是，博览会上大获媒体关注的是与中国馆并置、由瑞典人出资复制的热河金亭。

赵深于1935年成为中国营造学社的社员，表示华盖支持研究中国传统建筑的态度。1936年4月华盖全员参加中国建筑展览会，只是这次展览会上展出的建筑设计多为营造学社考察中国传统建筑的成果。华盖的作品可能以模型或者图片的形式展出，但是在展品目录里并未单独列出，只能从《建筑月刊》的图片里看到其选送的渲染图都是现代式的（图5.100），童寯还在展览会上发表题为"现代建筑"的演讲（可惜讲稿无存）。这可以视为华盖主动展现在公众面前的形象，一家以现代式为代表形象的事务所。

这段时间，《中国建筑》上还同时出现了华盖绘图员和东北大学学生的习作，这是陈植、童寯同时教授职员夜校和东北大学建筑系流亡学生的成果。

南京首都飯店透視圖
華蓋建築事務所陳列

首都電廠
華蓋建築事務
所陳列

清泉同鄉會鋼筆畫透視圖
莫爾泉建築師陳列

吳淞海濱健樂會
彩繪透視圖
華蓋建築事務所陳列

西藏路公寓彩繪透視圖
華蓋建築事務所陳列

拌水坭機模型
觀記營造廠陳列

图5.100
华盖送展渲染图（4项）

5.100

6

举步维艰的后十四年
（1938—1952）

抗日战争全面爆发到结束（1937—1945），在地理上是一个逐渐发展的过程，因而华盖的作品分布亦呈现多点扩张，这实际上是随战争形势变化而做出的开拓与调整。抗日战争结束以后，中国国内物价腾贵，人心惶惶，华盖的业务量再未能回升到繁荣期的水平（图6.1）。在政府预算有限的前提下，其建筑形式及室内装饰较之1937年以前更也趋于水平流线型Art Deco风格与现代式风格。抗战时期，华盖的三个合伙人天各一方，分别寻找项目来源，独立设计；抗战结束之后，三人重聚，项目源自赵深、陈植两人，童寯承担更多的设计工作，三人于1947年重新签订了三年期的合同，将童寯的股份调高了3%。

1937—1940年，随着大量政府、文教、科研、商业及工厂等机构内迁，西南各大城市人口高速膨胀，建设活动高涨，建筑业呈现繁荣景象。如战时重庆市的工厂数比战前增加16倍，人口由1937年的47万增长到1945年的百万以上。重庆市学校有中央大学、南开经济学院等，昆明有西南联合大学（南开大学、北京大学和清华大学），贵阳此时有大夏大学、清华中学、之江大学及湘雅医学院等。各大建筑事务所及营造商纷纷迁至西南各大城市或设分所：建筑事务所中除基泰工程司、华盖外，兴业建筑事务所也在昆明、重庆、贵阳分设办事处；营造商中上海馥记营造公司（经理陶桂林）和建业营造厂（经理周经熙）也迁至重庆。

西南三城办事处

抗战全面爆发以后，1937年年底上海沦陷，租界成为孤岛，大量资本向大后方西南转移，华盖在华东地区的业务量骤减。1938年全年，华盖仅在南京还有两处私人独立住宅项目，均于上半年完成。同时期赵深努力开拓内陆地区新的业务渠道：1937年，清华大学内迁，在长沙岳麓山设分校，赵深与湖南省政府主席何键是清华同学，承接到长沙清华大学的校舍项目[1]（图6.2），还曾计划长沙的省政府会署办公大厦，但未实现。随着战争的升级，湖南省也可能成为前线。他还为湖北汉口和河南省建设厅计划过工程，但均未实现。1938年，

1   陈植遗稿与中南大学档案双证，见：罗明，程志翔，吕文静. 浅谈赵深中式传统复兴思想在近代
校园建筑设计中的应用——以中南大学和平楼与民主楼为例[J]. 中外建筑，2018（2）：20-27.   6.1

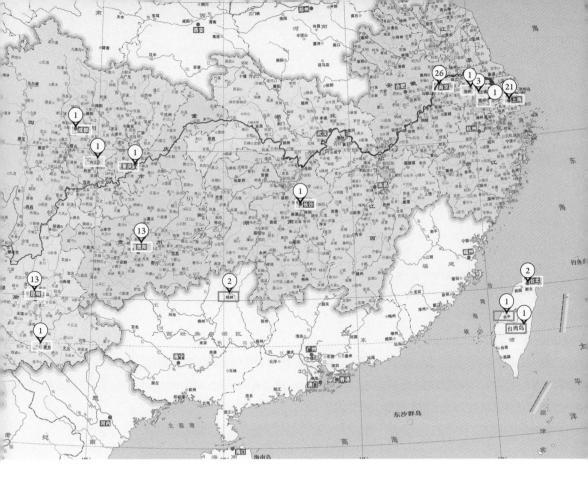

图6.1
华盖1938—1952年项目分布图。该图共呈现华盖1938—1952年的项目89个，不含待定的7个项目。底图为《长江经济带区域图》，审图号GS(2016)1605号，自然资源部监制，来自标准地图官网http://bzdt.ch.mnr.gov.cn

赵深在昆明设立办事处，通过由上海到昆明的工商界、教育界人士，开始认识昆明本地地主、官僚、资本家多人，承接到南屏大戏院和广西纺织厂的设计工作。南屏大戏院的发起人、常务董事兼总经理刘淑清女士就是龙云夫人顾映秋、卢汉夫人龙泽清的密友[1]，影院也以顾映秋为董事长，南屏大戏院因此被称为"夫人集团"电影院。

《昆明市三年建设计划纲要》(1942年实施)[2]虽晚于华盖的设计，但其中对于建筑式样的倾向应能代表抗战时期的政府导向："故欲言我国近代建筑式样，似应具坚固不屈之精神，与质朴敦厚之风格，强袭中西既往建筑式样，以博外观之炫奇，与夫采用先却时代性之装饰，以博内部之壮丽，是徒事雇费，皆非抗战建国大时代中应有之现象。应本实事求是者，摒除一切枉费工料之分外修饰，以造成简美筑风，是有赖于诸建筑师之共同努力焉。"

1943年5月，中国旅行社在桂林出版的《旅行便览》半月刊收录了曾本

1　　转引自：王佩华. 刘淑清传[M]. 昆明：云南教育出版社，2002.

2　　杨萍. 民国时期昆明城市建设规划纲要[J]. 云南档案，2016 (3)：22-29.

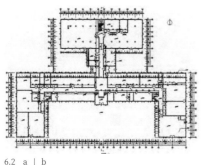

6.2　a｜b

c

淮[1] 的《昆明小景》：从"抗战以前的银行只有两家"到"现在已增到三四十家了。南屏街和护国路南段，已成了银行区"（图6.3），"现有的娱乐场所共为十三家，此中有六家放电影，两家唱平剧，两家唱滇戏，一家唱广东戏，一家演话剧，一家演歌舞剧。各戏院的生意都非常的好"。这样说来，赵深设计的影院即占据其中的三分之一，仅《童寯文集》收录的昆明银行大楼数量亦达到六项（办公楼二项含三家银行）。1944年中国旅行社迁渝后又组织出版了《昆明导游》[2] 一书，书中描述昆明金融业"七七以后，战事内移，云南一跃而为后方际连络之孔道，工商金融亦随之蒸蒸日上"。书中共收录昆明的金融机构46个（含办事处8个），其中在南屏街的有"邮政储金汇业局，兴文银行总行，劝业银行总行，益华银行总行，昆明市银行总行，云南实业银行总行，川盐银行，同心银行，中国工矿银行，亚西实业银行，浙江兴业银行，中国侨民银公司总公司，上海信托公司（60号），金城银行，其昌银号"，共计15所。1939年起，赵深陆续接到云南兴文银行和昆明其他一些银行建筑、办公楼的委托。这批银行项目每个仅有《童寯文集》沿街照片一幅（图6.4），无法全面讨论它们对抗战前华盖设计的银行建筑的继承与发展，只能录述资料，强化辨析，局部展开。

　　《昆明导游》记载聚兴诚银行位于护国路348号（图6.5），当时的护国路北起绥靖路（现人民中路），南至金碧路，南屏街大概在护国路中段与之相交。童寯家属提供的聚兴诚银行的照片在沿街立面上有"聚兴诚银行"五字，转角立面小字为华通大楼，大字为湖南湘绣厂（Hunan embroidery store），照片外写有"昆明

1　曾本淮. 昆明小景[J]. 旅行便览, 1943（1）. 中国旅行社线索可读亲历者潘泰封的书籍：《中国旅行社成立前后》《早期之中国旅行社》《抗日战争时期的中国旅行社》。

2　黄丽生, 葛墨庵. 昆明导游[M]. 重庆：中国旅行社印社, 1944.

6.3 a | b

南屏街聚兴诚银行（民三十一年）"。另据记载，聚兴诚银行在1940年4月将两年前设立的支行升级为分行[1]，1942年从1940年的400万元增资至1000万元。综合来看，这栋建筑即为银行增资而新建，护国路348号可能在南屏街与护国路交叉口附近。故将该项目名称调整为聚兴诚银行昆明分行，地址为护国路348号。

1939年5月，云南兴文银行由"兴文官银号"改名，非正式地代理云南财政厅金库，是仅次于富滇银行的一家官办金融机构。1940年，昆明拆除南城墙，建设南屏街。兴文银行大楼高六层，位于南屏街西口，即现在的南屏街与正义路交叉口处，是南屏街的第一幢大厦，由上海迁来的陆根记营造厂承建。根据《童寯文集》收录的照片，该楼为1942年赵深设计的兴文银行，但照片显示楼名为昆明商业银行。经查询，昆明商业银行在《昆明导游》中未记录，出现在1946年的记录中[2]，该记录中昆明的银行续增至41家。网络中还出现过该楼名为昆明银行的照片。另一说由杜彦耿设计，还有一说为刘家声设计[3]。因刘家声是上海市建筑协会下属正基建筑工业补习学校首批毕业生，而《建筑月刊》的主笔杜彦耿在正基学校教授国文，也不能排除二人合作的可能性。网络搜得一组昆明20世纪80年代正义路口照片，可以多角度观察到建筑师对建筑形体和城市界面的考量，楼名为昆明银行（图6.6）。同时从这一组照片可以看出，该大楼6层体量末端的立面设计、屋顶做法和后面4层的建筑体量是一致的，就此推测出大楼的整体范围。大楼6层体量是一个上横异化为半圆的丁字型平面，北侧用4层的裙房切割来契合

1   张守广. 川帮银行的首脑——聚兴诚银行简论[J]. 民国档案，2005(1)：78-82.
2   云南省档案馆，云南省经济研究所. 云南近代金融档案史料选编（1908—1949）第一辑（上）[M].
      出版者不详，1992:203-204. 转引自：车辚，徐冰罕，银瑞金. 民国云南银行业经营模式探析[J].
      时代金融，2012（2）：88.
3   杜彦耿一说据赖德霖《近代哲匠录》第26页，杜彦耿词条。刘家声一说据：娄承浩，薛顺生.
      老上海营造业及建筑师[M]. 上海：同济大学出版社，2004：32.

6.4　a

图6.4
华盖在昆明设计的金融办公
建筑组图
a. 兴文银行
b. 昆明银行
c. 昆明南屏街办公楼之一
d. 昆明南屏街聚兴诚银行
e. 南屏街办公楼之二
f. 南屏街办公楼之三

b | c

d

e | f

6.5 a | b

图6.5
聚兴诚银行辨析
a. 照片局部放大
b.《昆明导游》所载银行地址

图6.6
兴文银行辨析
a. 华盖存照：正立面
b. 20世纪80年代昆明照片
c. 华盖存照：背立面
d. 网络老照片，名为昆明银行

环形道路，调节角度；南侧用2层裙房来契合直线道路以及周边的2层建筑。

《童寯文集》（第二卷）华盖建筑师事务所作品集锦中"昆明南屏街银行区办公楼"的放大版照片透露了项目更多的信息。第一张照片上有三栋建筑，最右侧也是占据照片最大部分的建筑在正立面有清晰的"新华信托储蓄银行"标志，入口雨篷上方写着"SIN HUA TRUST & SAVINGS BANK"，照片右侧还有水笔手写"新华"二字，并标箭头指向该楼。照片左侧手写"济康改选"，由于《昆明导游》书中有"济康银行"地址在护国路，"改选"二字可能记录了项目中发生过的变动。该项目名即调整为南屏街新华信托储蓄银行。第二张照片也可见三栋建筑，立面标志从右到左依次为同心银行、中国工矿银行、金城银行。在《昆明导游》一书中，中国工矿银行地址为南屏街中国工矿大楼（图6.7），也记录了这三家银行同在南屏街。照片右侧有水笔手写"联诚"二字，并标箭头指向同心银行，故推荐用南屏街同心银行取代该项目名称。在昆明市公示的第三批挂牌历史保护建筑中，南屏街68—75号与"昆明南屏街银行区办公楼"组图的第三张照片极为相似。目前保留的历史建筑是20世纪40年代的代表性金融建筑。"[1] "五华区南屏街68—75号建筑是20世纪40年代的代表性金融建筑，建筑呈对称式设计，以竖向线条为主、简约风格的门头、木格窗、木格门、豆沙石或水刷石外墙，以及以砖、

1 南屏街近代金融建筑（第三批保护历史建筑2018）[EB/OL]．（2020-05-18）[2020-6-2]. http://zrzygh.km.gov.cn/c/2020-05-18/3533677.shtml.

6.6 a | b

c | d

6.7　a | b

6.8　a

图 6.7
南屏街银行区办公楼之二辨析
a. 局部放大
b. 银行地址

图 6.8
南屏街银行区办公楼之三辨析
a. 老照片
b. 保护建筑现状

图 6.9
南屏大戏院
a. 华盖存照
b. 华盖渲染图
c. 1945 年照片

6.9 a

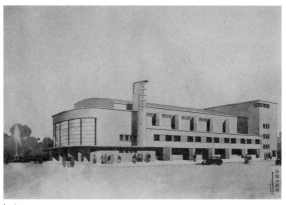

b | c

6.8 b

木、水泥为材料的框架结构，较好地体现了近代金融建筑的特征。"[1]（图6.8）

华盖在昆明设计的两座电影院中南屏大戏院尚存。它兼具社会性、艺术性、历史性，已经成为云南省重点文物保护单位。近年来该建筑一直封闭，静待城市更新。

能容纳1400人的南屏大戏院（1940年4月1日开业，图6.9）曾盛极一时，堪比南京大华和上海大光明，号称"远东第一影院"，取得好莱坞八大公司授权，和好莱坞同步上映影片。苏庆华的《滇影风云——南屏电影院的故事》一书综合了文史资料、老员工口述及老照片，对电影院的缘起、架构、发展和运营情况做出了初步的整理，需要指出的是书中的"赵琛"即华盖"赵深"。书中记载刘淑清租赁了南屏街和宝善街之间堆木材的空地作为南屏大戏院用地，大戏院建筑面积16 549平方米，使用面积14 920平方米。戏院建成后，在沿戏院一侧和对面很快盖起了商铺群，形成了连接南屏街和宝善街的"6米多宽的街道，因是朱晓东[2]的领地，故起名晓东街"。建筑门厅通高，一楼二楼为观众厅，"门厅内西侧面是售票室、宪警弹压室、男厕。正面是两道观众入口，两道入口之间，一弯栗木扶手梯依墙而上到二楼。沿楼梯扶手左转是两米多宽顺着玻璃窗绕一半圆的楼厅回廊观众休息室"，二楼楼厅"入口两旁设有会客室、董事经理办公室、宣传室、衣帽间及女厕"，三楼有餐厅和办公室，"屋顶为木屋架，1948年改为铝皮屋面"。主入口前的场地还设计有喷水池及停车场，主入口为"五道木框玻璃弹簧门，门头上有一米多宽的月台伸出。月台上与门齐，立八道条形玻璃窗"，每条玻璃窗又分为八块。外立面原为粉刷，"立面造型限于基地狭小，采用不对称手法，正面用大面积弧形玻窗，并与侧面竖向墙面（影院名称标牌墙）巧妙地结合，形成了虚实墙面和横直线条的对比与协调"。立面一大特点是出檐较华盖其他建筑更深，在入口处、侧面底层与三层处均形成很深的阴影。从多张放映广告可知，电影院开业后其放映时间固定在每天下午3、5、7、9点，这样的设计似是回应昆明日照长、中午热的气候特点，底层又能利用灰空间形成散场入场的人群缓冲区（图6.10）。南屏电影院的"正厅前10排是木坐

<hr />

1　照片见《童寯文集（第二卷）》第441页。引文官方信息出自《昆明日报》所办的昆明城市规划建设新闻发布平台公众号"昆明规划建设"历史消息，转引自：定了！昆明这8幢历史建筑有了"护身符"，将挂牌保护！[EB/OL]. (2018-10-18) [2020-1-2]. https://www.163.com/dy/article/DUBUG08805352Q8M.html.

2　朱旭（1891—1933），字晓东，龙陵象达人，滇军第三师（国军99师）师长，1931年任云南省民政厅厅长，云南省政府委员。其长子朱嘉锡（1909—1949），率龙潞抗日游击队回乡救亡，1947年武装反蒋时，被下属杀害；次子朱嘉弼，后改名家壁（1910—1992），1938年在延安加入中国共产党，后在滇军任步兵一旅营长，同时从事地下党工作，1949年晋升少将；三子朱嘉安。原址为朱晓东开办的东记木行，做木材贸易及加工。抗战爆发后，其妻、子决定捐出部分闲置土地供政府开发建设商业用街道，并且允许此处以建房价值抵地租，入股南屏大戏院。龙云终将该商业街命名为晓东街。

6.10

6.11

图6.10
南屏大戏院入口深远的出檐

图6.11
大逸乐大戏院入口旧照

椅，10排以后全部是沙发坐椅"，"地面前面高，后稍低，坐着自然形成倒仰式"，满足银幕视线要求，又降低了高差，从而减少了一般影剧院进入门厅的踏步。

1937年以前，大逸乐戏院是昆明最大的一家影剧院，它和大中华影戏院合并后委托华盖设计新的大中华逸乐影戏院。新建筑于1940年8月1日开业。这是一座单层砖木混合结构的小型影剧院，观众厅可容一千余人（图6.11），位于昆明市鼎新街宝善街路口，就在南屏大戏院西南面不远处。

1940—1941年，日寇大肆轰炸中国后方城市居民区。在1940年9月30日的轰炸中，影剧院背后的摊贩市场被炸，殃及该院山墙。12月赵深发现后立请该影剧院常务董事孙用之，会同建筑师刘光华[1]（当时华盖学徒仅2人，赵深指定由其代表。刘当时23岁，每晚加班，原准备1941年元旦后辞职，与此前辞职的学长何立蒸自办事务所）及营造商（卢锡麟）共赴现场，检查墙体受损情况。在爆炸现场，刘光华等用经纬仪测量，发现受损山墙墙体中部向室外突出，而山尖却向室内凹进约12英寸（约30.5厘米）。卢锡麟当即向院方指出该山墙变形的危险性，必须立即停业修理。但院方强调，春节在即，正是营业旺季，不愿停业，需等春节过后再作处理。

此后，卢锡麟还代表营造商以书面材料正式通知院方，详细分析山墙变形的危险，再次警告院方必须立即停业修理。同时赵深也绘制修理图样送交院方，估价46 000元[2]，并在1月17日将调查表寄往童寯处。无奈院方置之不理，一再拖延。而12月26日昆明再遭空袭，落弹较远，虽未波及影院，但"震动甚烈"，事务所又欲再次检查建筑情况。却恰在1941年正月初一（1月27日）23：30，"大逸乐"在演出中突然全部垮塌，造成53人死亡，50余人重伤，120余人轻伤的严重事故，为抗战时期后方著名惨案，影院就此倒闭。

事发后，云南省警方立即找赵、卢二人调查，因不知二人住址未果。赵深得知此事，次日黎明即亲赴警察局，随即赵、卢二人及院方负责人被拘留。关颂声在重庆代表中国建筑师学会开始营救，刘淑清亦向龙云等领导说情。赵深直至4月中旬才得以无罪释放并就医，因此冤案被拘留长达三月之久。经过多方调查，6月4日昆明地方法院刑事庭最终判决华盖赔出全部设计费作为死伤抚恤，罚金1000元[3]，罪名为"业务上之过失致人于死"。此事对华盖的声誉影响极大。据刘光华回忆，这段时间，华盖在昆明的工作由他直接向贵阳办事处的童寯汇报。

1940年秋，因日军占领越南滇越铁路不通，华盖在昆明的建筑业务也骤减。

1   刘光华1940年夏从中央大学（重庆）建筑系毕业。其同学，后来的夫人龙希玉是昆明人，毕业
     后返回昆明。刘因重庆难以找到合适的工作，与同学曾永年相约去昆明，先在兴业建筑师事务所
     实习3个月，在李惠伯指导下每天一个住宅快题。李惠伯离开昆明后，刘光华即加入华盖，依据
     上述史实推测应在1940年。以上内容见：刘光华. 回忆建筑系的沙坪坝时期[M]//潘谷西. 东南
     大学建筑系成立七十周年纪念专集1927—1997. 北京：中国建筑工业出版社，1997：57. 亦见
     于：刘光华. 赵深建筑师一二事[M]//杨永生. 建筑百家回忆录. 北京：中国建筑工业出版社，
     2000：57.
2   赵深. 赵深信（1941年1月17日）[M]//童寯文集（第四卷）. 437. 并见438页《赵深信（1941
     年3月1日）》。
3   刘光华在《回忆建筑系的沙坪坝时期》中称，所得设计费全部交予警察厅，如费率为4%，则该
     戏院造价为25 000元。

6.12　a

b

图6.12
a. 昆明南菁中学规划
b. 大观新村出租住宅旧照

赵深出狱后仍然维持了云南省主席龙云[1]的信任，从而设计他私立的南菁中学（1941年，昆明商山），又认识军长卢汉[2]而设计大观新村出租住宅（1941年，昆明），二者都算较大的项目（图6.12）。对比刘光华曾在回忆录中对当时状况

1　　龙云（1884—1962），云南昭通人，彝族。曾任唐继尧部军长。1927年发动政变，逼唐下台，任国民党云南省政府主席兼第十三路军总指挥。抗日战争时期任第一集团军总司令、昆明行营主任兼陆军副总司令。1945年被蒋介石调任军事参议院院长。详见《大辞海：中国近现代史卷》第595页。http://www.dacihai.com.cn/search_index.html?_st=1&keyWord=%E9%BE%99%E4%BA%91&itemId=344061.

2　　卢汉（1895—1974），云南昭通人，彝族。抗日战争时，任第六十军军长，率部参加台儿庄战役。后任第三十军团军团长第一集团军总司令，指挥武汉保卫战。1945年初任第一方面军总司令。抗日战争胜利后任国民党云南省政府主席兼省保安总司令、云南绥靖公署主任。详见《大辞海：中国近现代史卷》第631—632页。http://www.dacihai.com.cn/search_index.html?_st=1&keyWord=%E5%8D%A2%E6%B1%89&itemId=344357.

的描述[1]："大学毕业后（1940 年夏），由于各大城市均遭日寇的轰炸，建筑工程几乎完全停顿，建筑事务所、营造厂均没有生意，当然更谈不上雇人。"

通过赵深的努力，华盖在西南逐步建立起良好的声誉。同时，赵深又去桂林和贵阳等地承揽业务，如贵州省立物产陈列馆和科学馆等一批项目也为他所承接并主持设计。纵观赵深在昆明的建筑设计，无论其立面设计有何倾向，其屋面无不采用双坡屋顶上盖瓦片的形式，推测屋面可能均用的是木构架。"当时若用平顶要用到油毛毡防水。而当时油毛毡很贵，不但做不起而且做起来还很麻烦。若建筑不是坡顶，排水问题也很难解决。坡屋顶在当时是最合适的处理方式。"[2]仅从立面形式上难以区分赵深和童寯的工作，如赵深设计的贵州省立科学馆和后来童寯完成的贵州省立民众教育馆（图6.13）立面就很相似。

1938 年华盖在上海的工作几乎停顿，资料显示这一年华盖在整个华东地区仅收获两个南京的独立住宅的设计工作。所以童寯在收到友人叶渚沛邀约后，即欣然答应到重庆设计其任职的资源委员会筹建的炼铜厂，路程历时两到三周[3]。童寯到重庆后开始主持资源委员会的三个工厂项目：化龙桥炼铜工房（1938 年，重庆）、三汊铁炼厂工房（1939 年，綦江）和资中酒精厂（1939年，资中）（图6.14）。除资中酒精厂外，前二者都只完成了规划，在童寯离开重庆后由基泰工程司的杨廷宝扩充完成。1939 年冬童寯离开重庆，绕道越南，经香港回上海探亲，这一年半内童寯在重庆还完成了桂林市规划方案[4]（1938），桂林科学实验馆[5]（1938），贵阳省府招待所（1939，仅效果图孤证），

图6.13
a. 贵州省立科学馆正立面
b. 贵州省立科学馆背立面
c. 贵州省立民众教育馆

1   刘光华. 怀念恩师、前辈和同窗好友——回忆我的学习生涯[M]// 杨永生. 建筑百家回忆录(续编).
     北京：知识产权出版社，水利水电出版社，2003：38.
2   朱振通. 附录2.9: 对刘叙杰的访谈[D]. 童寯建筑实践历程探究（1931—1949）. 南京：东南大学，
     2006.
3   关于叶渚沛的交代材料，见：童寯. 童寯文集（第四卷）. 413-414. 1938 年5 月，童寯先到香港
     见叶渚沛，陪至广州办内迁手续，又乘小汽车经长沙（停留5~6 天，回忆中时值台儿庄大捷，应
     与现在所指时段不同）到桂林（停留数日），叶渚沛为转交证件再同至贵阳（此处朱振通论文推
     测，童寯绕道长沙可能有项目接洽，笔者按时间估测无法完成项目设计，可能只有见面），终于
     五月下旬到重庆，同住青年会宿舍。叶渚沛（1902—1971），菲律宾华侨，冶金专家，我国化工
     冶金学科的奠基人。1933 年归国，在南京资委会冶金研究部门工作。1944 年叶去欧美各国考察，
     后受聘于联合国教科文组织科学组副组长。1949 年后回北京中科院工作。
4   民国二十七年（1938）9 月1 日，桂林市政处改组为桂林市政工程处，按图纸上项目名，该规划
     方案应在其后。桂林市地方志编纂委员会. 桂林市志（中）·规划·建筑志·总体规划[EB/OL].
     [2021-10-3]. http://www.glsdqw.org.cn/dfzs/zhong/ghjzz/. 该文献提及："（民国）27 年，省政府桂
     林市政处编制城区计划，拟定城南一带扩建为住宅区域。"（民国）二十九年桂林市成立，市政府
     市区建设委员会拟定《桂林市区计划大纲》《桂林市风景区建设计划大纲》《桂林市现况及划界经
     过》《桂林市城南郊新市区计划说明书》等。童寯应该是参与了其中一部分的设计。同年，桂林
     科学实验馆成立，馆长李四光。
5   1939 年7 月11 日竺可桢日记："据云，科学实验馆良丰新建筑六万余元，复兴黄学琦包工八月可
     以完工云。"又1940 年1 月3 日日记："即至良丰，至科学实验馆，见屋已造就，长九十尺，费
     六万元而已，但内部尚空无所有。"见：竺可桢. 竺可桢全集（第7 卷）[M]. 上海科技教育出版
     社，2004：121、268.

6.13 a | b | c

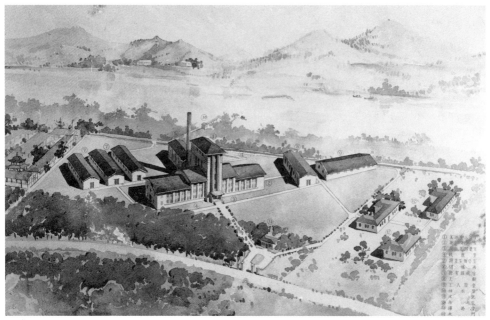

6.14　a

b │ c

贵阳南明区住宅（1939）。1940 年初他直接到贵阳开设办事处。刚到贵阳时，
童寯住在青年会宿舍。当时的条件很艰苦，"那里比较清静，房间里放着两三
张画图桌，上面放着一些蓝图。"[1] "在此期间，童寯还到贵阳花溪的之江大学
教过书。1941 年底香港沦陷后，桂林、贵阳崛起为中国文化活动的新中心，
一时间事务所业务量骤升。贵阳办事处的项目来源主要分为三类。一是完成赵
深的遗留项目。如当时赵深在昆明时已设计并建成贵阳私立清华中学[2] 的一座

图6.14
a. 资中酒精厂规划
b. 1941 年旧照
c. 2012 年现状

1　童诗白. 回忆与怀念——建筑学家童寯工作、生活片断 [G]// 童明，杨永生. 关于童寯——纪念
　　童寯百年诞辰. 北京：知识产权出版社，中国水利水电出版社，2002：109.

2　贵阳市清华学校官网之清华记忆 [EB/OL]. [2008-7-12]. http://www.gyqhzx.com.cn/list-11.html. 同
　　时参考创始人李振麟的遗稿：李振麟. 贵阳清华中学创办回忆 [J]. 贵阳文史，2015（1）：42-44.

教室。到再添建教室时，赵深不能到贵阳，遂由童寯完成"（中学官网称由童寯义务设计）。他常挟一把红色雨伞，每周必徒步19公里从贵阳到花溪，从不坐马车代步[1]。童寯还接手花溪的大夏大学校舍[2]（1939）和贵阳的贵州省立物产陈列馆、科学馆[3]、图书馆（1939）的续建任务（规划及部分单体工程已由赵深完成）。二是新承接的贵州省立艺术馆（1942）、贵筑县[4]政府办公楼（由1942年时任县长的清华同学程觉民[5]委托）、儿童图书馆（以下均为1943）、贵州省立民众教育馆[6]、南明区贺宅、惠水县省立银行、中国旅行社贵阳招待所改建[7]，共计7项工程。三是童寯配合赵深做一些在昆明的项目[8]，可能还有1942年的成都李墓设计。（图6.15A）

期间大部分建筑设计仅存外立面照片或者方案渲染图，均由童寯家属收藏。少数建筑得以在观者的叙述中呈现一些细节。如贵州省立艺术馆[9]1944年曾举办全国闻名的故宫书画展，文中记述："（艺术馆）正面墙体由三个方块组成，中部略高，有连通上下两层的入口门窗，其余为墙面，虚实对比强烈，颇富艺术馆的鲜明特征。展厅平面为'T'字形，参观人流可沿墙环行而不交叉，顶部用高1米、跨度10米的木桁架，利用梁间高窗采光。"贵州省立科学馆、物产陈列馆、图书馆、艺术馆以及中国旅行社贵阳招待所均位于贵阳市棉花街一个街区内，其立面设计也成为一个整体。（图6.15B）

很明显在1940—1941两年间，华盖在贵阳没有承接新的项目，期间新的项目和事件均出现在赵深主要活动的昆明。当时贵阳到昆明路程至少600~700公里，不考虑战争的情况下，自驾也需要两天时间。赵深无力东顾，童寯又

1   整理自贵阳市清华学校官网之唐宝心回忆录，并参考：唐宝心. 唐宝心致童寯治丧委员会信[M]//童寯文集（第四卷）. 502.
2   大夏大学在贵阳城郊花溪得省政府辟地2000余亩为永久校址，然因经费不足，只完成校舍三栋。后因"黔南事变"1944年迁往赤水，参考：关于国立贵阳师范学院租借大夏花溪校舍时搭建的复函[M]//汤涛. 王伯群与大夏大学. 上海人民出版社. 2015：242.
3   胡进. 贵州早期博物馆事业发展概述[J]. 贵州文史丛刊，1999（6）：80. 并参考：于鑫，白欣，索南昂修. 民国贵州省立科学馆的科普工作[J]. 科普研究，2017，12（2）：98.
4   根据贵阳市政府网站关于本市建制沿革的介绍：1941年7月1日国民政府撤贵阳县设贵阳市，另置贵筑县驻花溪，直至1949年时未变动。
5   程觉民此时仍是交通银行经理，见《童寯文集（第四卷）》"文革"材料中关于曦社和程觉民的信息（383页，386页，397页）。
6   郭旭. 省立贵阳民众教育馆始末[J]. 贵阳文史，2009（2）：38-40.
7   张琴南《入川纪行》（1939）记载其地址在棉花街，转引自：李华年. 抗战时期外省过客眼中的贵阳和贵州[J]. 贵州文史丛刊，2008（3）：57-66. 文章内还有沙鸥的《贵阳一瞥》（1938）记载省立图书馆是淡黄色的西式建筑。
8   取朱振通所做划分，详见其论文，系根据《童寯文集（第四卷）》410页，内容有改动。
9   史继忠. 故宫博物院在贵阳举办书画展览会[J]. 当代贵州，2015（35）：38-39.

6.15A　a

b

图6.15A

贵阳办事处大部分项目

a. 桂林科学实验馆鸟瞰图
　（左），现仅存主楼（右）
b. 南明区住宅（右）
c. 大夏学校总体规划方案
d. 贵阳花溪清华中学老照片，
　中下为礼堂，右为规划图
e. 贵筑县政府办公楼入口
　（左）侧面照片（右）
f. 南明区贺宅（下页）
g. 惠水县省立银行（下页）

c

d

e

f | g

6.15B　a | b

图6.15B

位于同一街区内的贵州省立物产陈列馆、科学馆、图书馆（1939），贵州省立艺术馆（1942），儿童图书馆（1943），中国旅行社贵阳招待所改建（1943）

a. 贵州省立物产陈列馆

b. 贵州省立艺术馆

c. 儿童图书馆

d. 中国旅行社贵阳招待所改建照片

e. 贵阳招待所鸟瞰图及平面图

c

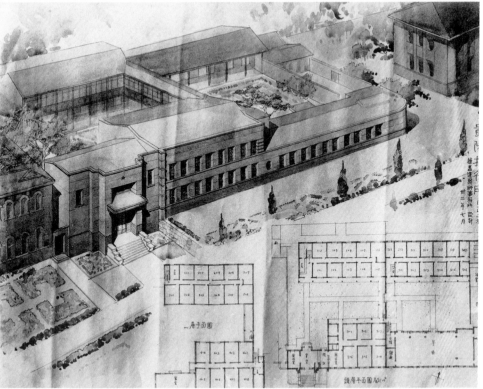

d | e

主要负责图房工作，于是这时华盖招聘了毕业三年的虞曰镇[1]出任贵阳办事处主任，四处承揽业务，直至1941年6月虞在桂林开办有巢建筑师事务所为止。1940年竺可桢正忙于浙江大学迁建遵义、湄潭一事："7月26日。又华盖建筑公司虞曰镇来。7月29日。八点至校。虞曰镇、曾子泉来，余嘱彼等去湄潭。曾已由校中聘为建筑师，可以常驻，而虞则为华盖建筑事务所来招揽生意，可以任其一吹。"日记也记载了华盖的离职人员："1940年7月22日。又陈子宽介绍大昌车身修造厂沈耀祖及华盖建筑事务所曾子泉[2]来。余曾任子宽介绍监工及建筑师也。曾系中大廿二年建筑科毕业。余即嘱其去遵义，月薪头支二百元。……8月10日。今日开建筑委员会，决定在毛皇观（湄潭北门）外旁造宿舍四幢，每幢容1443人，七开间；二层楼，每间容12人，走廊放前面，由曾子泉打图样。另造膳厅及女生宿舍一幢，并请刚复作一永久校舍计划。"

　　查国立湘雅医学院前期校舍均为自建[3]，医学院又在1944年即迁往重庆，故据《近代哲匠录》记载由裕记营造厂承造，1943年童寯设计的讲堂及宿舍项目很有可能未完工即停工。到了1944年桂林沦陷，"黔南事变"后，贵阳告急，项目稀少，童寯完成了贵阳地方法院监狱（1944）设计后，又逢刘敦桢邀请他出任中央大学建筑系教授。于是童寯关闭了华盖的贵阳办事处，再回重庆。据刘叙杰回忆[4]，当时华盖在重庆的办事处设在城里面，工作人员很少，童寯每星期去城外的沙坪坝中央大学教两天课。可见当时华盖在重庆的业务也不多，已知1945年本地仅有民族路办公楼一项工程。而此时刘敦桢已在华盖兼职，负责赵深所接的一些项目的结构计算工作。1944—1946年童寯在重庆与清华同学仲子龙[5]同住，中央大学也分给他一个房间。

　　另外根据张文芝的研究文章《档案里的云南省立昆华医院》[6]，昆华医院是基泰的作品（图6.16）。同时从华盖的方案图图名《昆明金碧公园改造计划全

1　　虞曰镇（1916—？），浙江镇海人，1937年于香港Milton大学建筑系毕业，加入华盖前在邬达克建筑师事务所任助理建筑师，1949年后在台湾中原大学开办建筑系，晚年赴美。
2　　《竺可桢全集（第7卷）》日记第400（7月22日）、403（7月26日）、405（7月29日）、412（8月10日）页的记载与《近代哲匠录》记载的曾子泉的毕业学校与时间相吻合。曾子泉（1909—？），湖南益阳人，音韵学家曾运乾次子，原东北大学建筑系学生，抗战全面爆发后转入中央大学建筑系就读，1934年毕业，1949年后任湖南省建筑设计院总建筑师。因该条为孤证，笔者未将曾子泉列入华盖雇员之中。
3　　根据中南大学档案馆藏湘雅医学院文件之ME12学院国立文件，和建造有关的仅有1942年4月扩充病理、细菌教学室施工说明书，1943年8月25日与汤仁记营造厂工程合同书。另据《中南大学学报（医学版）》（月刊）2013年开始连载的系列报道，对于湘雅医学院在抗战时期的记录见于从2017年6月到2018年9月每期封三、封四，未见1943年建设礼堂和校舍的记录。
4　　朱振通．附录2.9：对刘叙杰的访谈。
5　　童寯．关于社会关系的补充文件[M]//童寯文集（第四卷）．378.
6　　张文芝．档案里的云南省立昆华医院[J]．云南档案，2014（11）：27-30.

6.16

部俯视图暨昆华医院扩充》及其右上角的"四合五天井"建筑，对照卫星图上金碧公园和云南省第一人民医院的相对位置来判断，华盖设计的昆华医院的用地与真实的昆华医院的地址有差异，基泰完成的医院在公园更偏西南面的地方，故判断该设计仅为概念方案图，应从华盖的建成作品中剔除。

1939—1945 年的上海本部

陈植因为家庭的关系留在上海租界，继续以华盖的名义设计。他全家都居住于愚园路1407弄延陵邨的租用屋，即前述华盖设计的公园别墅（1932）东侧一墙之隔。其父陈汉第由京南迁后，租住于陈植岳父董显光[1]投资、陈植设计的兆丰别墅（图6.17）内。兆丰别墅位于中山公园东侧，延陵邨北面，二者

---

1   董显光（1887—1971），生平详见：董显光. 董显光自传——一个中国农夫的自述[M]. 台北：
     台湾新生出版部，1973.

6.17　a | b

直线距离约350米。此地已是租界边缘。太平洋战争爆发后，租界内粮食实施配给制，无法满足市民的最低生活要求。据陈植之孙陈艾先回忆，父亲曾经跨过租界边缘去黑市购粮。上海此时成为孤岛，陈植只能承揽租界内的项目，因而改建项目占了极大部分，新建的仅有8项：合众图书馆（1940）、金叔初[1]洋房住宅（1941）、张允观公馆三层住宅（1941）、新华信托银行[2]（1944）、陆栖凤库房（1945）、中国银行成都路办事处保险库（1945）、中苏药厂厂房二宅（1945）以及东湖路建国路住宅多幢（1945）（图6.18）。改建项目一般为立面改建，计有6项，大华大戏院改建（1939）、江西路东南银行改建（1942）、江西路新华银行改建（1944）、静安寺路交通银行办公大楼改建（1944）、瞿季刚库房改建（1945）、百老汇路浙江兴业银行改建（1946）。其中在1947年发行的《上海市行号路图录》的江西路上找不到东南银行的标记，再查询民国上海的金融机构，也没有"东南银行"的名称，只是在档案记录中有一条"江苏省省长公署、闸北水电公司关于代借东南银行及慎益裕成借款、还款事宜的训令、往来函"。有可能该银行规模过小，存在时间过短，在今天已经杳无痕迹。

《近代哲匠录》记载金叔初洋房住宅位于上海武康路105弄12、14、16号。查询《上海市行号路图录》武康路没有105弄，只有一栋单层建筑位于105号，另有武康路107弄连通湖南路20弄，陈艾先2006年拍摄了该弄12、14、16号建筑，故暂认定这三栋建筑为金叔初住宅。然而无论是在建筑尺度上还是建筑风格上，现存效果图与该地址3栋楼却无一相似，该效果图可能是1945年所做设计（仅见于《近代哲匠录》对华盖项目的记载）。湖南路20弄弄名为福园，其2号为建于1947年的陈果夫旧居。

合众图书馆的创办是通过征集各私家藏书而成事，因取众擎易举之义，命

图6.17
兆丰别墅93-103号现状
a. 南面
b. 东北角

图6.18
抗战期间华盖上海总部设计
新建建筑组图
a. 合众图书馆华盖存照（下页）
b. 合众图书馆2013现状
c. 金叔初洋房住宅效果图
d. 金叔初洋房住宅现状
e. 张允观公馆三层住宅

6.18　b　　　　　　　　　　　　　　　　　　　　　　c

d

e

名"合众"。抗战全面爆发后，文化学术界知名人士张元济[1]、叶景葵、陈陶遗[2]、陈叔通、李拔可等深忧图籍的散亡，于是发起创办图书馆一事。张元济特请正在燕京大学图书馆工作的顾廷龙辞职南下负责建馆事宜。该馆创办的目的，是搜集各时代各地方的文献材料，供研究中国及东方历史者参考。该馆曾宣称，是为保存中国固有文化而设的专门国学图书馆，这是因为处在那时特定的环境下，想使日本侵略者不加注意，免遭其嫉忌而被摧残。

可以在合众图书馆捐书个人姓名索引[3]里看到陈植（直生）及父亲陈汉第、叔父陈叔通的名字。凭着华盖已有的声誉以及子侄关系，在那个艰难的年代下，他们将设计委托给了陈植。

同时为了不引起日本人的注意，这个图书馆就不要求在形式上体现中国文化，而要有利于长期存储典籍，造价亦须低。

合众图书馆由兴业银行董事长叶景葵捐资15万元购地建成，"新楼沿蒲石路和古拔路皆两层，转角处为三层，全部钢骨水泥（图6.19）。[4]底层是阅览室和办公室，二层一部分为起坐室、会议室，其余为藏书室，中间的三层楼全部用于藏书。正楼之后有一个小天井（图6.20），其后为馆长住所，计客室、书房、卧室两间、浴室、厨房俱全。叶景葵先生在馆西侧建住宅一所，与馆贴邻，朝夕往来，并与图书馆签订，25年后住宅概归于图书馆。"[5]其立面的纵向划分比例与前文提及的南京审计部办公楼，还有南京现存的大量非华盖设计的民国建筑也有着相似性，这说明了陈植、童寯在设计手法上存在一致性，推测与二人的教育背景以及20世纪30年代的流行有关。立面的水平划分仍然可以看作三段——下面三层外墙坚实，均为基座，顶层通透而向内缩进，视为屋身，与坡屋顶形成三段式构图，而这样的三段式的比例关系又使人联想起中国的城阙。

总平面图可见上述的功能划分实际上是一个三合院的布局（图6.21），其西侧空地为叶景葵独立住宅所用，城建档案显示除本区域外整个地块是由福新烟草公司投资、兴业银行信托部李英年设计的住宅小区。图书馆后区呈倒L形（首层虚线部分），在小区的公共道路上设有独立入口，并通向内院。后区部分

图6.19
合众图书馆南立面图

图6.20
a. 虚线示意加建部分
b. 合众图书馆内院现状（下页）
c. 二层平面图（下页）

1　张元济（1867—1959），著名出版家、藏书家。浙江海盐人。光绪十八年（1892）进士。约1902年进商务印书馆，先后任该馆编译所所长、经理、监事、董事长等职。
2　陈陶遗（1881—1946），社会活动家。江苏金山松隐镇（今属上海市）人，曾任同盟会暗杀部副部长，下南洋为同盟会筹款，1912年，任国民党江苏省支部长，1926年辞职。
3　参见：吴斌役.合众图书馆捐书个人姓名索引.上海私立合众图书馆纪事栏目[EB/OL].（2006-8-15）[2008-10-30]. http://blog.sina.com.cn/s/blog_4a61eb4e010005t7.html.
4　该楼1949年后约在1956年扩建过，现状与图纸比较西侧加2跨，北侧加1层。
5　出自：张树年.我的父亲张元济[M].天津：百花文艺出版社，2006.转引自：张树年.忆父亲张元济先生（续十七）[J].编辑学刊，1996（5）：93.

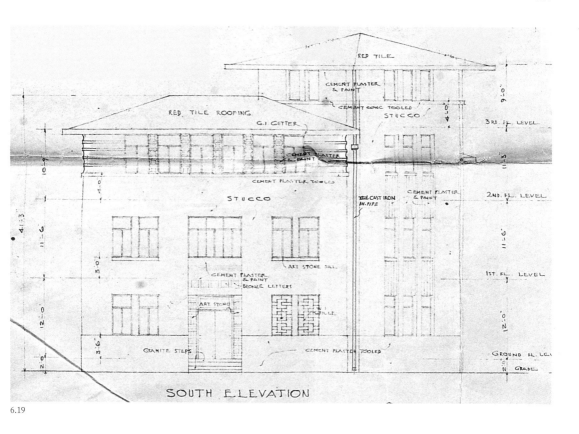

6.19

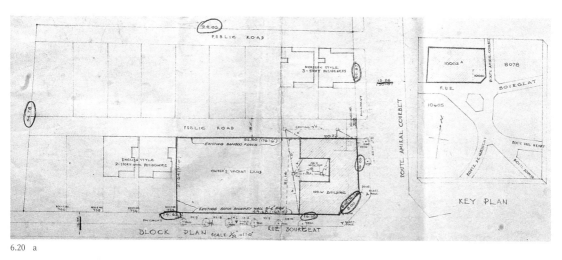

6.20 a

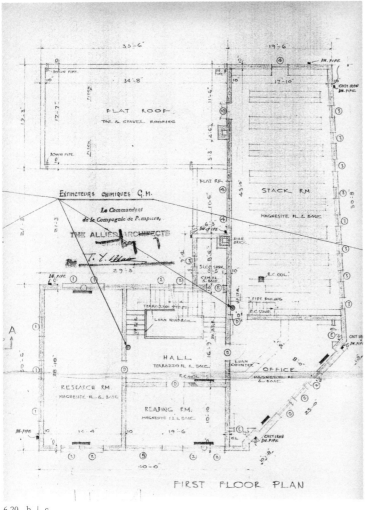

FIRST FLOOR PLAN

6.20　b | c

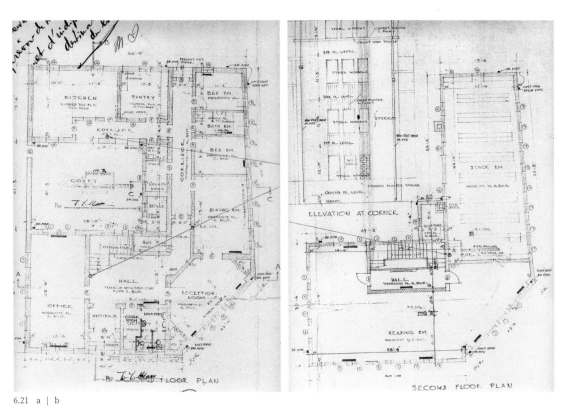

6.21 a | b

图6.21
a. 合众图书馆一层
b. 三层平面图

包括东侧的馆长住所，北侧的食品库房和厨房，以及西侧的卫生间、更衣室和锅炉房，前后区分界处布置餐厅。前区从长乐路进入，经过玄关从南侧进入门厅，门厅利用其北侧交通核心——开敞楼梯营造出三层高的挑高空间，该空间与立面上道路转角高出一层的造型并不存在平面上的对应关系。门厅南侧与玄关并置了衣帽间与卫生间，西侧连通办公室，东侧一通道通往后区，一道门通往接待大厅。接待大厅平面设计为用45°线切下的大半个正八边形，切开线即沿路转角面。厨房和食品库部分仅一层，二层、三层主要功能都是藏书库，只是三层除了藏书库外是一间开放式的阅览室，二层则拆分为研究室、阅览室和管理书库出借的办公室三个房间。另在二、三层楼梯半平台处设清洁间，但没有设置卫生间。整栋楼也没有设计电梯、升降机、吊钩设备，所有藏书全靠人工搬运。三层藏书库内另设楼梯连接造型最高处夹层储藏室。

图纸档案还展示了一部分材料构造细节，如门厅及楼梯是镶嵌金属条的水磨石地面，厨房、食品库是缸砖地面及墙裙，馆长住所的卫生间是马赛克地面，后区卫生间、锅炉房、更衣室、门童室是水泥地面，其他房间则是菱苦土地面（magnesite floor）。檐口的金属天沟压到第二根挂瓦条的下方，檐下用钢板网抹水泥砂浆做吊顶。铸铁雨水管在离地5英尺6英寸（约168cm）处嵌入外墙，

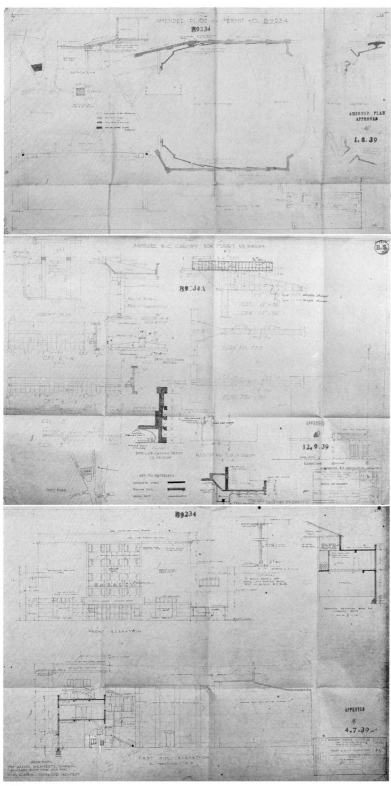

图6.22
大华大戏院改建部分图纸

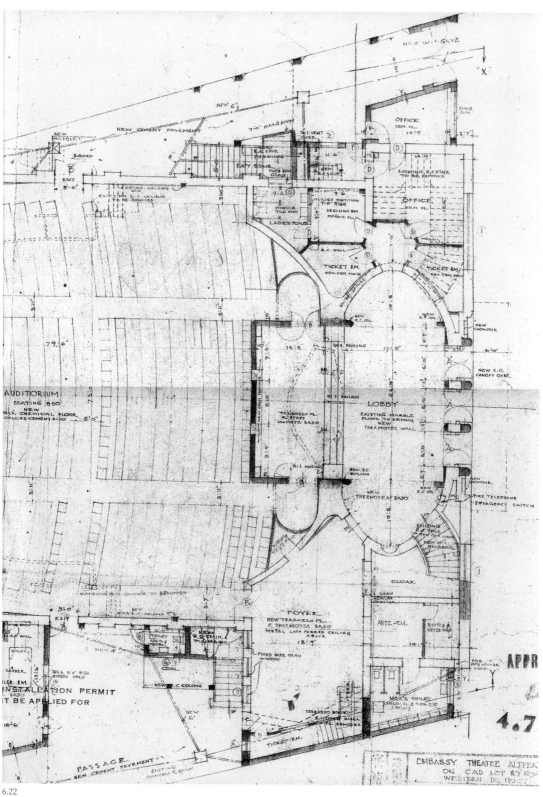

6.22

再在地面转向建筑外侧排水。

　　大华大戏院（原夏令匹克大戏院）改建是本阶段上海改建项目中迄今唯一找到了档案图纸的项目。图纸上用水彩标记出翻修的结构，有观众厅东西外墙、装饰内墙、吊顶、东西主梁、西侧辅助空间两层楼板及外墙。然而仍然存有迷思的是：①被替换掉的整个正立面，即北侧墙面却并未被标记；②钢结构屋架无作业的情况下如何替换东西外墙和主梁。陈植回忆[1]，在改建时自己创造性地梳理了观众厅入口和门厅的关系，即从门厅先进入一个小玄关，再转90°进入观众厅走道（图6.22），这个手法可以避免光线射向银幕。

抗战胜利之后

　　1946年，华盖关闭了昆明和重庆办事处。华盖建筑事务所之名也按照中国建筑师学会的规定改为"华盖建筑师事务所"。总部设在上海四川中路220号（新汇丰大楼）201室。这段时期事务所可确认建成的项目共计34个，其中居住建筑15个，商业办公11个，学校3个，厂房4个，戏院1个。赵深1945年回到南京，开始设计后勤部委托的南京美军顾问团公寓（AB大楼）（图6.23）。童寯随中央大学复员回到南京时，此项目图样已由赵深在上海[2]完成，童寯负责项目施工，档案记录他参加了1946年5月27日"美军顾问团官舍工程建筑

图6.23
美军顾问团公寓AB大楼

图6.24
国立中央政治大学校舍

6.23　|　6.24

1　陈植. 陈植致方拥信.
2　童寯. 关于"华盖"军事工程的交待[M]//童寯文集(第四卷). 394. 另第410页亦有提及该楼是"赵负责设计的".

委员会第七次会议"。随着国民政府迁回南京，华盖再设南京分所，由童寯主持。

南京分所的项目多为居住建筑，即独立住宅和宿舍。公共建筑项目中可确认完全由童寯完成的仅有国家航空工业局办公楼及宿舍，以及通过刘敦桢承接的国立中央政治大学校舍工程（1947年，图6.24）。除AB大楼为合作项目外，事务所在南京完成的另5个公共建筑合作情况不明：4层的江苏邮政管理局，局部5层的交通部国家公路总局办公楼及宿舍，4层的交通银行南京分行下关办公楼，2层的社会部南京工人福利社下关服务所办公楼、大会堂（以上1946年），以及3层的中正路江南铁路公司建设大楼2幢（1947年，图6.25）。这段时间除建筑实践外，童寯在理论研究上同时进入了第二个高潮期，先后发表了《中国建筑的特点》《中国建筑艺术》《中国古代时尚》《我国公共建筑外观的检讨》等文章，并开始准备《西方近百年建筑史》的写作。1947年夏，童寯自宅完工，全家由上海搬至南京定居。

赵深还承接了无锡的茂新第一面粉厂（即阜新面粉厂）[1]、申新纱厂三厂、太湖江南大学[2]（图6.26），戚墅堰丁堰大丰面粉厂新建麦栈房、宿舍、粉栈房几个较大项目。赵深不仅把上海住宅地皮买回且还在南京新建自宅（1947年）。

战后百废待兴，物价飞涨，战争又起，金融业发达的上海人心惶惶，项目更是有限，陈植1946年完成了私立立信会计专科学校项目（图6.27），1947年揽到了上海浙江第一商业银行大楼的大项目，上海除此就只余两项：龙华宏文造纸厂，复兴岛空军宿舍、浴室（浴室部分由童寯在南京绘制施工图[3]）。陈植又开设台湾分所，设计包括工厂、办公楼、机场和度假村等。陈植1948—1949年常驻在台北，就地设计现代风格的台湾糖业公司大楼（图6.28）。赵深也间或到台北，二人1949年12月结束台湾项目一起返回上海。这一时段华盖

1　该项目年代的断定来源于《童寯文集（第一卷）》对该照片的描述，名字另按照无锡市城市建设档案馆组织拍摄的系列视频《无锡建筑名师录》之《赵深（上）·风云华盖》第11分20秒介绍该照片为无锡茂新面粉厂，在11分50秒介绍该项目设计年代为1935年，但视频中出现的档案图签上并无时间，故暂沿用《童寯文集（第一卷）》的时间。同时采信以下文献对该建筑时间的判定。该文还对建筑哪部分进行了改造有所描述。该厂为荣氏家族1900年创建，1902年投产，1937年烧毁，1946年重建，故暂定的1935年时间取1946年。上述片中所说的1935年为"卅五年"之误。这在民国建筑图纸档案中较为常见，中文书写的年代均省略了"民国"二字，不是公元纪年。尤姐，从建筑的角度看中国民族工商业博物馆——论茂新面粉厂的改造[J].今日科苑，2008（4）：216-217.

2　其地址旁证见："民国三十六年，无锡荣家创办江南大学，屡次邀约任教，三十七年春，遂东返。时唐加毅先生亦在校，为两位先生论交之始。校舍新建，在县西门外太湖之滨山坡上，风景极佳，常雇小舟，荡漾湖中，幽闲无极，成《湖上闲思录》一书。"见：严耕望.治史三书：钱穆宾四先生与我[M].上海：上海人民出版社，2011.参见梁溪旧影的新浪微博：《1951江南大学年刊》首届毕业纪念刊[EB/OL].（2011-11-05）[2012-7-12].http://blog.sina.com.cn/s/blog_8d0933c20100y3z3.html.1952年学校改造为无锡太湖饭店，另见：钟训正.景区坡地的旅游建筑——兼谈无锡太湖饭店新楼设计[J].建筑学报，1987（7）：37.

3　童寯.关于"华盖"军事工程的交待.

6.25 a | b

c

d

图 6.25
华盖 1945 年以后南京公共
建筑项目组图
a. 国家航空工业局办公楼及
  宿舍
b. 江苏邮政管理局
c. 交通部国家公路总局办公
  楼及宿舍
d. 社会部南京工人福利社
  下关服务所办公楼
e. 中正路江南铁路公司建设
  大楼 2 幢
f. 20 世纪 50 年代的新街口
  百货公司
g. 邮政管理局百度街景

e

f | g

6.26　a｜b

c｜d　　　　　　　　　　　　　　e

6.27　a｜b

6.28

的作品当以AB大楼及浙江第一商业银行为代表。

　　AB大楼，即美军官舍，全称美军顾问团官舍工程（1946年，南京），其现代式风格设计更显纯熟（图6.29）。这是国民政府后勤部为安顿美军顾问团成员及其眷属，决议供给他们高级食宿而建，是需要满足美国人心理熟悉感的建筑。前文已述，该楼由赵深主持设计，由童寯负责施工。

　　一些资料中称AB大楼是华盖于1935年设计，"1936年开工，因抗战爆发，工程暂停"，华盖的历史图签指称的是民国三十五年，即于1946年归档。另一方面从战争史可知，自1937年起，为避免美日冲突，美军开始撤出中国，1941年美国才向中国派出第一个军事使团，美国驻华军事顾问团南京总部（Nanking Headquarters Command）更是成立于1946年2月20日，1946年10月28日改名为美国陆军顾问团（Army Advisory Group），并与1945年11月23日成立的美国海军顾问团调查组（Naval Advisory Group Survey Board）合称美国

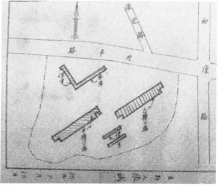

6.29

6.30

6.31

驻华军事顾问团（the U.S. Military Advisory Group to China）[1]。另据南京市档案馆藏南京市工务局民国三十五年（1946）九月七日批文《准美军顾问团拟在北平路西康路口建筑公寓由》[2]一文可知，本地块原为战前新住宅区第三区用地，即本地块应建住宅，"在战前因与城防要塞有关暂行停止建筑有案"，"现在美军顾问团既指定在该处建筑公寓"。综上三者，当可释疑。巧合的是根据内战时期中国共产党领导下的华东中央局社会部编印资料《南京调查资料》[3]中的记载，美国驻华军事顾问团、驻华美军南京司令部、美国驻华军事顾问团联络处均位于珠江路，应即资源委员会内，而在AB大楼建成以前，顾问团官舍即首都饭店，三个项目均为华盖设计。AB大楼的立面风格与首都饭店趋同，均为现代式（图6.30），不知是否也有委托方的倾向在内。

大楼位于北京西路67号（原西康路15号、北平路73号），是集住宿、办公、娱乐为一体的多功能综合建筑，另配建有"仆室二座汽车间一座"（图6.31），占地广大，建筑朝向既非正南北，也与道路无关，约为南偏东30°。1946年5

图6.29
美军顾问团官舍现状卫星图

图6.30
美军顾问团宿舍勘测总平面图（1946年7月）

图6.31
美军顾问团官舍远景旧照

1　任东来. 1941—1949年美国在中国的军事机构及其沿革 [J]. 民国档案，2003（1）：70-77.

2　档案全文转引自张宇论文《南京近代旅馆业建筑研究》，南京市档案馆，档案号：10030011404（00）0006，市工务局，19460907，档案抬头为"美军顾问团官舍工程建筑委员会第七次会议纪要"。

3　江南问题研究会. 南京调查资料 [M]. 南京：南京出版社，2014.

月成泰营造厂以最低价中标，会议记录其所报总价为 3 085 107 440 元[1]，政府购地，价格为 7 778 164 350 元，与其他资料记载该公寓造价为 31 亿元相合。同时，由于该建筑"系特种工程"，实际 5 月动工，9 月工务局才接收建筑请照图单（即现在所说的报审方案图纸和报审文件）并补上准许营建的批文。

A、B 两栋公寓楼均高四层，底层设大厅、办公室、美容室、游艺室、餐厅、厨房等，2 至 4 层为成套公寓式房间，每套分卧室、起居、厨房、卫生间等，每幢 57 套。屋顶设置露天广场，有冷饮和放映设备[2]。在内部布置上，暖卫等设备一应齐全，舒适方便。建筑内部楼梯扶手、栏杆、踏步、墙裙均用彩色水磨石装饰，楼地坪采用纸浆地板，色彩艳丽。童寯曾回忆道："为使这些洋人起居舒服如要有宾至如归之感，把我们所熟悉的美国生活方式都用在这公寓，用了很多高贵材料，连铺地的油毡也是从美国进口。"虽然建筑的功能丰富了，但形体却简化了，横向的长条阳台减弱了立面的对称感，向带形长窗靠拢，充分体现了现代式的精神。

1909 年，浙江官银号改组后成立浙江银行，官商合办，其总行设在杭州。1910 年在上海北京路 39 号开设上海分行，后来多次改组。1923 年官商股分离，杭州、兰溪、海门三个分行为官股，归浙江地方银行；上海、汉口分行为商股，归浙江实业银行，1948 年改名为浙江第一商业银行。银行曾在 1940 年请美国建筑师汤普森设计过银行大楼，工程已经打桩，因抗战期间兵荒马乱，工程不得不暂停施工。战后工程复建时，银行认为原设计不够理想，转而请华盖重新设计。然而工程于 1948 年 9 月方才开工，建成时间更是到了 1951 年 9 月，而银行总经理李铭（李馥荪）早已于 1950 年在香港另行开设浙江第一商业银行。建筑落成后一直未启用，据说中华人民共和国成立初期多家单位都曾申请使用。直至陈植学生金瓯卜在组建国营华东工业部建筑设计公司时提出，由市长潘汉年批准，将楼上办公全部划拨给该设计公司使用。1956 年即由该司在顶部加建两层（照片背面陈植手书）。

其内部空间（图 6.32）以方整的大空间银行营业厅为核心，根据用地情况组织三面，入口和垂直交通占据转角，小空间办公沿汉口路排开，自有楼梯上下，辅助用房呈一长条，基本占据一跨，两端有楼梯，将保险库设于夹层，楼上仍

1　按张宇论文，表格总价偏离自身单价及对比总价过大，应为笔误，此数字为其表中单项之和，表格中泰来所报总价亦非单价之和。

2　转引自张宇论文，原文出自：南京市地方志编纂委员会. 南京建筑志[G]. 北京：方志出版社，1996.

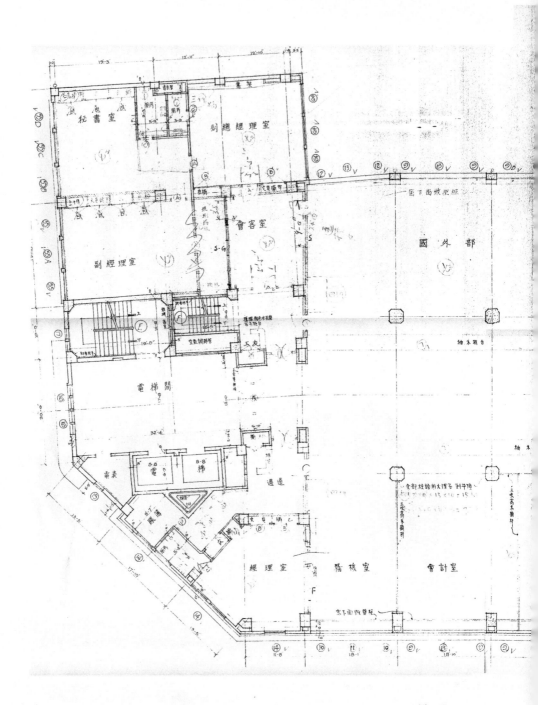

图6.32
浙江第一商业银行
首层平面图

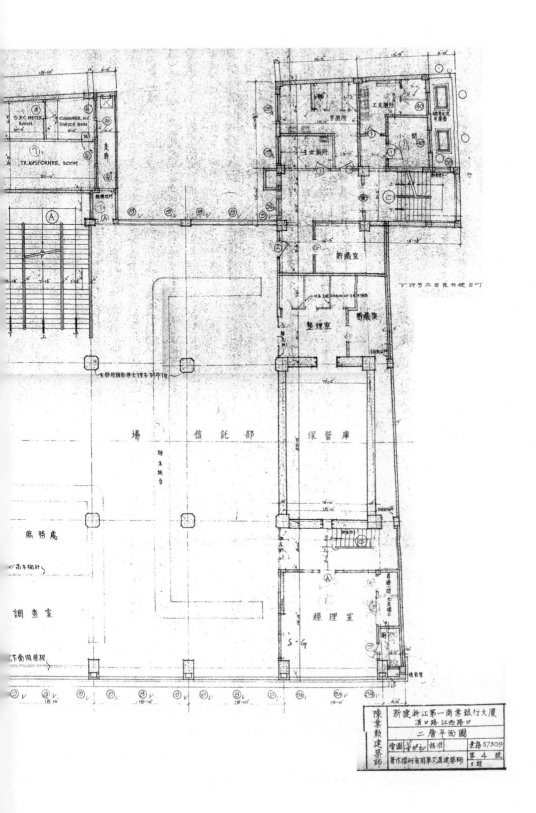

然全为出租用写字间。节奏轻松分明，张弛适度，干净利落，变化不多。与恒利银行的设计不同的是，银行主入口并未设置于城市转角，而是置于短边一侧，且该门厅兼做上部办公的电梯厅。

浙江第一商业银行大楼总面积1745平方米，长宽方向柱距基本均分，沿用了原汤普森方案的柱网，只是转角面为中轴对称布置，立面强调水平线条。楼高6层，"钢筋混凝土结构，底层上有一部分夹层，沿江西路一面底层设大窗，中有入口，内原为营业厅。外墙底层石砌，余为褐色面砖饰面。汉口路入口处立面作竖线条处理，江西路一面作横线条处理，对比明显"（图6.33）。但是银行内部的装修材料显示出甲方并非缩减了预算，而是接受或者选择了这种相对现代的风格。在银行内部，各层柱子都用大理石外包到顶，经理室做斜纹对拼木墙裙，接待台都是深色柚木，一楼大堂部分两层通高，线条感明显，二楼平台处用玻璃砖，既考究又简洁，楼上朝汉口路办公室和沿江西路立面的窗后都有硬百叶。也许这就是甲方想要的效果，不奢华却能显示对客户的重视。

中华人民共和国成立之初，赵深于1950年发起，1951年组建了联合顾问建筑师、工程师事务所，建筑师有：赵深、陈植、童寯、杨锡镠、罗邦杰、哈雄文、黄家骅、黄元吉、奚福泉、刘光华、战象钟，三位工程师是：许照（建筑设备）、蔡显裕、冯宝龄（结构）等。其实力之强，规模之大，在中国建筑师事务所历史上从未有过。此所由赵深任主任，在上海、北京、山西榆次、乌鲁木齐等地承接了多种业务。华盖的业务多由联合顾问建筑师、工程师事务所承接。这段时间里童寯在南京也已经没有设计业务了，华盖名存实亡。目前所知的仅有上海杨树浦电业学校（1951年，上海，图6.34）一项。

1952年国家开始公私合营，组建各种国有机构，金瓯卜时正受上海市政府、华东军政委员会之命筹组国内第一家国营设计机构华东工业部建筑设计公司（华东院前身），邀请陈植出任总建筑师，后又兼任文教设计室主任。陈植与赵、童二人商量后决定上任，华盖自然解散。赵深也加入华东建筑设计公司任总建筑师并兼总体设计室主任，童寯就留在了南京，加入南京工学院（东南大学前身）。此后对三人的记述便分散于华东院档案室和东南大学建筑学院档案馆，以及两个单位的员工的口述回忆之中。

华盖解散，但三个合伙人保持了对中国建筑设计行业的影响力，这主要反映在三人后来的职务上，赵陈二人以主持项目的方式体现了在新中国环境下他们理解的现代，也体现了那个年代的特殊性；童寯的影响则在教学方面，东南大学一批批的学生都维系着、扩大着他的影响。关于童寯的回忆和叙述可以翻

图6.33
浙江第一商业银行老照片
a. 华盖存照
b.《上海近代城市建筑》
c. 2003年照片（下页）
d. 2007年照片（下页）

6.33　a

b

c

d

　　阅朱振通的硕士研究生论文，关于陈植的回忆文章可以翻阅娄承浩、陶祎珺的纪念书籍《陈植——世纪人生：发现中国建筑》，本书在第8章和第9章略加展开叙述。

　　关于赵深的记载很少，就有限的材料来看：赵深历任华东建筑设计院总工程师、副院长兼总建筑师，1953年10月至1955年4月一度兼任建筑工程部中央设计院总工程师。他是第四届、第五届全国政协委员，第二届至第五届中国建筑学会副理事长，1958—1962年上海市基本建设委员会委员。他20世纪50年代设计福州大学、泉州华侨大学、杭州西泠饭店，后期在受到批斗的同时，于60年代设计上海虹桥机场，70年代设计上海火车站，1976年唐山大地震后，为了重建唐山，他往返上海、北京、唐山等地，与建筑界专家研讨河北小区的规划，提出方案，以后河北小区的设计即以此规划方案为基础。在他病重住院，进行抢救之时，他还念念不忘与其他同志相约去南宁参加全国住宅设计交流会。1978年10月16日赵深病逝。

　　1953年至1960年陈植担任了中苏友好大厦工程（今上海展览中心）总工程师，参加了北京人民大会堂、历史博物馆的工程设计，后领导了闵行一条街、张庙一条街工程设计，指导上海国际饭店礼堂、苏丹民主共和国友谊厅、上海国际海员俱乐部、上海华侨新村、鲁迅纪念馆、锦江饭店小礼堂等工程。他亲自设计了鲁迅墓（鲁迅公园内，上海）。陈植历任上海市规划建筑管理局副局长、上海市基本建设委员会总工程师、上海民用建筑设计院院长，还担任中国建筑学会第五届理事会理事长，当选全国人民代表大会第三、四、五、六届代表，第六、七、八、九届九三学社上海市委副主委和名誉副主委，曾兼任上海市文物管理委员会副主任。曾经有一段时期，建工部所属的大区设计院的建筑老总，几乎都是他的学生，至于培养出的其他建筑界骨干人才更是遍及全国各地。2002年3月20日陈植病逝于上海。1949年之后陈植公开发表的文章自1956年始，计有11篇[1]：其中3篇为讨论和回忆鲁迅公园设计的文章，4篇为悼念杨廷宝、

1　　见于《近代哲匠录》"陈植"项下。《上海虹口公园改建记——鲁迅纪念墓和陈列馆的设计》发表于《建筑学报》1956年第9期第3-12页；《对谭垣教授"评上海鲁迅纪念墓和陈列馆的设计"的一些探讨》发表于《建筑学报》1957年第6期58-61页及30页，这两篇为陈植、汪定曾合署；《回忆上海鲁迅纪念馆设计构思——兼谈鲁迅公园总体规划和鲁迅墓设计》见于《四十纪程——1951~1991》（上海鲁迅博物馆40周年纪念册）；《怀念杨廷宝学长》见于《建筑学报》1983年第4期21-22页；《意境高逸，才华横溢——悼念童寯同志》发表于《建筑师》第16期，1983年11月；《学贯中西，业绩共辉——忆杨老仁辉、童老伯潜》发表于《建筑师》第40期，1991年3月；《缅怀思成兄》见于1986年10月清华大学出版社出版的《梁思成先生诞辰八十五周年纪念文集》；《谈谈建筑艺术的若干问题》不仅发表于《建筑学报》1961年第9期第4-7页，还选登于《光明日报》，同时有第三个版本发表于上海市民用建筑设计院内部刊物的修正稿。

上海電業學校新校舍

6.34　a │ b

图6.34
杨树浦电业学校
a. 华盖效果图
b. 2007年照片

童寯、梁思成的文章，3篇为陈植表达自己对建筑形式、建筑艺术看法的文章，最后一篇为陈植对民国史料的辨析。另有一篇民用院记录陈植对旧金山城市建设观感的文章，还有8篇未见报端的发言稿。

童寯从20世纪50年代起，便很少从事建筑实践，而专心致力于建筑教学和理论研究。即使1960年担任南京工学院建筑设计院院长，他也只是一般性的审图，而不参与具体项目设计。关于童寯1949年以后少做设计的原因，据访谈，多数人认为主要是由政府的一些建筑政策与个人建筑原则相违引起的：一方面政府不愿意接受他的方案，另一方面他也不愿意在政府的建筑政策下进行设计。因此，童寯一方面保持对政治的谨慎敏感，另一方面不失时机地进行文化理论研究，专注于中国园林和西方建筑史的研究，在笔者看来园林才是他一直的兴趣所在。他1937年写完的《江南园林志》由于战乱和手稿的辗转，直到1963年才得以出版。这段时间童寯发表了大量的文章：《怎样对待西方建筑》《近百年新建筑代表作》《近百年西方建筑史》《新建筑与流派》《日本近现代建筑》。发表于《建筑师》杂志多篇：《外中分割》《长春园西洋建筑》《随园考》《悉尼歌剧院兴建始末》《外国纪念建筑史话》《新建筑世系谱》《建筑设计方案竞赛述闻》《建筑科技沿革（一）～（四）》《中国园林对东西方的影响》等等，现均收录于《童寯文集》第一至三卷。1983年3月28日童寯病逝于南京。当时在第16期《建筑师》杂志上录有4月4日追悼会的悼词，发表的回忆文章有：《意境高逸，才华横溢——悼念童寯同志》(陈植)、《童寯同学二三事》(谭垣)、《怀念童寯师》(郭湖生)、《高风亮节，博古通今——悼念童寯先生》(晏隆余)、《春蚕到死丝方尽，蜡炬成灰泪始干——怀念四位老师》(戴复东、吴庐生)。后续童寯的同事、学生和家属对他的追忆与怀念主要收录在由童明、杨永生主编的《关于童寯》一书中。

7

纸上建筑

　　这里所说的"纸上建筑"并非那些阐述建筑观念的图纸，本书这一名词专指在当时的条件下方案图纸和建筑档案中的附图，它们可能从未建成，也可能是和最终建成的建筑在一定程度上存在差异。建筑档案主要是对于施工过程和业主手续的记录，有助于搜寻建筑背景。方案图纸是对华盖设计实践的一个补充，可以通过对图纸表现内容的观察来探寻华盖设计过程中所注意的重点。华盖的方案图纸可以分为两大类，一类是效果图，从中可以发掘设计师在建筑外观上的重点设计部位和气氛烘托手法，一类是规划总平面图及鸟瞰图，从中可以观察设计师对于建筑群体布局的思考。而建筑档案中除平立剖面图外，还有少数项目有过程效果图、建筑细部设计图、门窗表、设计说明、结构计算书、卫生设施表。本章尝试从前两种图纸上的信息叙述华盖眼中建筑单体与城市的关系，从后者的信息中一窥当时的事件变动和施工工艺。

效果图

　　关于效果图的阅读需要从文艺复兴确立透视画法说起。比如伯拉孟特（Bramantus）在大约1500年就出版了一本名为《"米兰透视，描刻画"，古代罗马透视》（'Prospectivo Melanese, Depictore', Antiquarie Prospettiche Romane）的小书[1]。目前发现华盖效果图的来源有六种途径：档案馆藏建筑档案中附带的效果图，业主藏建筑档案中的效果图或规划，华盖发表作品时选择的鸟瞰图、透视图、各层平面图、立面图、实景照片的组合，《童寯文集》附录，合伙人后人收藏（如"基石"展览展出的台湾糖业公司的两张立面透视图），私人收藏。如2006年笔者曾在上海市进贤路218号的观楼坊餐厅见到华盖署名的小住宅、银行和办公楼三个项目的透视图。当前笔者所获知的华盖的效果图共计53张，涉及项目48个。从表现技法上分类，这些透视图又可以分为铅笔、炭笔、水彩、彩色蜡笔以及铅笔淡彩五种。

　　这批效果图中，人视点的透视图共计30张。一点透视效果图的视角都不在人的高度上，仅有三个项目的4张图，其所表现的往往都是建筑物庄重、宏

1　　引自：克鲁夫特. 建筑理论史：从维特鲁威到现在[M]. 王贵祥，译. 北京：中国建筑工业出版社，2005：37.

7.1

大的气势。两点透视所表现的绝大部分是人视角度下的现代式的建筑。笔者推测其目的在于展示建筑在生活中的形象。特别是浙江兴业银行前后两稿效果图的视点变化可作印证（图5.16、图5.17），台湾糖业公司的3张效果图（见图6.28）也可作为辅证。就政府的办公建筑而言，现有资料中能看到效果图的唯有南京的外交部大楼[1]（图7.1）、河南省政府会署办公大厦、云南省政府和南京的立法院大楼（图7.2）。四幅图均未选择一点透视来表现建筑本体，而是选择了远眺的人视角度。是否可以这样推测：华盖心目中政府的宏大气势应当由广袤的环境衬托而出？可惜外交大楼的基泰方案仅可查到平立剖面图，无法看到杨廷宝的初始效果图所选角度，不能进行比对和推测。

华盖设计的中国固有式建筑仅有政府办公建筑和私人住宅，笔者判断是响应业主的要求而作。其中透视图仅存4张：南京行健亭（见图5.97）、外交部大楼、河南省政府、荣宗敬太湖别墅。南京外交部大楼是三人合作，另两个政府办公建筑项目均由赵深主持设计。荣宗敬太湖别墅效果图（图7.2-d）见于童寯家属的收藏，图右上角落款"乙亥初夏"，即1935年。它的特殊之处在于效果图模拟了国画的表现手法。整幅图由炭笔白描加淡墨而成，除建筑主体为透视图之外，画面左侧的近景有一扁舟现于小岛之角，中景为太湖湖面倒影岸边散布枝干虬劲的矮松，远景为远山奇峰。画面右上角题五言律诗一首：潇洒倪高士，知几范大夫。树边添邱壑，湖上望桑榆。画锦非归意，轻舟访钓徒。登楼且远

1　毛梓尧回忆该效果图由童寯完成，"前后不到数分钟的工夫就完成了"，见：毛梓尧. 毛梓尧自述[M]//周畅，毛大庆，毛剑琴. 新中国著名建筑师：毛梓尧. 北京：中国城市出版社，2014：13.

7.2 a | c | d

图7.2
a. 河南省政府
b. 立法院大楼（下页）
c. 云南省政府
d. 荣宗敬太湖别墅效果图

图7.3
恒利银行效果图

7.3

顾，山外路崎岖。极有可能是画者自作诗。第一句通过写潇洒的倪瓒和见微知著的范蠡点出项目地点在太湖。第二句讲项目被树木环绕，正面临湖，湖上回望可见桑树、榆树。第三句说的是项目建造的目的，"画锦"即指代制作效果图，项目不是主人荣宗敬归隐常住的住宅，而是作度假别墅之用。诗末感怀，似有回首半生，忧怜世事之意。而历史上荣宗敬时年62岁，不到3年即病逝。效果图所展示的沿湖立面高低错落，二层、三层均做庑殿顶。首层好几处都采用了类似外交部大楼入口的更偏现代主义的做法，反映了设计者主观上尝试"中而新"的意图。

　　装饰艺术派风格的设计有10张图，其中浙江兴业银行方案的前后对比图在第5章"金融办公建筑"一节里已经详细论述过，高层建筑表达重点在于体块进退和向上收分的变化。恒利银行效果图立面的明暗对比不如建成后强烈（图7.3）。另有西班牙式小住宅一张，古典风格小住宅一张，草原式风格住宅一张（图7.4）。当华盖选择现代式作为设计式样时，横向长窗在效果图中尤为明显。特别是当高层建筑项目选择现代式式样时，其造型目的再也无法用装饰艺术派的流线型解释。这部分透视图有11张。同时通过一张绘制于1934年1月31日，题名为PROPOSED BUILDING FOR THE SINHUA TRUST AND SAVINGS BANK（新华信托储蓄银行大楼），署名The Allied Architects Shanghai的透视图

7.2 b

还可以确认[1]，1936年4月，童寯受中国建筑展览会邀请在青年会做"现代建筑"演讲的时候，华盖的现代式建筑的创作已经超出展会上展出的4项(见图5.100)。除了海滨健乐会，展出的其他3项（南京首都饭店、上海大陆饭店、南京首都电厂）现在都可以确认是童寯的设计作品。除了横向长窗，底层架空、屋顶花园和自由平面的元素也已经出现。抗战时期华盖设计的现代式[2]的作品并未断绝，如赵深设计的昆明南屏大戏院和南屏街办公楼都强调几何形体和自由立面（图7.5），而此时童寯在贵阳的作品却更多地呈现出装饰艺术派的特征，强调对称、流线型、条窗。笔者认为这不是建筑师对设计风格的偏好，而是他们综合项目实际功能和当时当地施工水平、建设成本做出的选择。

有3张公共建筑的效果图无法归于某一种式样或者风格，即贵阳南明区省府招待所（图7.6）、立法院大楼和云南省政府（见图7.2）。这个脉络从事务所成立时三人合作的外交部大楼即可算起，到童寯设计的中山文化教育馆。它们比建成作品更能体现建筑师的理念，它们可能是建筑师在风格融合上的创新，也可能同时是战时成本和施工条件限制下的创新。比如赵深1937年设计的南京立法院大楼项目，效果图仅将重檐歇山前出廊的中式元素集中于主入口部位，占到80%宽度的两翼体量均为西方古典三段式的简化立面，在端头和转角处设

1　私人藏品，当年悬挂于餐厅阴暗处，无法联系，无法公开。
2　抗战时期因平屋顶防水所用油毛毡价格昂贵，不管立面式样如何，华盖设计的建筑都是坡屋顶。按陈植回忆，大陆饭店又名西藏路高层旅馆、新陆饭店，系向天主教租地造屋，为童寯设计，见：陈植信//童寯文集（第四卷）. 472.

计带装饰的阳台，呼应"立法"主题中西合璧的概念。而在最终完成的建筑施工图上，该方案不仅整体体量有所缩小，立面也调整为以一个占正立面40%宽的庑殿顶带二层高的卷棚抱厦体量为主的设计（图7.2b与图5.38对比），两翼的主体也变成了歇山顶的山墙面。同时剖面图显示，这个约1.5层高的大屋顶本身没有任何功能。云南省政府项目（见图7.2c）更是简化：两翼大面只用较深的重复的条窗，装饰仅限于歇山屋顶、正立面入口重檐前出廊、基座线脚和侧面入口装饰。童寯设计的贵阳南明区省府招待所（见图7.6）的融合点在于对主入口的处理。它虽位于整个建筑体量的中轴线上，却使用了不对称的现代主义风格的两实一虚的体块穿插形成均衡的入口格局。

华盖这批效果图的配景除了常规车辆之外，在人物和树的选择上依据项目类型均有不同。如合记公寓前会出现挑夫、推婴儿车的妇人、跳跃的犬类，两侧配以树叶浓密的树种（图7.7）；而浙江兴业银行前以男性为主，不出现树木（图7.8）；大上海大戏院采用夜景，也不见树木，灯光是表现重点，图中车辆较多，人物都朝向入口，有儿童出现，入口配有大幅广告（见图5.9）；政府办公楼和小住宅配景中都未出现人物，只是办公楼配以松柏，小住宅配上灌木和远处的树冠。以上都反映出华盖合伙人对城市生活的理解。

24张鸟瞰图中有4张表现的是单体建筑及其附属建筑（首都饭店、贵州省立物产陈列馆、贵阳招待所改造、南京某办公楼），9张学校规划（贵阳大夏大学先后两个方案、贵阳清华中学两个视角、广西大学、南菁中学、惠水县立中学、暨南大学、天津南开大学原址重建大学中学规划），3张办公建筑群规

7.4　a｜b

图7.4
a. 金叔初住宅（草原式）
　　效果图
b. 郑相衡公馆（古典风格）

图7.5
昆明南屏大戏院与南屏街
办公楼效果图对比
a. 南屏大戏院
b. 南屏街办公楼

图7.6
贵阳南明区省府招待所效果图

7.5　a | b

7.6

7.7 | 7.8

图7.7
合记公寓效果图

图7.8
浙江兴业银行效果图

划（南京资源委员会冶金、电气试验室，矿室等工程，桂林科学馆，广西省府办公楼——属于桂林市政工程处规划的重点区域），5张工厂规划（资中酒精厂、綦江三汊铁炼工房、广西纺织厂、云南矿业公司、无锡申新纱厂三厂），1张医院规划（昆华医院），1张军事设施规划（贵州都匀坝固缉私总队官警教练所），1张城市规划（桂林市政工程处规划），共计20个项目（图7.9），其中一半都未见实施。值得注意的是那张南京某办公楼的体块对比展现出一种崇高感，令笔者联想到18世纪勒杜的设计，都有着巨大的几何化的体量、不尚装饰的简练的线条（图7.9a）。

　　华盖的鸟瞰图里没有表现相邻地块的建筑物，人视图所表现的相邻建筑物也并未与设计显示出任何联系。笔者核实项目的实际位置时发现，即使周边的建筑在项目启动时已落成，华盖设计的办公、旅馆建筑这类大型的公共建筑或建筑群在空间关系上也并不考虑和周边产生立面延续性（意指立面形式和空间天际线），在项目分期建设时尤为明显。这与当今已经基本完成建设格局的城市中新建建筑时，设计师多强调城市尺度、文脉的先行设计尤为不同。

　　华盖的规划设计大都集中在抗战时期，这些建筑群是否得以完成也不得而知，抗战前的规划设计只有资源委员会冶金、电气试验室，矿室等工程，这批规划设计多以鸟瞰图的形式或者总平面图的形式留存。只是图纸上并无设计说明阐述设计者的思考，也没有其他资料可以旁证，殊为遗憾。

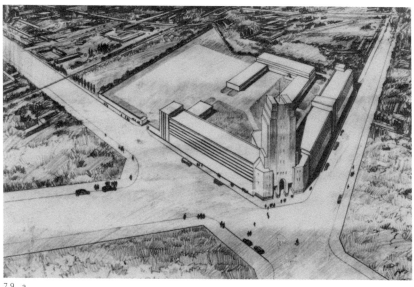

7.9　a

b-1

b-2

图7.9
规划项目鸟瞰图组图
a. 单体建筑及其附属建筑：
　南京某办公楼（上页）
b. 学校规划组图
　1. 贵阳大夏大学（1939年，
　上为12月方案，下为方
　案二）
　2. 贵阳清华中学（1939年，
　左为总图之丁区——学生
　宿舍规划方案，右为总体
　规划方案）
　3. 广西大学（1940年）
　4. 南菁中学（1943年）
　5. 惠水县立中学（1943年）
　6. 暨南大学（1948年）
　7. 天津南开大学原址重建
　大学中学规划

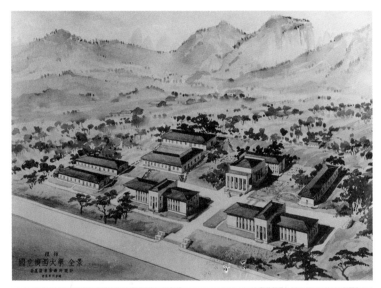

b-3　|　b-4

b–5 | b–6 | b–7

c. 办公建筑群规划
1. 南京资源委员会冶金、电气试验室、矿室等工程（1934年）
2. 桂林科学馆
3. 广西省府办公楼——属于桂林市政工程处规划的重点区域(1938年)

d. 工厂规划
1. 资中酒精厂(1939年)
2. 綦江三汊铁炼工房(1939年)
3. 云南矿业公司(1942年)
4. 无锡申新纱厂三厂(1948年)

e. 昆华医院规划(1939年)

f. 贵州都匀坝固缉私总队官警教练所

g. 桂林市政工程处规划(1938年)

c-1 | c-2 | c-3

d-3 | d-4

e | f

g

建筑细部

　　根据毛梓尧的回忆推测，这部分设计可能出自华盖三个合伙人之手，也可能出自华盖第一级雇员之手。华盖未在《中国建筑》上刊登任何细部设计图，能见到这部分设计的途径唯有档案馆所存图纸（笔者收集到其中22个项目的部分图纸）。其中大多数建筑的立面细部都直接在立面图上细化并标注，不再放大，只有门窗大样图（英制有1:24，1:48，公制不一定有比例）中体现特殊的门窗设计，有足尺图纸。仅中国固有式风格的档案中出现了更大比例的详图（2个项目有存档）：屋脊、烟囱、脊兽、屋檐做法、屋顶线脚、画镜线、围墙的详图做法（图7.10）。其中屋顶部分的详图应当可以与《营造法式》以及《清式营造则例》的瓦作相应部分作详细的对比阅读。平屋面女儿墙装饰线脚做法出现了1:1（足尺）图纸，其中滴水线清晰可见。另在资源委员会项目中记载有1937年的避热屋面做法（图7.11）。多个项目有暗藏灯具的详图。还有详图以透视图的方式出现。

　　华盖编写过南京新住宅区住宅工程说明书。笔者见于上海图书馆近代文献

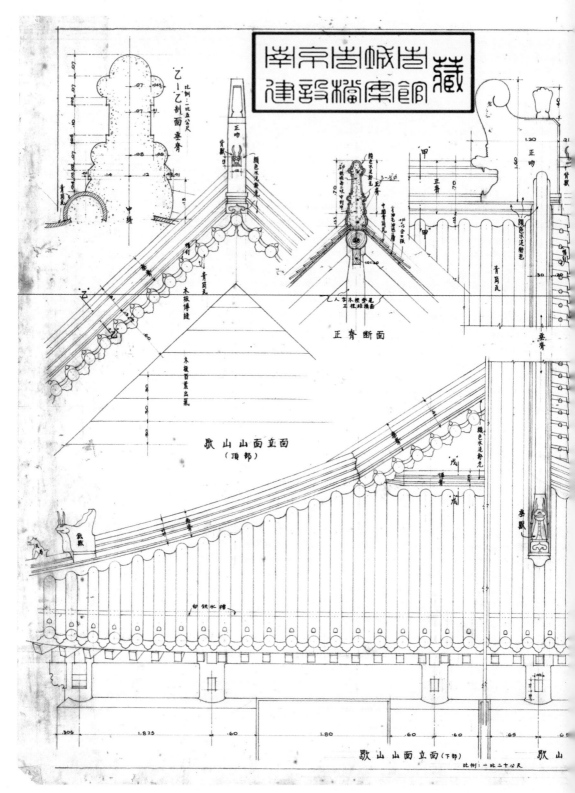

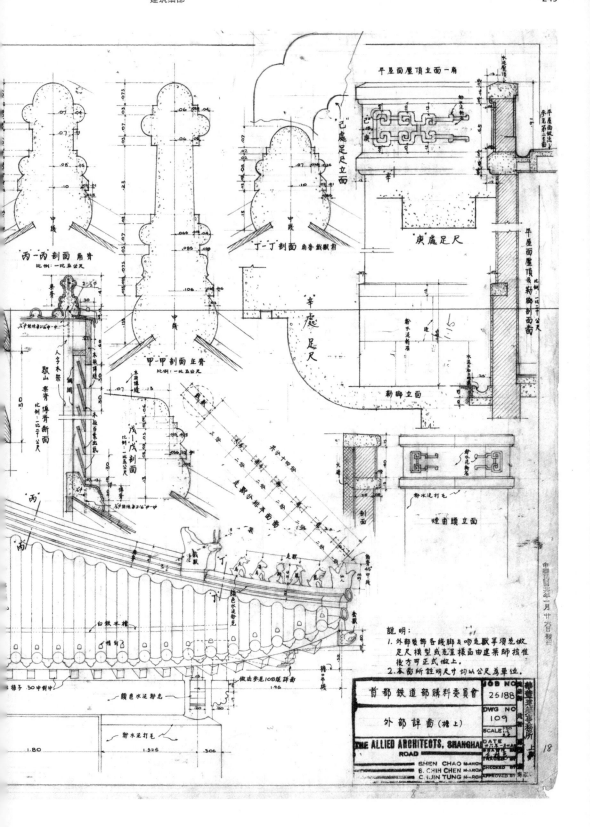

说明:
1. 外部装饰各线脚及吻走兽等须做足尺模型或范匣样品由建筑师核准後方可正式做上.
2. 本图所註明尺寸均以公尺为单位.

首都铁道部购料委员会
外部详图(楼上)

JOB NO. 26188
DWG NO. 109

THE ALLIED ARCHITECTS, SHANGHAI

SHEN CHAO M-ARCH
S. CHIH CHEN M-ARCH
C. JIN TUNG M-ARCH

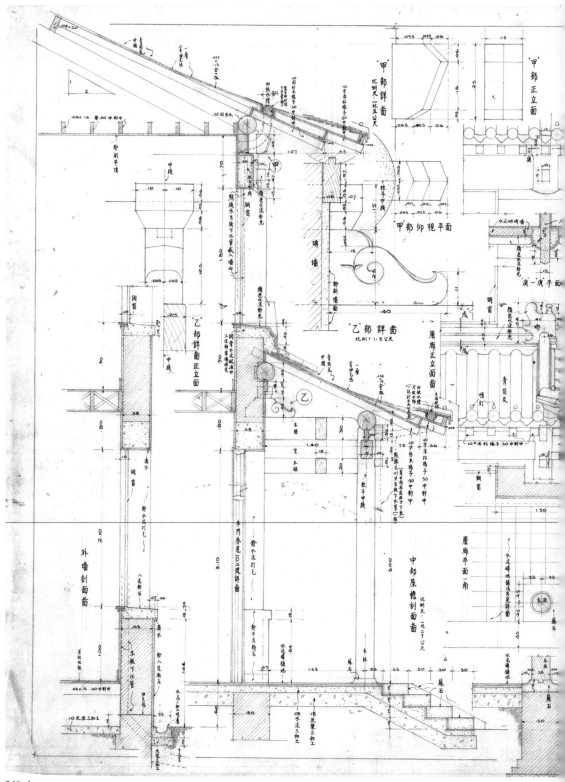

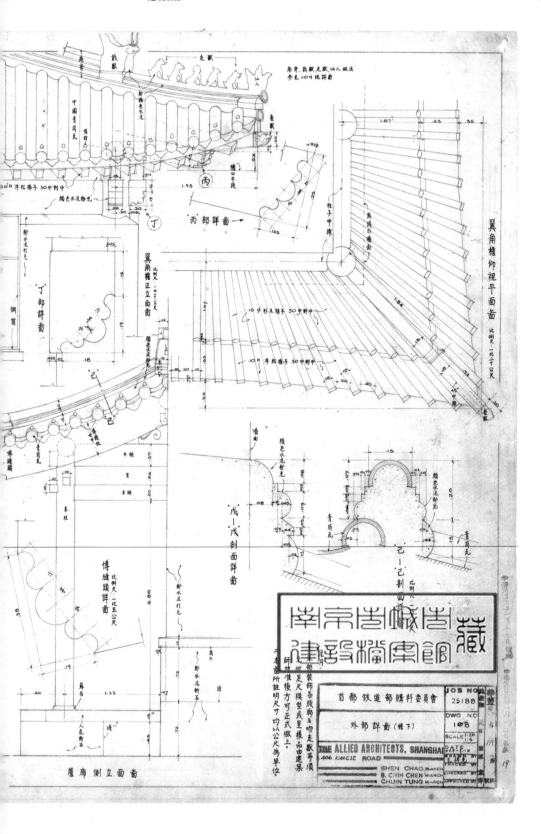

翼角檐仰视平面图

丙部详面→

翼角檐正立面图

丁部详面

戊一戊剖面详面

己一己剖面

博缝头详面

檐廊侧立面图

首都铁道部购料委员会

外部详面（檐下）

JOB NO 25188

DWG NO 108

SCALE 1:20

THE ALLIED ARCHITECTS, SHANGHAI
406 KIANGSE ROAD

SHEN CHAO, M.ARCH
B. CHIH CHEN M.ARCH
CHUIN TUNG M.ARCH

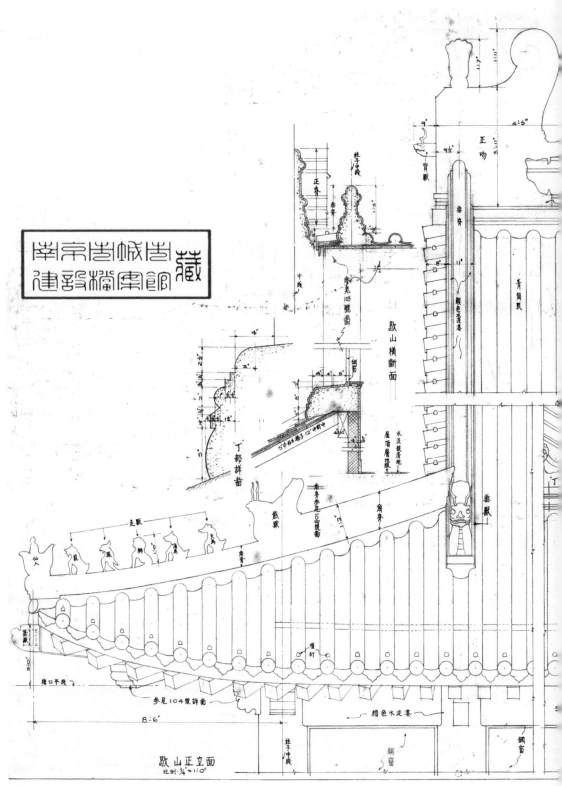

歇山横断面

丁部详图

歇山正立面
比例 3/4" = 1'0"

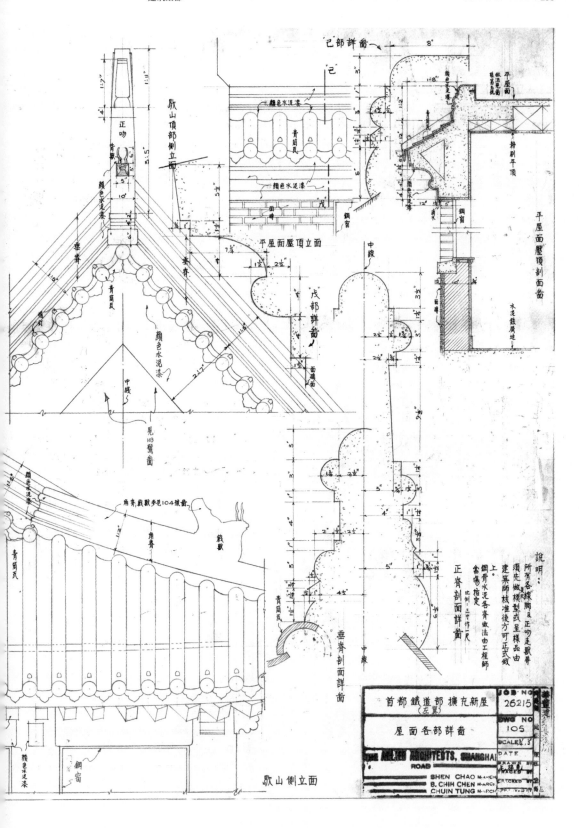

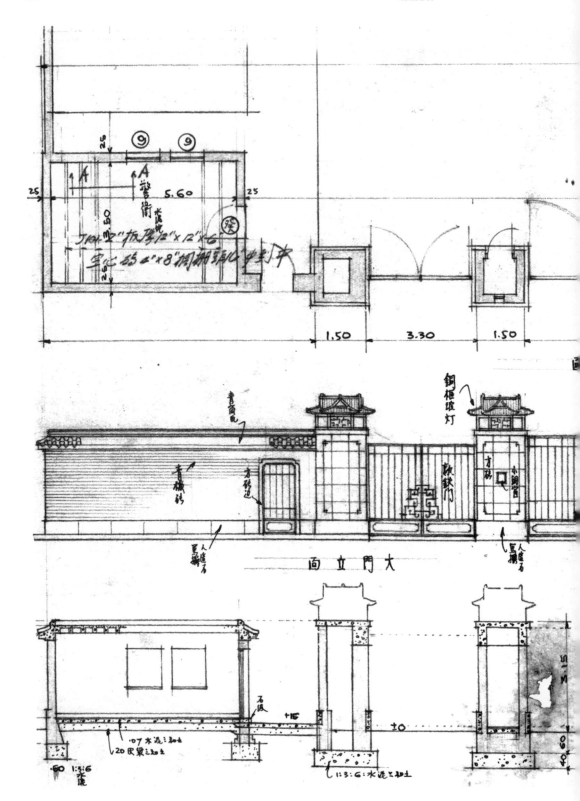

大 门 立 面

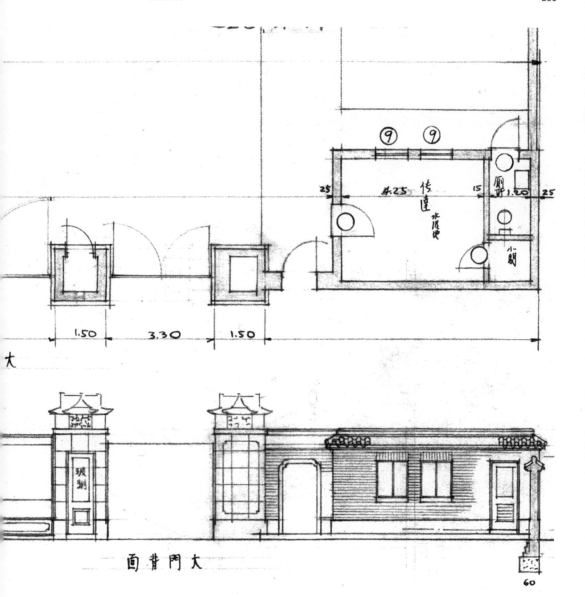

面背門大

阅览区，其内容为施工的做法和注意事项，其目录和如今设计说明的分类方法有所不同，目次如下：工程规则，工程范围，底脚类，钢骨水泥类，木作类，铁器类，木工类，粉刷类，油漆类，屋面及油毛毡，玻璃，五金，沟渠类，路面，围墙。

还看到一条做法说明证明当时的工程建设普遍利用旧材料：①围墙车房及下房之混水墙均用拆下旧砖砌墙；②车房下房均用洋松木门窗；③车房下房之粗作均用旧木料改造（图7.12）。

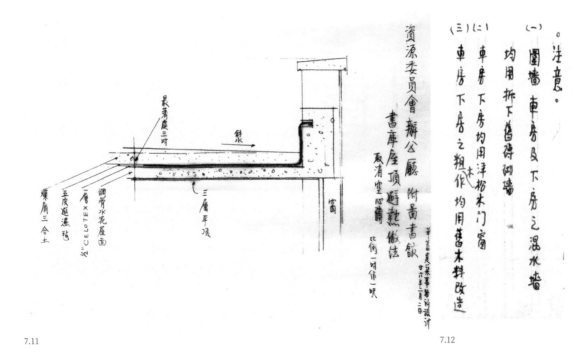

7.11   7.12

8

事务所之外

兼职

赵深忙于华盖对外接洽，1932年即担任了中国建筑师学会会长一职，并出席各类会议，如他参加了上海市建筑协会第三届会员大会后的晚宴[1]。

陈植的兼职始于抗战，只是1934年他受中国建筑师学会指派参与过上海沪江大学建筑科（夜校）的筹建工作。1938年，陈植和廖慰慈商议在之江大学土木工程系基础上筹建建筑系。其创办初期，"由陈植、廖慰慈先生厘定学程，筹购书籍器具，招收学生一九人"[2]。陈植在系里负责二年级的设计和绘画类全部课程——铅笔画和建筑图案以及三四年级的房屋设计课程。建筑系教室在慈淑大楼，和其他大学合用20平方米的画图室。1939年华盖在上海没有任何项目，陈植请来王华彬（兼任沪江大学建筑科主任），兼教木炭画，另聘陈裕华为教授。1940年左右建筑系在上海正式成立，学校聘请王华彬专任本校系主任（沪江大学为伍子昂），并陆续增添教师，而陈植仅教授建筑图案和业务实习两门课程。1941年冬，太平洋战争爆发后，之江大学内迁云南，建筑系留在上海，不再招收新生，暗中以补习形式继续授课，有时在慈淑大楼，有时在陈植家中。陈植在1938年9月—1944年2月期间任之江大学建筑系教授，同时于1938年冬至第二年春任上海公共租界工部局工务委员会委员，但不支薪。1944年2月—1949年7月，他担任上海浙江兴业银行地产部顾问一职，同时1946—1949年还出任民国中央信托局地产处顾问（不支薪），1947年春—1948年冬任上海市工务局修订建筑章程委员会委员。抗战胜利后之江大学迁回杭州，1949年5月杭州、上海相继解放，王华彬到上海市房地产管理局工作，辞去系主任职务。1949年8月，校方邀请陈植回校出任系主任并教授建筑图案和施工图说两门课程，直至1952年全国院系合并、取消教会学校结束。这一阶段陈植曾请赵深等人参加设计作业评图。

抗战期间，童寯在贵阳兼顾贵阳、昆明两地设计，偶尔到重庆出差。1944年转赴重庆，并应重庆沙坪坝中央大学（简称中大）建筑系系主任刘敦桢[3]之邀到校兼任教职，每星期在中大上两天课。中大也分给他一个房间住。早餐童

1　融融泄泄入席欢宴[J]. 建筑月刊, 1934, 2（10）: 41.

2　出自：建筑系沿革[J]. 之江校刊·百周年纪念特刊, 1946-12-25. 转引自：刘宓. 之江大学建筑教育历史研究[D]. 上海：同济大学, 2008；注12. 后文学校情况均节选自该论文。

3　童寯与刘敦桢的交往详见：童寯. 关于刘敦桢的交代材料（1968年12月4日）[M]//童寯文集（第四卷）. 405. 及本书关于社会关系的补充文件，见第378页。

寓自己解决，中央大学离刘家仅一里多路，午餐和晚餐则在刘敦桢家里用。星期六童寯若没回自住地，就去青年会看电影，有时带刘敦桢之子刘叙杰一起去。抗战结束后，华盖总部回到上海，中央大学回到南京，童寯定居南京，负责华盖南京分所的设计工作并继续担任教职。1949年后事务所解散，他选择加入南京工学院（现东南大学）即由此结缘。

家庭

图8.1
孙熙明在宾大（右一）、林徽因（右二）、陈意（后排）

8.1

赵深夫人孙熙明（Suen Shi Min）出自无锡石塘湾孟里孙家，父亲中举后做了实业家。她的兄长娶了赵深的姐姐，赵深向孙家换亲。孟里孙氏在无锡有"北孙南华"之称，是"面粉大王"荣家的姻亲，孙氏的孙元楷将一个女儿嫁给了叶恭绰，另一个嫁给了外侄钱基厚（钱钟书伯父），侄子孙鹤卿成立了无锡第一家公用电厂，因地产成为孙氏首富[1]。赵深向世交孙家求婚后，孙熙明应其所请于1923年来到美国。1925—1926学年她在宾夕法尼亚大学建筑系所属的美术学院美术系二年级就读一年（图8.1）。当时美术系的中国留学生仅有林徽因在读四年级[2]。孙熙明与赵深旅欧回国后就定居上海。1930年2月两人合作获得董大西主持的上海市政府新厦图案竞赛一等奖，奖金3000元，作者署名已经是赵深和赵孙熙明，在归国后不久两人即举行了婚礼。赵翼如记载孙熙明还参与了赵深在范文照事务所时设计的上海八仙桥青年会大楼和上海南京大戏院（现上海音乐厅）两个项目。婚后，赵深与孙熙明育有四个女儿，过继一子，抗战时期妻子留居上海。

陈植胞姐陈意燕京大学家政科毕业后于1926年进入哥伦比亚大学家政系就读，船上她认识了赴美学音乐的姑娘董鹭汀（Ruth Tong），抵美后便介绍给弟

1　整理自：刘桂秋. 无锡时期的钱基博与钱钟书[M]. 上海：上海社会科学院出版社，2004：20-26.
2　王贵祥. 建筑学专业早期中国留美生与宾夕法尼亚大学建筑教育[J]. 建筑史，2003（2）：12.

弟认识。陈意与林徽因亦交往密切，林到纽约时会在她
那里借宿。假日里陈家姐弟时常与其他中国留学生聚会，
自然也叫上董鹭汀，最终撮合两人成功。董鹭汀之父董
显光是民国时期著名报人、记者、外交家，是蒋介石的
中学英文老师，1920年以后从政。1928年6月董鹭汀
从美国俄亥俄州的欧柏林高中（Oberlin high School）毕
业[1]。三人中陈植结婚时间最晚，两人于1930年5月在
北京结婚（图8.2）。除陈植去台北主持工作的时间之外，
二人从未分离。抗日战争时期，陈植因为父亲从北京转
到上海居住的缘故，自己全家也留在了上海租界。陈植
晚年追忆妻子"忆鹭：六十二载瞬即逝，恩爱衷情永铭
志。一旦永诀心肺裂，愿卿稍待我即来"。陈植与董鹭
汀育有两子两女。

8.2

　　童寯完婚于1919年，夫人关蔚然也是满族人。翌年在童寯去清华学校就读
前，长子童诗白即出生。从清华学校到宾大求学整整十年学业，关蔚然在沈阳
童家独自抚养儿子长大。1930年秋天，三人终团聚。童寯与关蔚然育有三子，
抗战时期妻子留居上海，在他们30多年的婚姻中，真正生活在一起的时间不足
三分之一[2]，但这对整个家庭丝毫无损。童寯在1944年写给妻儿的信中赋诗一首：
"对镜青丝白几根，最贪梦绕旧家园。西窗夜雨归期误，羡听邻居笑语湿"[3]。

爱好

　　赵深嗣子之女回忆赵深有唱戏的爱好，"赵深时而也会在静夜里，打开一
只神秘的皮箱，里头装着几套古典戏装。那一刻，他会收起白天的西装革履，
收起大都市的表情，沉浸在古老的传统戏剧角色中，走几圈碎步，甩几下水袖"。
现已不可考。

　　陈植从学生时代起就喜欢合唱，中学参加了清华合唱团，大学参加了宾大

1　　根据陈艾先提供的董鹭汀毕业证书记载，该高中位于著名的欧柏林音乐学院东面。
2　　童明. 忆祖父童寯先生[M]//杨永生. 建筑百家回忆录. 北京：中国建筑工业出版社，2000.
3　　方拥. 童寯先生与中国近代建筑[D]. 南京：东南大学，1984：9.

8.3　a │ b

学生合唱团，东北大学执教期间曾在燕京大学音乐学系举办独唱音乐会，1934年还参加了南京金陵大学的音乐会。这一爱好也一直保持终身。1949年后他多次在单位合唱中任指挥（图8.3）。其遗物中的书画作品收藏数量不大，书画作品亦不多，算作书香世家风气熏陶下的爱好亦可。

　　童寯1936年10月在 *T'ien Hsia Monthly*（《天下月刊》）发表英文文章Chinese Gardens — especially in Kiangsu and Chekiang（《中国园林——以江苏、浙江两省园林为主》）[1]，这与他对江南园林的强烈兴趣分不开。一说童寯这种兴趣始于陈植当年带他去看上海豫园[2]，"他当即被曲折变幻的园林空间所吸引"。另一说是他对园林的兴趣始于他在清华学校就读时，"课余有时到校西咫尺长春园遗址闲游"[3]。抗战前星期天他很少在家休息，经常带相机到上海附近或铁路沿线有园林等名胜古迹的地方去考察，有时与来沪出差的杨廷宝同去。文章显示，童寯对于西方园林和中国园林都有着详细而深刻的理解。简述观点如下：意大利园林借助于层层台地使人惊奇，西方园林用纵横轴线和十字道路解决交通问题，植物多人工痕迹。日本园林布局成规多而变化少，看重象征意义，整体开敞的同时追求内向景观，试图构成一个微缩的世界。中国园林是一种亲切宜人而精致的艺术，它的决定因素是寻求悠闲而非理性，不是消遣场所，而是退隐静思之地，具有绘画美。他还详述了中国园林的各种手法及其历史，造园史以及民国江南各园林的脉络和现状。他说"to be a good garden-architect one must be a great painter"（一个好的造园家必须是一个优秀的画家）。未发表的The Manchu Garden（《满洲园》）[4]一文中更加详细地介绍了苏州拙政园的来龙

1　童寯. Chinese Gardens — especially in Kiangsu and Chekiang [M] // 童寯文集（第一卷）. 35—74.
2　朱振通. 附录2.10：对晏隆余的访谈 [D]. 童寯建筑实践历程探究（1931—1949）.
3　童寯. 北京长春园西洋建筑[J]. 建筑师，1980（1），总第2期.
4　童寯. The Manchu Garden [M] // 童寯文集（第一卷）. 5—78.

去脉，文章充满了热情。此外，童寯还热爱古典文学[1]、国画和古典音乐，如
1932 年童寯为考证《园冶》，曾拜一位国学先生专攻明末文学；1935 年为学国
画拜山水花卉大师汤定之为师直到战乱离开上海为止。1937 年童寯写完了《江
南园林志》一书，连底稿带图片寄给北平刘敦桢，托他用"中国营造学社"名
义出版（因抗战未果，由北京建筑工业出版社于 1963 年出版）。

1   朱振通论文中提到童寯从小就受家庭影响诵背古文，并师从桐城派文人吴闿生（吴汝伦之子），
     查得吴闿生在 1901—1916 年间辗转各地都不在奉天，1928 年受张学良聘请方才任奉天萃升书院
     古文教授，故不取。吴闿生生平参考：龙小兰. 吴闿生《诗义会通》研究[D]. 南昌：江西师范
     大学，2012.

9

理论观点与设计特征

理论观点

在华盖成立之初，三人就"相约摒弃大屋顶"[1]，这是事务所统一的理论观点。

童寯的理论观点则是现在能查阅到的华盖三个合伙人中最为完整的。

童寯的长孙童文在给赵辰的信中说："童寯在纽约时对赖特予以关注，并学习和研究了其自由平面住宅设计。且同时童寯对印象派和立体派也产生了兴趣。当时对他影响最大的是休·费里斯（Hugh Ferriss）的《明日都市》（*The Metropolis of Tomorrow*）、勒·柯布西耶的联合国日内瓦总部设计竞赛方案，以及先锋派建筑师的新国际式概念[2]等。其中在柯布的竞赛方案中，童寯对其集合大厅的音响效果处理给予了特别关注。"

童寯的旅欧日记中专门注意了现代建筑和现代艺术展览，比如杜塞尔多夫的WM马克楼，法兰克福郊区的现代建筑和格罗皮乌斯的现代建筑展（多为工业建筑），曼海姆战前（1907）新艺术画廊（多未来主义作品），马格德堡的展览中心观众厅的现代室内，柏林皇冠王子博物馆顶层的现代主义绘画和雕塑，德累斯顿的卫生展览（更像建筑展览），门德尔森肖肯百货商店等。童寯在1937年的《建筑艺术纪实》中曾提到"international（or modernistic）"[3]，证明他当时是将二者看做同一风格的。

童寯回国后在东北大学任教时在课堂上宣讲工业文明，并介绍学生秦国鼎去德国包豪斯留学，且在给学生的参考书单中列有如柯布西耶《走向新建筑》等介绍新建筑的书籍。在同期著作中，童寯也表达出对当时建筑发展趋势、建筑新材料及新构造做法的了解和观点。如在1930年的教学手稿《建筑五式》中童寯表示："现今建筑之趋势，为脱离古典与国界之限制，而成一与时代密切关系之有机体。科学之发明，交通之便利，思想之开展，成见之消灭，俱足使全世界上建筑逐渐失去其历史与地理之特征。今后之建筑史，殆仅随机械之进步，而作体式之变迁，无复东西、中外之分。"在《做法说明书》中他对新材料新构造之铁筋混凝土和钢架房顶的做法进行了详细介绍。

---

1   陈植. 意境高逸，才华横溢——悼念童寯同志[J]. 建筑师，1983（16）：3.

2   这里是指受到艺术运动中的先锋派（Avant-Garde）观念带动的活跃在第一次世界大战前后的建筑师个人和团体。他们对用建筑手段解决社会问题抱有极大的热忱。

3   童寯. Architecture Chronicle [M]// 童寯文集（第一卷）. 84.

童寯不仅参与1936年上海各界（市政府、工程师学会、建筑师学会、建筑协会、同业公会）联合举办的首届中国建筑展览会，并在会上发表题为"现代建筑"的演讲，参与诸如此类宣扬现代建筑的活动，而且其同期的理论也显示出他们对现代建筑的执着追求。

童寯从1936年开始在 *T'ien Hsia Monthly*（《天下月刊》）发表英文文章。1936年11月董大酉撰写了一篇 Architecture Chronicle，童寯的 Architecture Chronicle（现译作：建筑艺术纪实）刊登于1937年10月，它们应当出于 *T'ien Hsia Monthly*（详见前文的中山文化纪念馆）1936年8月开辟的"Chronicle"专栏每年发表一篇关于"Architecture"的文章的计划。1938年、1939年均被杜恒所著电影院纪实替代，1940年改为双月刊后直至1941年停刊再无建筑类纪实。董大酉的文章主要关注了传统中国建筑相较于世界建筑的独特性，随即介绍了"中国建筑艺术复兴"潮流的相关情况，指出了其中一批代表性建筑，如茂飞设计的金陵大学、燕京大学、北京协和医学院、北平图书馆，吕彦直设计的中山陵、孙中山纪念堂、南京铁道部建筑群、中央党史史料陈列馆、上海的大上海计划所建造的市政府及公共设施建筑群。他认为中山陵音乐亭是南京唯一一个巧妙地吸收了中国元素的设计。文末董大酉提出：仅仅复制古代建筑毫无益处，不仅要好好研究旧式样的外观和元素，也要研究旧式样的建造原则。建筑师应当用自己的时代语言来表达自我。[1]

故而可以理解童寯文章的重点正是针对这一潮流展开。他不再详细叙述潮流本身，而是总结时下"中国建筑艺术复兴"的种种倾向，指出其不合时宜性以及现代建筑的优点：用低造价谋取更大的使用空间已日益被人接受，预言钢和混凝土的国际式（或称现代主义）将很快得到普遍的采用，从人类生活正在调整以适应机器的标准化的角度来看，建筑必然走向现代式。这表达了童寯对于现代式的坚定信心，对于科学的坚定信心。他在文末还表达，属于中国的地域主义的现代式建筑正需要人们去学习、研究与创造，而且根据寺庙传入中国后的变化，认为这种创造应当有结构上的意义。

两人对其时代精神的理解角度截然不同，前者隐含的想法是这个时代的建

1　总结及翻译自：吴经熊，温源宁，等. 天下（T'ien Hsia Monthly, 1935—1941）[M]. 北京：国家图书馆出版社，2009：408—412. 原文末尾如下："No good can come from mere reproductions of ancient buildings. The old styles must of course be well studied, not only for their outward forms and features, but also for the principles of construction upon which they are founded, much in the same manner as the standed literature of the past must be mastered if one is to have a good literary style. The architect must express himself in the language of his own times, Only thus will the architect be able to produce buildings that will truly reflect the hopes, the needs, and the aspirations of his age and country."

9.1　a | b

筑一定要体现东方传统式样的整体，后者则指出应当抛弃传统式样中不合时宜的部分，只做选择性、局部性、精神性的表达。两人在叙述同一个作品时的关注点也完全不同。董大酉写道：市政府大楼（图9.1，董大酉设计）采用传统的雕刻栏杆；原本单调的屋顶中间升起，以突显大楼的中间部分；市博物馆和市图书馆，我们有不同的外观处理；如顶部照明之类的特殊要求就不允许使用传统屋顶；只有中央部分为一个上覆黄色琉璃瓦屋顶的"门楼"所强调；由于经济指标的原因，建筑物其余部分的大屋顶被省了。[1] 童寯称大上海市政中心为一个有趣的例子，"先期建造的主楼是市政府楼，正是复兴式的，后来的两座图书馆和博物馆，都是瓦屋顶与平屋顶的组合——瓦屋顶高耸于屋顶平台之上。这是对教会复兴风格的改进"。董大酉的介绍语带遗憾，充满妥协，从童寯的角度来看这个结果仍然是一种进步。

　　1938年5月童寯又在《天下》发表了 Foreign Influence in Chinese Architecture（《中国建筑的外来影响》）来具体说明中国在历史上是如何对外来建筑进行具有独创性的改造运用的，如将印度砖石结构的佛塔（stupa）转化成中国的木结构体系，应是他在尝试坚定业界和外界对于中国建筑应对西方先进文化的信心。

图9.1
a. 赵深上海自宅
b. 赵深南京自宅

1　　出处同上注，原文：In the Municipal Government Building, the conventional carved balustrade is used. The otherwise monotonous roof is raised in the middle to give importance to the middle portion of the building. In the City Museum and the City Library we find a different treatment of the exterior. Special requirements such as overhead lighting do not allow the use of the conventional roof. Only the central portion is emphasized by a "gate-tower" covered with a yellow tile roof. The omission of the heavy roof on the rest of the building is due to a measure of economy.

抗战期间及以后只见童寯发表中文文章。他在《战国策》上发表的《中国建筑的特点》（1941年）一文中，总结了中国建筑的特点：木结构和外露屋顶，装饰上的彩画，平面上极端规则；指出中国建筑的许多优点已变为弱点，并对中国建筑向新建筑的发展表示出乐观态度。

在《中国公共建筑外观的探讨》（1946年）一文中，童寯针对现实中现代建筑创作中的盲从问题提出了自己的原则，呼吁战后各建筑师不能再用战前的宫殿式屋顶来体现中国作风，提出政府应当就"都市街道计划"做出对公共建筑的规定，并提出了规划意见：门面建筑的外观，广场四周房屋立面及高度，车站剧院会堂前预留广场，"空旷以壮观瞻"。如今这一观点似乎还是业外人士的共同审美之一。

1949年之后，虽然童寯在建筑实践活动上几近停止创作，但其在建筑理论上还坚持着自己的新建筑主张。除在具体文章中指出从西方建筑中应该继承的内容，如《怎样对待西方建筑》外，还多著书介绍国外新建筑的发展状况，如《近百年新建筑代表作》《近百年西方建筑史》《新建筑与流派》《日本近现代建筑》……

《建筑师》第11期由上海工业建筑设计院（现华东建筑设计研究总院前身）供稿，范守中执笔的纪念文章在评价赵深时说："他特别强调一个'新'字，提出要努力采用第一流的技术，并且反对不讲环境和条件在公共建筑中千篇一律采用中轴线对称式和所谓的'民族形式'。"

未见陈植1949年前公开发表文章，只能从1949年之后的文字中寻找他的理论观点。由陈植家属提供了以下内容：陈植先生1981年和1988年填写的履历、1961年刊登于《建筑学报》的文章的修正稿油印批改版、1960年代运动中的发言稿手稿、"文革"后的几次会议发言及《建筑学报》发表文章的手稿。鉴于陈植先生为1902年生人，他在60岁时记忆尚属可信。就目前《童寯文集》收录的陈植先生80岁以后的信件来看，他的回忆与档案及其他佐证就出现了矛盾之处，故而对一些无旁证的回忆，笔者做存疑处理，对于与两个以上的实证有冲突的回忆，笔者不做引用。20世纪60年代的文稿充满了时代特点，剥开那些紧扣毛主席语录的论述，陈植概述了自己对建筑设计、对美学的观点[1]："建筑物的美应该有两种不同的概念，一种是建筑物的外表通过人们的感官所给人的一种形象上的美感，另一种是具体接触到建筑物的使用方面而给

1　陈植1960年代在上海市规划建筑设计院的发言稿，未刊.

9.2

人的一种现实生活上的美感。"谈及形式与风格，"我认为建筑形式是一个建筑艺术形象，是建筑创作中的政治目的、技术手段和艺术技巧的综合体现。风格是建筑在不同历史时期、社会背景、不同民族、不同地区、不同材料结构通过艺术创作而形成的特征，它既与形式不能分割，又不能代替形式。不同材料、不同结构产生不同的形式"。谈及对传统建筑的吸纳，"我国建筑上的优秀传统是无比丰富的，诸如空间组合的多变化，创造空间扩大感，善于借景，有机地配合自然环境，绿化配合的巧妙，风格的多样化，群体的多起伏，轮廓线的简洁，结构构件与装饰的结合，色彩的鲜明，艺术处理的有重点，细节处理的精致，以简洁、朴素的手法，普遍价廉的材料，获得最大的艺术效果等等，都是我国建筑宝藏之所在"。他的处世哲学是"一种封建士大夫年老退休，享受剥削所得的环境，幽雅宁静，另有天下，与世无争"。凡此种种，均从他写下的关于批判与自我批判的章节中摘录而来。

图9.2
童寯自宅

从实践上来说，华盖推动了现代式建筑在中国近代的发展；从理论上讲，华盖推动了现代主义思想在中国的传播。

三人在1949年之前修建的自宅可能是他们建筑设计观念上的差异的缩影。

赵深先在上海租地建宅，抗战胜利后他连地一起买回。后来他又在南京市中心建宅。他为客户设计的作品多带有装饰性（西方古典风格，或是装饰艺术派、中国固有式均有），所不同的是，其自宅外观均为现代式。他的上海自宅还带有装饰艺术派后期流线形的圆弧转角的阳台，而南京自宅建成的入口处采用了大面积的玻璃（图9.1），突出了框架结构带来的轻盈，更富现代感。

陈植并未以自己的名义建宅，而是为岳父一家修建了联排式别墅——兆丰别墅93—105号（7幢），抗战时陈植一家以租住的名义居住在内（见图6.17），上海档案馆资料（Q268-1-533）显示：陈植叔父陈汉第曾在1949年初租住于99号，为事务所合伙合同做证明的律师蔡汝栋1945年居住于93号，这批别墅的业主代表是陈植。建筑窗间有少许红砖装饰，立面是合记公寓曾用过的元素，也是民国装饰艺术派公寓常用的样式。

童寯自宅则延续了童寯在贵州使用的材料——不规则石块墙（见图6.15-f），从外观上看就类似赖特所讲的草原式的自由感，又似是从传统的乡土建筑的材料与手法出发，带有天真和野趣（图9.2），未来将作为童寯纪念馆开放。

设 计 特 征

华盖设计的平面大都对称布局，发生矛盾时稍有微调，仅有少数是真正属于现代主义的自由平面。华盖在创立之初的项目里，Art Deco和现代式的风格齐头并进，同时又探索着自己的中西合璧的道路，在建筑的檐口、阳台、室内上做出中国传统装饰的细节，每种风格的项目在社会上都获得了成功。然而由于淞沪会战损害了上海的实业，从浙江兴业银行项目可以看出业主方被迫放弃了Art Deco的复杂装饰，华盖在思想上又倾向于现代建筑，使得华盖的建筑实践立刻转向了现代式。但是这个现代式不是现代主义，各方面的复杂因素导致大多数项目都是附加装饰的现代式，比如南京政府项目要求体现中国固有文化，则华盖须考虑结合中国地域特色。最接近柯布西耶新建筑五点的作品当属台湾糖业大楼。而华盖的设计思想始终是"modernistic"[1]的。

从当前掌握的三人合作和独立完成的项目信息来看，童寯和陈植未参与过那些城楼一般的大型公共建筑设计，却也都不拒绝小尺度的各种中西式样，以

---

1   童寯. Architecture Chronicle.

及用中式元素和坡屋顶因地制宜、组合创新的建筑设计工作。如童寯既设计了现代式的南京首都饭店，装饰艺术派式样的南京地质陈列馆，也曾主持设计外观纯中式的南京中山陵园、孙科住宅和金城银行住宅，以及创新的南京中山文化教育馆；陈植主持设计了装饰艺术派式样的上海合众图书馆和上海金叔初住宅，亦有完全现代式的台湾糖业公司；赵深的设计在式样上和种类上则拥有更大的弹性，并且也能得到各色业主的认同。故而仅从设计风格上很难将三人的作品区分开来。本书附录中综合时间、地点和陈植手稿对部分建筑的设计者做出了认定。

1927—1937年是上海金融业的繁荣末期，也是Art Deco在上海大行其道的时期，注重"适用与壮观"，华盖装饰艺术派风格的作品体现了它作为商业事务所的一面。从设计手段上来看，他们熟练运用了在学校里学习到的比例、对称、装饰式样、功能和空间序列的组织，注意试用新技术、新材料。

在华盖理论观点的主导下，华盖建成的200多个项目中仅有9个呈现中国固有式的风格：

> 中山陵孙科住宅（1932年，南京）
>
> 中山陵行健亭（1933年，南京）
>
> 金城银行住宅（1935年，南京）
>
> 南京购料委员会大楼（1936年，南京，后粮食部）
>
> 国立北平故宫博物院南京古物保存库（1936年，南京）
>
> 铁道部办公楼正殿及保存库（1936年，南京）
>
> 铁道部档案库（1937年，南京）
>
> 贵筑县政府办公楼（1942年，贵阳花溪）
>
> 云南个旧南菁中学教学楼（1943年，个旧）

第1~3项是小体量的传统建筑作品，设有钢筋混凝土基础，用钢筋混凝土柱子替代局部木柱，不是"大屋顶"的作品。第4、5项都是结合周围建筑环境和政治要求的成果。陈植回忆"只在某办公楼的设计中，由于要与原建筑群协调，不得不沿用古典形式"[1]，就是指第6、7项铁道部的系列作品。最后两个项目估计和当时当地的建筑施工条件有关。

---

1   陈植. 意境高逸，才华横溢——悼念童寯同志.

9.3

　　华盖的住宅设计风格呈现出多样性，没有主导风格。现代式与中国固有式结合的探索从早期的外交部官舍设计即可见端倪（1932年，南京，童寯）。这是赵深在接下外交部大楼前就谈妥的工程，由童寯主持设计，直到1935年才告竣工[1]。该建筑与办公大楼的处理手法不同。其南立面是红砖砌出的现代主义风格，也是背立面（图9.3）；北立面则中部下凹（图9.4），两侧的高出的部分好似中国传统建筑的基座的比例，即从平屋顶—假椽头装饰—二层屋身逐层收缩，又在二层屋身与中部女儿墙交接处扩大，又与藏式建筑处理手法类似，是直接将现代式和中国传统式样拼贴在一起，直接展现冲突。一层正立面正门上方有出挑的牌匾，正门两侧各置一抱鼓石，建筑基部又一次放大，好似中国传统建筑的墙脚的处理手法。

　　现代主义（Modernism）本是体现建筑师试图摆脱传统建筑形式的束缚，大胆创造适应于工业化社会的条件、要求的崭新建筑的思想，具有鲜明的理性主义和激进主义的色彩，注重：建筑形体和内部功能的配合；在建筑设计中发挥新材料、新结构的特性；建筑形象的逻辑性；简洁的处理手法和纯净的体型；研究和解决建筑的实用功能和经济问题。现代主义运动则强调设计为大众服务，特别是为低收入的无产阶级服务。

　　伍江在《上海百年建筑史：1840—1949》第五章"近代上海建筑设计思潮与建筑特征"总结道："现代建筑在近代上海还基本停留在'摩登'形式的层面上。追求社会时尚的社会风气推动了现代式样的普及，但由于缺少现代主义建筑所

1　因《申报》在1934年6月19日介绍办公大楼时，官舍尚未建。

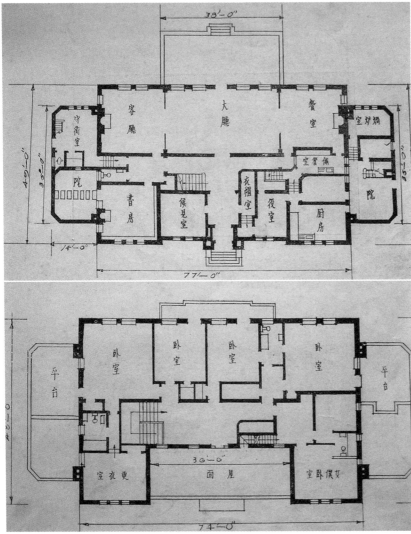

9.4 a | b

图 9.4
a. 外交部官舍正立面（朝向
外交部大楼）
b. 平面图（下方为北）

必需的大工业基础和机器美学的社会审美价值观，又限制了上海的近代建筑向更深层次发展。"

华盖的现代式作品显示出国际式和流线式的特征。国际式是 20 世纪二三十年代欧洲的一种主要的建筑风格。它多指第二次世界大战前现代主义最初的建筑风格。"国际式"始于 H.R. 希区柯克和菲利浦·约翰逊的一本用来纪念 1932 年纽约现代建筑展的书《国际式：1922 年以来的建筑》（*International Style, Architecture Since 1922*）。这次展览主要以有现代主义的普遍特征的建筑组成，所以焦点就更多地集中于现代主义的那些风格化的特点。希区柯克和约翰逊陈列出三种原则：表达体积（volume）而非体量（mass）；预设的不是对称性而是平衡性；排斥装饰。"国际式"定名于 20 年代末期。流线式是 Art Deco 风格后期的一个分支。流线式风格的出现要追溯到 1929 年，流线式强调曲线，水平长向线条，有时跟邮轮的一些元素有关（比如栏杆和舷窗）。流线式在 1937 年达到全盛时期。

同样是现代式的办公建筑，赵深设计的昆明南屏街办公大楼，陈植设计的台北台湾糖业公司大楼和童寯设计的南京中正路江南铁路公司建设大楼（新街口百货公司）还是各有倾向。南屏街项目以几何形体穿插为特色，台湾糖业公司最终呈现为纯粹的现代主义建筑，新街口百货公司既有强调中轴高耸的倾向，又将立面简化到用水平和竖向的水泥板来塑造建筑的光影效果（图 9.5）。

现尝试总结华盖建筑事务所的设计特征如下：

规划特征

华盖设计的办公、工厂和大学规划中的建筑基本都采用双坡或四坡直线屋顶，分布于抗战前后的南京，抗战时期的四川、云南、贵州三省。其规划方式有两种，其一是对称式的布局，最早见于参谋本部国防设计委员会（资源委员会）冶金、电气试验室，矿室等工程（1934 年，南京）；另一种是随地势、朝向，按功能分区来布局，主要见于西南三省的山地建筑，如化龙桥炼铜厂规划（1938 年，重庆，童寯）。也有像大夏大学规划（1939 年，贵阳）时为业主同时提供两种策略的备选方案。

平面特征

华盖的办公建筑的平面，大多数是一个系统：中间走道、侧房间的一字形，若一字形房间不够，则两端转弯，呈 C 字形，如交通银行南京分行下关办公楼；若需要书库或礼堂一类的大空间，则有两种，一是放在两端呈 C 字形，如实业部地质调查所矿产陈列馆，一是在整个建筑之外附属呈"工"字形、T 字形或

9.5 a

E字形，如外交部大楼和首都资源委员会办公厅附属图书馆。相应地，楼梯和辅助空间就成了可以配合立面效果的手段，一般处于入口附近，"往往中国人认为最重的部分，在西洋建筑中为楼梯门房所占"。[1] 如实业部地质调查所矿产陈列馆直接在立面中央设置上二楼的室外楼梯，增强了建筑的气势，又收缩门厅，使得门厅两侧可以用作暗室，成全了立面的砖饰。若是宿舍，则楼梯在两端，如交通银行下关分行的二楼平面；若是办公文教建筑，则楼梯在中间或者在转角，以形成造型，如中山文化教育馆。

华盖尚有少数打破对称布局的平面，它们往往是按照功能主义来组织空间的，着眼于提高空间的使用效率。如银行大楼底部往往有大堂的空间，以浙江第一商业银行为例，其内部空间以方整的大空间办公为核心，根据用地情况组织三面，入口和垂直交通占据转角，小空间办公沿汉口路排开，自有楼梯上下，辅助用房呈一长条基本占据一跨，两端有楼梯。节奏轻松分明，张弛适度，干净利落，变化不多。

立面特征

华盖最终保持下来的一种立面做法是将檐部具象的斗栱几何化，将椽头转化为檐口下部浮雕状的方块。这是华盖体现中国传统的做法，因而归入此类，而不在现代式里讨论。它首先出现于浙江兴业银行（1933年，上海）的设计中，后来又延续到兴业银行的其他分行[2]，交通银行南京分行下关办公楼（1946年，南京）以及中华路现工商银行（上海）（图9.6）。

图9.5
三人独立主持设计的现代式办公楼作品对比
a. 昆明南屏街办公大楼（赵深设计）
b. 台北台湾糖业公司大楼（陈植设计）
c. 南京中正路江南铁路公司建设大楼（新街口百货公司）（童寯设计）

1　童寯. 中国建筑的特点[M]// 童寯文集（第一卷）. 111.
2　据采访陈艾先所得。

b｜c

加水平划分线的阳台的主题在华盖的设计中也有所延续,将首都饭店和合记公寓的阳台放在一起就非常明显(图9.7)。更为丰富的阳台变化出现在贵阳的南明区住宅中(图9.8)。

横向的水泥长框在华盖作品中也多次出现,其代表是抗战前的合记公寓和抗战后的浙江第一商业银行(图9.9),它们也都是大量使用面砖的作品。

用柱廊灰空间处理办公建筑入口的项目更是比比皆是,它们在抗战时期甚至可能成为建筑附加装饰的唯一部位(图9.10)。

住宅入口的处理更加灵活多样,如同是大观新村(1940年,昆明)的住宅,设计师利用阳台形状的变化获得了多种入口效果(图9.11)。

9.6 a | b | c

9.7 | 9.8

图9.6
a. 浙江兴业银行北京东路
b. 浙江兴业银行中华路
c. 交通银行下关分行

图9.7
首都饭店和合记公寓的阳台

图9.8
贵阳南明区住宅阳台处理

图9.9
合记公寓和抗战后的浙江
第一商业银行的横向的水泥
长框

9.9

9.10　a｜b

c | d

e | f

g | h

i

j | k

图9.11
a. 大观新村出租住宅入口局部
   （半圆阳台）
b. 大观新村出租住宅入口2
   （长方阳台）
c. 大观新村出租住宅入口3
   （阳台转圆角）

9.11　a

b ｜ c

附录

附录1　华盖大事记

1931 年 3 月
赵深脱离范文照建筑事务所，成立赵深
建筑师事务所

1931 年春
陈植脱离东北大学来沪与赵深合组"赵深
陈植建筑事务所"
（Chao & Chen Architects）

1931 年 9 月 18 日
"九一八事变"，日军进攻东北

1931 年 11 月
童寯从东北大学来沪

1932 年 1 月 28 日
"一·二八"惨案，淞沪抗战开始

1933 年 1 月
童寯成为合伙人，事务所改名"华盖建筑
事务所"
（The Allied Architects Shanghai）

1937 年 8 月 13 日
"八一三事变"，日军进攻上海

1937 年 11 月 12 日
上海沦陷

1938 年
赵深赴昆明设办事处，承揽昆明、桂林、
贵阳项目

1938 年
陈植筹办之江大学建筑系

1938 年 5 月
童寯离开上海赴重庆

1940 年春
童寯赴贵阳设办事处

1944 年
童寯赴重庆中央大学任教

1945 年 8 月 15 日
抗日战争结束

1945 年
华盖结束西南各办事处，赵深赴南京，南
京设华盖分所

1946 年
童寯赴南京

1946 年
事务所改名为"华盖建筑师事务所"

1946 年 6 月 26 日
全面内战爆发

1947 年夏
童寯自宅完工，定居南京

1949 年 5 月 27 日
上海解放

1951 年
赵深发起并组建"联合顾问建筑师工程师
事务所"，华盖全员参加

1951 年 12 月 8 日
"三反"运动开始

1952 年 5 月
华盖建筑师事务所解散，陈植加入华东
建筑设计院（后到上海民用规划设计院），
赵深加入华东建筑设计院（后到华东工业
设计院），童寯留在南京工学院（原中央
大学）任教

附录 2 华盖实践项目一览表

注：1 项目总编号按设计时间顺序排列，若相同时间则按地点排序：南京、上海—苏州—无锡—莫干山—重庆—昆明—贵阳—桂林—台湾。

2 每个项目列出已知的设计年份、项目编号、项目名称（中英文原名、现名）、参与合伙人、施工单位、开工时间、竣工时间、造价、原地址、现地址、保护情况和注释，如果该项目某内容不详或无需注释则无此条，如项目已毁则无现地址，尚有存疑的标记为[疑]。

3 参与合伙人按照三人的合伙先后顺序排列，公司其他设计人详见图纸签名（如有）。

4 保护情况中，"已毁"指该建筑已被拆除，"无"即该建筑不属于官方公布的历史保护建筑，"第X批"指该建筑在官方公布的历史保护建筑中的批次。其中，上海市的是指上海市第X批优秀历史建筑，在南京市是指按照南京市 2012 年 4 月 16 日在南京市人民政府网站上公布的《南京市重要近现代建筑及近现代建筑风貌区保护名录》的批次及 2012 年 12 月 6 日的《第六批南京市重要近现代建筑和近现代建筑风貌区保护名录》，其第一批对应的是国家级文保单位，第二批对应的是省级文保单位，第三批对应的是市级文保单位，第四批对应的是第三批市级文保单位，第五批对应的是非文保单位的重要近现代建筑、建筑群、构筑物，10 片近现代建筑风貌区，属于昆明市的是指由昆明市自然资源和规划局公布的昆明市第X批保护历史建筑（第一批 2002，第二批 2006，第三批 2018），其他保护情况在表格中说明。

5 南京新住宅区土地承领关系出自新住宅区申请承领户名表，资料来源：南京市政府. 民国文书（档案号：10010011027 (00) 0004) [Z]. 南京：南京市档案馆，转引自赵姗姗. 南京颐和路街区近代规划与建筑研究 [D]. 东南大学，2017：38-41。这部分项目的新旧门牌号对应关系、现存保护情况亦综合该论文收集的资料判定，具体参考了第 37~41 页的图和表、第 86 页图、第 141~152 页附录十一、十二。

6 凡有照片，择小图附介绍之后。

7 本表不涉及华盖未建成的设计方案，未建成的设计方案详见第七章。

8 最后一部分项目为无法确认设计时间的项目。

1931

001　国民政府外交部辅助用房工程
参与合伙人：赵深、陈植、童寯
施工单位：姚新记营造厂[疑]
开工时间：1931.1.8
竣工时间：1935.11.30
原地址：南京市鼓楼区大方巷
保护情况：已毁
　　注：完成后属于外交部项目的一部分

002　国民政府外交部官舍（部长住宅）
参与合伙人：童寯
施工单位：江裕记营造厂
开工时间：1931.春
竣工时间：1933
原地址：南京市鼓楼区中山北路32号
保护情况：已毁

003　白赛仲路出租住宅
参与合伙人：赵深
施工单位：金龙营造厂
开工时间：1932.3.8
竣工时间：1932.9.6
造价：一万七千两规元
原地址：上海市白赛仲路
现地址：上海市复兴西路 141、143、145 号
保护情况：与上海第5批 147 号柯灵故居

002

（奚福泉设计）相邻

004　南京铁道部购料委员会大楼
曾用名：抗战后为民国政府粮食部
参与合伙人：赵深
开工时间：1931.12.1
竣工时间：1937.3.3
原地址：南京市中山北路61号，行政院西北侧
现地址：南京市鼓楼区中山北路254号，解放军南京政治学院中央西北端
保护情况：南京第5批，全国重点
　　注：存档图纸图签时间为1936年

1932

005　愚园路公园别墅
英文名：Park Villa
现名：延陵邨
（与原1407弄延陵邨合并为一个弄堂）
原地址：上海市愚园路1423弄内

003

004

005

现地址：上海市愚园路1423弄80-96号[疑]

保护情况：无

注：也可能已毁

006　苏州市青年会大戏院

开工时间：1933

竣工时间：1933

原地址：苏州市北局观西

保护情况：已毁

007　大上海大戏院

英文名：Metropol Theatre

参与合伙人：赵深、陈植、童寯

开工时间：1932.10.3

竣工时间：1933.12.29

造价：27万元

原地址：上海市西藏中路615号

现地址：上海市西藏中路500号

保护情况：被拆除后重建，上海第1批

008　国民政府外交部办公大楼

英文名：Chinese Ministry of Foreign Affairs

现名：江苏省人大

参与合伙人：赵深、陈植、童寯

施工单位：江裕记营造厂

开工时间：1932.11.19

竣工时间：1934.6.30

造价：520788.87元

原地址：南京市鼓楼区中山北路32号

现地址：南京市鼓楼区中山北路33号

保护情况：南京第5批，全国重点

009　上海恒利银行

英文名：Shanghai Mercantile Bank

现名：永利大楼

参与合伙人：陈植、童寯

施工单位：仁昌营造厂

开工时间：1932.11前

竣工时间：1934年

原地址：上海市天津路100号

现地址：上海市河南中路495、503号／天津路100号

保护情况：上海第4批

注：占地约600平方米（6448平方尺）

010　孙科住宅

参与合伙人：童寯

开工时间：1933.1.1

竣工时间：1937.6.19

造价：4万余元

原地址：南京玄武区中山陵

保护情况：已毁

011　莫干山益圃蒋抑卮别墅

现名：皇后饭店

参与合伙人：赵深

竣工时间：1934年

原地址：莫干山上横路126号

现地址：莫干山上横路127号

保护情况：无

注：对比照片后的结论

1933

012　上海火车站修复

参与合伙人：赵深

开工时间：1933年

原地址：上海市天目东路宝山路

保护情况：已毁

注：现天目东路200号建筑为原上海火车站迁移缩小，并按华盖修复前风格复原

013　浙江兴业银行大楼

英文名：the National Commercial Bank, Ltd.

现名：上海建工（集团）总公司

参与合伙人：赵深、陈植、童寯

施工单位：申泰兴记营造厂

开工时间：1933.11.14

竣工时间：1935.10.9

造价：566500.91元

原地址：上海市江西路北京路口

现地址：上海市北京东路230号

保护情况：上海第4批

014　建华公司新建石库门楼房130幢

现名：永和里及周边

参与合伙人：陈植

006

007

008

009

010

011

012

013

施工单位：顾海记营造厂

原地址：上海宝昌路7弄（有68户，另外62户可能还有虬江路转角沿街的9户，宝昌路沿街87-105号的10户，宝昌路对面沿街10-94号共40户以及虬江路转角3户）

现地址：宝昌路虬江路口，宝昌路3弄、7弄、17弄

保护情况：无，部分现存

注：原地址为作者结合陈植家属提供照片和《上海行号路图录》判断

015　尚文路潘学安西式住宅

施工单位：新森记营造厂

造价：3.4万元

原地址：上海尚文路62号

保护情况：已毁

注：仅见于《近代哲匠录》

016　郑鹰（相衡）公馆

现名：启庐，澳大利亚驻沪总领事官邸

参与合伙人：赵深

原地址：上海市巨泼来斯路310号（《中国建筑》1卷2期记载）

现地址：上海市安福路260号

保护情况：无

注：《上海行号路图录》安福路仅有284和312号，缺此号。结合老照片和新短视频判断应为现260号的启庐，再反查图录地址亦为260号。

017　黄仁霖住宅

参与合伙人：赵深［疑］

开工时间：1933.10.17

原地址：南京宁海路15号／梅园新村大悲巷12号［疑］

注：宁海路疑为黄镇球住宅，尚需

调档南京城建档案图纸确认地址

018　沈克非住宅

开工时间：1933.2.13

竣工时间：1934.6.22

原地址：南京兰园合作社10号

保护情况：已毁

注：仅见于南京城建档案

019　吴保丰住宅

开工时间：1933.6.23

竣工时间：1934.2.5

原地址：南京兰园合作社37号

保护情况：已毁

注：仅见于南京城建档案

020　首都电厂

参与合伙人：童寯

竣工时间：1933.10

造价：建筑费294000元

原地址：南京下关

现地址：南京中山北路576号

保护情况：已毁，遗址公园尚存

021　五棵松高尔夫俱乐部

曾用名：首都野球会

开工时间：1933.5.8

竣工时间：1933.7.5

原地址：南京市陵园东区五棵松首都野球场内

保护情况：已毁

注：相当于现地址南京市玄武区中山陵园灵谷寺东侧新果园

022　行政院临时办公楼

现名：行政院南楼及配套

施工单位：北平华基公司

开工时间：1933.7.19（9）

竣工时间：1934.3.8（6）

造价：144550元

原地址：南京市东箭道19号

现地址：南京市长江路292号，总统府东花园内

保护情况：全国重点文物保护单位，南京第1批

023　中山陵行健亭

曾用名：广州市政府捐建纪念亭

参与合伙人：赵深

施工单位：王竞记营造厂

开工时间：1931

竣工时间：1933.6.30

造价：1万元（捐款数，建造费8850元）

原地址：南京市玄武区中山陵

现地址：南京市玄武区中山陵西南隅道路旁，中山陵陵园大道与明陵路相接处

保护情况：南京第4批

024　中汤路私人住宅

开工时间：1933.8.6

原地址：南京市中汤路

注：仅见于南京城建档案

025　金城大戏院

英文名：Lyric Theatre

现名：黄浦剧场

参与合伙人：童寯

施工单位：新恒泰营造厂

竣工时间：1934.2.1开业

造价：16万元

原地址：上海市北京路

现地址：上海市北京东路780号
保护情况：上海第4批

026　福昌饭店
英文名：fuchang
施工单位：顺源营造厂［另一说为陶馥记营造厂］
开工时间：1933.9（另一说为1935）
原地址：南京市中山路75号
现地址：南京市中山路73-1号
保护情况：南京第4批
　　注：因存疑故排于本年最后

1934

027　合记公寓
英文名：Lidia's Apts
曾用名：立地公寓
参与合伙人：童寯
造价：10万元
原地址：上海市亚尔培路西爱咸斯路角
现地址：上海市陕西南路490-492号，永嘉路48号
保护情况：无

028　尤伯乐洋房
施工单位：邹顺记营造厂
原地址：上海市闸北公兴路东八字桥

025

026

029　剑桥角出租住宅
英文名：Cambridge Court Apts.
原地址：上海市复兴中路1462弄
现地址：上海市复兴中路1462弄
保护情况：上海第5批

030　首都饭店
曾用名：南京中山路旅馆
现名：华江饭店
参与合伙人：童寯
施工单位：大华复记建筑公司和联合成记
开工时间：1934年
竣工时间：1935.8.1开业
造价：207207.1元
原地址：南京市中山北路178号
现地址：南京市鼓楼区中山北路178号
保护情况：南京第2批，省级第五批
　　注：原业主为中国旅行社

031　参谋本部国防设计委员会（资源委员会）冶金、电气试验室、矿室等工程
参与合伙人：童寯
开工时间：1934.6.13
竣工时间：1937.5.21
原地址：南京市珠江路944号水晶台
保护情况：已毁

027

029

030

032　鼓楼规划及鼓楼百货大楼设计
　　注：仅见于朱振通论文

033　津浦路浦口宿舍
开工时间：1934.3.8
　　注：仅见于南京城建档案

034　津浦铁路员司下关（兴中门大街）住宅
开工时间：1934.3.8
原地址：南京市下关
现地址：［1969年建宁路舍弯取直时合并兴中门大街］
　　注：仅见于南京城建档案

035　陈俊时、肖同兹住宅
开工时间：1934.2.26
原地址：南京市玄武区兰园合作社1、4号
保护情况：已毁
　　注：仅见于南京城建档案

036　程觉民住宅2
开工时间：1934.6.22
原地址：南京市玄武区兰园合作社21、46号
保护情况：已毁
　　注：仅见于南京城建档案

037　沈钮？华住宅
原地址：南京市玄武区兰园合作社21号
保护情况：已毁
　　注：仅见于南京城建档案

038　李迪俊等住宅6幢
开工时间：1934.7.6
原地址：南京市玄武区兰园合作社24、51号
保护情况：已毁
　　注：仅见于南京城建档案

039　吴震修住宅
开工时间：1934.11.26
原地址：南京市玄武区兰园合作社25号
保护情况：已毁

031

注：仅见于南京城建档案

040　朱一成、邹树文住宅4幢
开工时间：1934.6.22
原地址：南京市玄武区兰园合作社26、144号
保护情况：已毁
　　　注：仅见于南京城建档案

041　伍叔傥住宅
开工时间：1934.7.6
原地址：南京市玄武区兰园合作社29号
保护情况：已毁
　　　注：仅见于南京城建档案

042　陆法曾住宅
开工时间：1934.7.20
原地址：南京市玄武区兰园合作社2号
保护情况：是否为现兰家宅2号玄武区区级保护建筑还需调档对比
　　　注：仅见于南京城建档案

043　陈华霖住宅2幢
开工时间：1934.8.19
原地址：南京市玄武区兰园合作社32、33号
保护情况：已毁
　　　注：仅见于南京城建档案

044　顾毓琼住宅
开工时间：1934.10.12
原地址：南京市玄武区兰园合作社34号
保护情况：已毁
　　　注：仅见于南京城建档案

045　恽恒卢、恽松严等住宅2幢
开工时间：1934.2.27
原地址：南京市玄武区兰园合作社36、38、39号
保护情况：已毁
　　　注：仅见于南京城建档案

046　傅汝霖、赵士卿、林苑文住宅
开工时间：1934.9.4
原地址：南京市玄武区兰园合作社4、9、49号
保护情况：已毁
　　　注：仅见于南京城建档案

047　乔树文住宅
开工时间：1934.3.24
原地址：南京市玄武区兰园合作社44号
保护情况：已毁

注：仅见于南京城建档案

048　秦慧伽住宅
开工时间：1934.4.9
原地址：南京市玄武区兰园合作社45号
保护情况：已毁
　　　注：仅见于南京城建档案

049　张淑滋住宅
开工时间：1934.7.6
原地址：南京市玄武区兰园合作社47号
保护情况：已毁
　　　注：仅见于南京城建档案

050　卓君卫住宅
开工时间：1934.7.6
原地址：南京市玄武区兰园合作社51号
保护情况：已毁
　　　注：仅见于南京城建档案

051　王刘两仪住宅
开工时间：1934.12.10
原地址：南京市玄武区兰园合作社54号
保护情况：已毁
　　　注：仅见于南京城建档案

052　徐廷瑚、常宗会住宅
开工时间：1934.7.6
原地址：南京市玄武区兰园合作社61、62号
保护情况：已毁
　　　注：仅见于南京城建档案

053　陵园新村37号陆委员住宅
开工时间：1934.6.4
竣工时间：1934.7.12
原地址：南京市中山陵陵园新村37号
保护情况：已毁
　　　注：仅见于南京城建档案，相当于现地址中山陵西新村45号德基紫金山庄

054　陵园新村40号住宅
开工时间：1934.8.1
竣工时间：1935.12.25
原地址：南京市中山陵陵园新村
保护情况：已毁
　　　注：仅见于南京城建档案

055　内政部图书馆
开工时间：1934.11.8
竣工时间：1935.2.27
原地址：南京市瞻园路

现地址：南京市秦淮区瞻园路128号瞻园内
　　注：仿古建筑，丁宝训制图，待调查南京城建档案馆档案确定是否现存

056　南京新街口旅馆
竣工时间：1934.2.8
原地址：南京市新街口
　　　注：仅见于南京城建档案

057　宁海路卢树森宅
原地址：南京市宁海路、湖南路口
现地址：南京市江苏路1号 [疑]
保护情况：南京市一般不可移动文物
　　　注：为综合照片、地址所得结论，对比现状街景，仅局部相同，故未标记在南京现存建筑中。

058　浦口津浦路消费合作社（业务楼）
原地址：南京市浦口津浦路
　　　注：仅见于南京城建档案

059　李无邪住宅
现名：李敬思旧居
开工时间：1934.1.31
竣工时间：1934.12.3
原地址：南京市新住宅区一区二段2号
现地址：南京市颐和路3号
保护情况：南京市市级文保单位
　　　注：土地承领人李元邦。李敬思，号无邪。抗日战争前任中国银行行员及津浦铁路局会计，抗战胜利后任邮汇局襄里。1949年后在南京市政府财委会工作。

060　毕鸣玉住宅
现名：颐和路近现代文化体验酒店-5号楼
开工时间：1934.3.1
原地址：南京市新住宅区一区二段57号
现地址：南京市江苏路颐和公馆内
保护情况：南京市一般不可移动文物
　　　注：土地承领人毕辅良，仅见于南京城建档案

057

061　实业部地质调查所矿产陈列馆、
　　　燃料研究室等工程
现名：南京地质博物馆老馆
参与合伙人：童寯
施工单位：裕信建筑公司
开工时间：1934.3.13（10）
竣工时间：1937.6.23（1935.8）
造价：16.4万元，1.6万购地费
原地址：南京市珠江路942号（水晶台）
现地址：南京市玄武区珠江路700号
（水晶台）
保护情况：南京第2批

062　李熙谋住宅
现名：朱家骅旧居
开工时间：1934.3.23
竣工时间：1934.7.6
原地址：南京市新住宅区一区三段30、
31号
现地址：南京市赤壁路17号
保护情况：南京第5批，市级文保单位

063　潘铭新住宅
开工时间：1934.6.22
原地址：南京市新住宅区一区三段52号
现地址：南京市珞珈路11号
保护情况：南京市一般不可移动文物
　　　　注：潘铭新时任南京首都电厂经理，
　　　　承领三段1、2号，仅见于南京城建
　　　　档案

064　沈士华住宅
开工时间：1934.7.6
原地址：南京市新住宅区一区三段3号
现地址：南京市宁夏路1号
保护情况：已毁
　　　　注：土地承领人吴震修，仅见于
　　　　南京城建档案

065　石板桥程觉民住宅2幢
开工时间：1934.7.11
原地址：南京市玄武区石板桥
　　　　注：仅见于南京城建档案

066　刘石心住宅
现名：刘石心公馆
开工时间：1934.9.19
原地址：南京市新住宅区一区三段55号
现地址：南京市牯岭路20号
保护情况：南京市市级文保单位
　　　　注：土地承领人胡仲涵。刘石心，
　　　　国民政府浙江政府秘书长，中国农
　　　　工银行协理兼杭行经理。

067　王恩东住宅
开工时间：1934.10.17
原地址：南京市新住宅区一区五段18号
现地址：南京市西康路48号
保护情况：南京市一般不可移动文物
　　　　注：仅见于南京城建档案

068　戴自牧住宅
现名：戴自牧旧居
开工时间：1934.10.27
原地址：南京市新住宅区一区五段15号
现地址：南京市琅琊路15号
保护情况：南京市一般不可移动文物

069　程孝刚住宅
现名：程孝刚旧居
开工时间：1934.12.17
原地址：南京市新住宅区一区二段39号
现地址：南京市宁海路3号
保护情况：南京市一般不可移动文物
　　　　注：城建档案记载的二段35号土
　　　　地承领人张彬人，程叔时承领二
　　　　段39号。程孝刚，字叔时。赵姗
　　　　姗论文记宁海路3号即二段39号。
　　　　从颐和路现状来看，取3号，还需
　　　　核对南京城建档案。

070　中山陵园张治中宅
参与合伙人：童寯
原地址：南京市中山陵

071　杭州黄郛宅
曾用名：1917私人会所
参与合伙人：陈植
开工时间：1934年

竣工时间：1937年
原地址：杭州市南山路49号
现地址：杭州市南山路113号
保护情况：杭州第1批
　　　　注：仅见于陈植家属提供的旧照片

1935

072　梅谷公寓
英文名：Mico's Apts.
参与合伙人：童寯
原地址：上海市亚尔培路辣斐德路
现地址：上海市陕西南路372-388号，
复兴中路1184号
保护情况：无

073　赵深宅
参与合伙人：赵深
原地址：上海市惇信路
现地址：上海市武夷路35弄4、6号
保护情况：无

071

072

073

061

070

074 金城银行住宅
曾用名：马歇尔公馆
参与合伙人：童寯
竣工时间：1935.11.28
原地址：南京市新住宅区一区二段40-41号
现地址：南京市鼓楼区宁海路5号
保护情况：南京第2批，省第五批，省级文保单位
    注：40号土地承领人吴在章，41号周作民

075 余振棠住宅
开工时间：1935年
竣工时间：1935年
原地址：南京市新住宅区一区四段20号
现地址：南京市鼓楼区北京西路58号
保护情况：南京市一般不可移动文物
    注：土地承领人余振棠，仅见于南京城建档案

076 八府塘街程觉民住宅
开工时间：1935.1.29
原地址：南京市南京白下路八府塘街
保护情况：已毁
    注：仅见于南京城建档案，相当于现地址南京市秦淮区西八府塘

077 卢涧泉住宅
现名：宁海路26号院
开工时间：1935.2.19
原地址：南京市新住宅区一区二段21、22号
现地址：南京市鼓楼区宁海路26号2幢
保护情况：南京市一般不可移动文物
    注：土地承领人李起化。加建多，现状混乱。卢涧泉原为交通银行董事长。26号1幢为原二段23、24号，承领人苏州滤镜同乡会，后为同乡会会所。仅见于南京城建档案。

078 许继廉住宅
现名：许继廉旧居，现为中国银行江苏省分行会所（2008）
开工时间：1935.3.2

竣工时间：1935.6.12
原地址：南京市新住宅区一区四段19号
现地址：南京市鼓楼区北京西路60号
保护情况：南京市一般不可移动文物
    注：许继廉，邮政储金汇业局副邮务长。该建筑现名称引自：周琦，傅舒兰. 南京颐和路公馆区的历史与再生——从北京西路60号住宅的修缮说起[J]. 新建筑，2008（1）：88-91. 仅见于南京城建档案。

079 朱兰孙先生住宅
开工时间：1935.4.2
竣工时间：1935.5.7
原地址：苏州市铁瓶巷50号
保护情况：已毁
    注：仅见于苏州城建档案馆

080 中山文化教育馆、住宅工程
参与合伙人：赵深、童寯
施工单位：张裕泰营造厂
开工时间：1934.4.17
竣工时间：1934.10.16
造价：134785.19元
原地址：南京市玄武区环陵路
保护情况：已毁
    注：占地约37亩

081 景海女中校舍
现名：崇远楼
开工时间：1935.6.13
竣工时间：1936.12.28
原地址：苏州市天赐庄
现地址：苏州市大学外国语学院内
保护情况：苏州市第5批
    注：仅见于苏州城建档案馆。

079
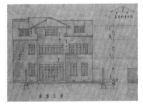

080

082 徐府巷平仓巷口李劲修住宅2幢
开工时间：1935.7.1
原地址：南京市徐府巷平仓巷口
保护情况：已毁
    注：徐府巷在现南京大学鼓楼校区内，仅见于南京城建档案。

083 许干方住宅
开工时间：1935.7.5
原地址：南京市新住宅区一区四段38号
现地址：南京市鼓楼区莫干路2号
保护情况：南京市一般不可移动文物
    注：疑许干方为煤业银行汪伪时期总经理，战后怡康钱庄董事长。仅见于南京城建档案。

084 中山陵园孙科住宅书斋、游泳池工程
开工时间：1935.7.13
竣工时间：1936.1.16
原地址：南京市玄武区中山陵

085 审计部办公楼
施工单位：琅记营业工程行
开工时间：1935.7.18
竣工时间：1937.6.10
原地址：南京市白下路257号
保护情况：已毁

081

084

085

086　湖南路陈先生住宅
开工时间：1935.8.5
原地址：南京市湖南路
　　注：仅见于南京城建档案

087　熊氏住宅
开工时间：1935.9.19
竣工时间：1935.11.27
原地址：南京市中山陵陵园新村73、74号
保护情况：已毁
　　注：仅见于南京城建档案，相当于现地址南京市玄武区中山陵西新村中山陵园管理局园林处

088　傅厚岗私人住宅
开工时间：1935.9.24
原地址：南京市鼓楼区傅厚岗
　　注：仅见于南京城建档案

089　晓庐住宅
开工时间：1935.10.14
竣工时间：1936.10.14
原地址：南京市鼓楼区麻家巷
　　注：仅见于南京城建档案，待调档确认相对位置，麻家巷原14号现9号为原泰国大使馆，已毁，其东南面尚存一栋老建筑。

090　严慎予住宅
开工时间：1935.11.25
原地址：南京市新住宅区一区三段40号
保护情况：已毁
　　注：即现南京市珞珈路30号，仅见于南京城建档案

091　农林部大石桥图书馆、成贤街招待所
开工时间：1935.11.26
竣工时间：1936.3.5
原地址：南京市大石桥4号
保护情况：已毁
　　注：仅见于南京城建档案，相当于现地址现南京市东南大学南门

092　西藏路公寓
英文名：Dollar Hotel
（据1941年屋顶加建图纸档案）
曾用名：大陆饭店
参与合伙人：童寯
竣工时间：1937
原地址：上海市虞洽卿路69号
保护情况：已毁
　　注：相当于现地址上海市西藏中路

武胜路口

1936

093　上海五和织造厂康定路分厂
参与合伙人：童寯
原地址：上海市康脑脱路1119号金司徒庙街5号
保护情况：已毁
　　注：相当于现地址上海市康定路1099号，万春街

094　吴淞海滨健乐会
　　注：仅有效果图见于《中国建筑》，不确定是否为建成项目。

095　哥伦比亚路陈宅
原地址：上海市哥伦比亚路
　　注：即上海市番禺路，仅存照片。

096　董显光宅
原地址：上海市哥伦比亚路

097　惇信路陆宅
现名：开伦造纸厂
原地址：上海市惇信路
现地址：上海市武夷路477号
保护情况：无

092

094

096

098　叶揆初宅
原地址：上海市哥伦比亚路

099　凌士芬、郝更生等住宅5幢
开工时间：1936.3.24
原地址：南京市
　　注：仅见于南京城建档案

100　陵园新村60号住宅
开工时间：1936.2.1
竣工时间：1936.9.9
原地址：南京市陵园新村60号
保护情况：已毁
　　注：仅见于南京城建档案

101　国立北平故宫博物院南京古物保存库工程
参与合伙人：童寯
施工单位：六合公司，清华工程公司
开工时间：1936.5.1
竣工时间：1936.12.30
造价：45万元（一说39.3万元）
原地址：南京市朝天宫东侧
现地址：南京市白下区朝天宫4号紧贴现南京市博物馆
保护情况：南京第5批

102　上海路徐先生住宅
开工时间：1936.11.2
原地址：南京市鼓楼区上海路
　　注：仅见于南京城建档案

103　首都新街口广场总理像座设计
竣工时间：1936.6.26
原地址：南京市新街口

097

101

104　首都资源委员会办公厅附属图书馆、宿舍、车库等工程
参与合伙人：童寯
施工单位：裕信营造厂
开工时间：1936.2.25
竣工时间：1939.8.30
造价：156 万元
原地址：南京市珠江路 944 号
现地址：南京市熊猫中央广场 C 地块内，门牌号不详
保护情况：无，现存办公厅一幢

105　孙科宅后院花厅扩建
原地址：南京市中山陵

106　铁道部办公楼正殿及保存库
现名：解放军南京政治学院
施工单位：新仁记营造厂
开工时间：1936.6.17
竣工时间：1937.7.31
造价：12 万元
原地址：南京市中山北路 61 号
现地址：南京市鼓楼区中山北路 254 号沿中山北路一侧
保护情况：南京第 5 批，全国重点文保单位

107　新住宅区四区 169、205 号及一区 12、17 号住宅
开工时间：1936.5.19
竣工时间：1937.6.15
原地址：南京市新住宅区四区 169、205 号及一区 12、17 号
　　注：仅见于南京城建档案，因未调档且缺少属于该区某段的信息，难以定位

108　严先生住宅
开工时间：1936.4.9
竣工时间：1937.5.14
原地址：南京市新住宅区四区 20 号
　　注：仅见于南京城建档案，因未调档且缺少属于该区某段的信息，难以定位

109　新住宅区四区 76 号住宅
开工时间：1936 年
原地址：南京市新住宅区四区 76 号
　　注：仅见于南京城建档案，因未调档且缺少属于该区某段的信息，难以定位

110　中央路湖南路口住宅
开工时间：1936.10.18
原地址：南京市中央路湖南路口

111　景海女子师范学校礼堂
现名：敬贤堂
开工时间：1936.2
竣工时间：1939.1
原地址：苏州市天赐庄
现地址：苏州市苏州大学天赐庄校区内
保护情况：苏州第 5 批

112　兆丰别墅 93-105 号
参与合伙人：陈植
竣工时间：1945 年以前
原地址：上海市白利南路 93-105 号
现地址：上海市长宁路 712 弄 93-103 号
保护情况：上海第 3 批

111

FRONT ELEVATION

112

104

106

1937

113　顾文远住宅 1 幢
施工单位：邹顺记营造厂
原地址：上海市西宝兴路公兴桥
　　注：相当于现地址上海市西宝兴路北宝兴路连接处

114　丁昆山住宅
竣工时间：1937.5.12
原地址：南京市第六区第四二一——二分段
　　注：仅见于南京城建档案，待调档

115　鼓楼二条巷甲、乙种住宅 4 幢
开工时间：1937.7.6
原地址：南京市二条巷、四条巷
　　注：仅见于南京城建档案，待调档

116　立法院大楼
开工时间：1937.2.25
竣工时间：1937.6.14
原地址：南京市张侯府
保护情况：已毁
　　注：南京市白下路 273 号，规划于清代建筑东侧，未建成已停工，现中山北路 105 号为 1946 年还都后立法院地址，疑从原图建设

117　立法院侯府公寓
开工时间：1937.6.2
竣工时间：1937.8.17
原地址：南京市张侯府
现地址：南京市白下路 273 号内或复兴巷东侧
保护情况：可能属于南京第 4 批
　　注：现地址为江苏海院伯利兹科技园，仅见于南京城建档案，待调档

118　陵园新村 53 号住宅
开工时间：1937.2.17
竣工时间：1938.2.18
原地址：南京市陵园新村 53 号
保护情况：已毁
　　注：仅见于南京城建档案

119　南京东门街幼稚园
开工时间：1937.6.14
原地址：南京市东门街
保护情况：已毁

120　宁海路、湖南路口住宅
开工时间：1937.4.28
原地址：南京市宁海路、湖南路口

现地址：[疑为江苏路1号]
保护情况：[南京市一般不可移动文物]
　　注：疑与057卢树森宅为同一个项目，本项目见于南京城建档案，057见于童寯家属提供照片，需要调档确认是否合并

121　沈举人巷出租住宅（二）4幢
曾用名：张治中住宅
现名：江苏收藏家协会活动中心
开工时间：1937.7.22
原地址：南京市沈举人巷5、7、26、28号
现地址：现存南京市鼓楼区沈举人巷26、28号
保护情况：南京第3批，2007年遭拆除后2008年复原，细节有变化

122　沈举人巷出租住宅（一）2幢
开工时间：1937.4.15
原地址：南京市沈举人巷
　　注：121~123均见于南京城建档案，需要调档后确认是否合并

123　沈举人巷出租住宅
开工时间：1937.4.15
原地址：南京市沈举人巷
　　注：121~123均见于南京城建档案，需要调档后确认是否合并

124　实业部办公楼
开工时间：1937.6.20
竣工时间：1937.8.2
原地址：南京市
　　注：仅见于南京城建档案，待调档

125　铁道部档案库（有地下室）
现名：[解放军南京政治学院]
原地址：南京市中山北路
现地址：[南京市中山北路254号内]
保护情况：[南京第5批，全国重点文保单位]
　　注：推测本项目应当属于铁道部的扩建工程，故按照106的信息填入

121

126　玄武湖滨别墅
开工时间：1937.7.23
原地址：南京市玄武湖环湖路
　　注：仅见于南京城建档案，待调档

127　中山北路市房
开工时间：1937.7.8
原地址：南京市中山北路
　　注：仅见于南京城建档案，待调档

128　中山陵园何应钦宅
原地址：南京市中山陵
　　注：仅见于童寯家属提供照片

129　长沙清华大学校舍部分
现名：中南大学本部和平楼、民主楼
参与合伙人：赵深、陈植
开工时间：1937
竣工时间：1938.3
原地址：湖南省长沙市岳麓山南麓左家垅
现地址：湖南省长沙市岳麓区麓山南路932号
保护情况：长沙市文保单位

1938

130　邵力子首都陵园住宅
开工时间：1938.6.28
原地址：南京市陵园新村
保护情况：已毁
　　注：仅见于南京城建档案

131　陶谷新村何氏住宅
开工时间：1938.5.26
原地址：南京市陶谷新村
　　注：相当于现地址南京市鼓楼区上海路陶谷新村

128

129

132　南屏大戏院
英文名：Nan Ping Theatre
现名：南屏立体电影院（停业中）
参与合伙人：赵深
施工单位：陆根记营造厂
开工时间：1938
竣工时间：1938年底，1940年4月1日开业
原地址：昆明宝善街晓东街口
现地址：昆明晓东街4号
保护情况：云南省省级重点文物保护单位

133　广西纺织机械工厂
参与合伙人：赵深
原地址：[广西桂林]
　　注：效果图完成时间1938年11月，是否建造存疑

134　桂林科学实验馆
曾用名：桂林雁山中央研究院科学馆
现名：广西植物研究所科学馆
参与合伙人：童寯
施工单位：复兴建筑公司
竣工时间：1939.8
造价：6万余元
原地址：桂林市良丰
现地址：桂林市雁山街85号桂林植物研究所内
保护情况：桂林市重点历史文物保护单位

133

134

1939

135　南明区住宅
原地址：贵阳南明区
　　注：仅童寯家属提供照片

136　南屏街办公大楼
原地址：昆明市南屏街
　　注：仅童寯家属提供照片

137　资中酒精厂
现名：银山糖厂（工业遗址）
参与合伙人：童寯
开工时间：1939.6
竣工时间：1939.11，1940.3 投产
原地址：四川资中银山镇
现地址：四川省内江市资中县银山镇
保护情况：四川省内江市文物保护点，
优秀工业遗产

138　大华大戏院改建
英文名：Embassy Theatre
曾用名：夏令配克大戏院（改建前），
新华电影院
参与合伙人：陈植
开工时间：1939.6.1
竣工时间：1939.7.24
原地址：上海市南京西路石门路口
保护情况：已毁
　　注：相当于现地址上海市南京西路
742 号

139　省府招待所
参与合伙人：童寯
原地址：贵阳南明区

140　贵阳私立清华中学规划及单体设计
参与合伙人：童寯
开工时间：1940 年
竣工时间：1942 年
原地址：贵阳花溪
保护情况：已毁
　　注：即现贵阳市清华中学前身，
相当于现地址贵州省贵阳市花溪大
道南段清溪路 38 号

141　贵阳大夏大学规划及校舍设计
参与合伙人：赵深、童寯
开工时间：1940.8
竣工时间：1944 年秋一期竣工
原地址：贵阳花溪
保护情况：已毁
　　注：相当于现地址贵阳市贵州大学
花溪北校区内，校园规划似有历史
痕迹

**142　贵州省立物产陈列馆、科学馆、
图书馆规划及单体建筑**
参与合伙人：赵深、童寯
开工时间：1940.2
竣工时间：1941.10.10
造价：其中陈列馆含设备共计 20 万
原地址：贵阳市棉花街
保护情况：已毁
　　注：设计于 1939.8 后，相当于现
地址贵阳市科学路

1940

143　叶揆初合众图书馆
现名：上海科技文献出版社，上海历史
文献图书馆
参与合伙人：陈植
开工时间：1940.11.19
竣工时间：计划 10 个月完工
造价：15 万两，75000 美元
原地址：上海市古柏路 746 号
现地址：上海市长乐路 746 号；富民路
210 弄 15 号
保护情况：上海市静安区第二批不可移动
文物，上海第 3 批 3B017 建设控制范围内

144　金叔初洋房住宅
参与合伙人：陈植

138

139

140

141

135

136

137

142

143

144

施工单位：惠大营造厂
原地址：上海市武康路 107 弄 12、14、16 号
现地址：上海市湖南路 20 弄 12、14、16 号
保护情况：无，2 号为陈果夫旧居徐汇区
不可移动文物

145   大逸乐大戏院
参与合伙人：赵深
竣工时间：1940 年 8 月 1 日开业
原地址：昆明市鼎新街
保护情况：轰炸后倒塌
　　　注：相当于现地址昆明市宝善街
　　　鼎新街路口

146   南屏街昆明银行
原地址：昆明市南屏街
　　　注：仅见于童寯家属提供照片

147   南屏街住宅
原地址：昆明市南屏街
　　　注：仅见于童寯家属提供照片

148   昆明银行职员住宅
原地址：昆明市
　　　注：仅见于童寯家属提供照片

149   兴文银行
曾用名：昆明商业银行
原地址：昆明市南屏街 115 号，北廊西口
保护情况：已毁
　　　注：相当于现地址南屏街正义路
　　　交叉口北侧，查实 1944 年无 1946
　　　年有昆明商业银行存在

1941

150   张允观公馆三层住宅
现名：四季方馨幼儿园
参与合伙人：陈植
施工单位：邬模昌营造厂
造价：9.6 万元
原地址：上海市赵主教路 116 号
现地址：上海市五原路 116 号
保护情况：无
　　　注：仅见于《近代哲匠录》

**151   白龙潭中国企业公司昆明太和街
　　　办公室、宿舍油库**
参与合伙人：赵深
施工单位：开泰营造厂
造价：22.6 万元
原地址：昆明市太和街

152   大观新村住宅
参与合伙人：赵深
原地址：昆明市大观新村
　　　注：仅见于童寯家属提供照片

153   南屏街新华信托储蓄银行
原地址：昆明市南屏街
　　　注：该分行成立于 1938 年 10 月 11 日

154   南屏街同心银行
原地址：昆明市南屏街，南屏街工矿大楼旁
　　　注：仅见于童寯家属提供照片

155   南屏街银行区办公楼之三
原地址：昆明市南屏街
现地址：[疑为昆明五华区南屏街 68-75 号]
保护情况：[昆明第 3 批]

145

146

147

148

149

150

152

153

154

注：仅见于童寯家属提供照片

1942

156　东南银行改建
参与合伙人：陈植
施工单位：大成立记营造厂
造价：21.3万元
原地址：上海市江西路
现地址：[上海市江西中路105号]
保护情况：[如为此大楼，则大楼存在，改建毁]
　　注：仅见于陈植家属提供照片

157　李墓
原地址：成都市

158　贵州省立艺术馆
参与合伙人：童寯
竣工时间：1943.10.10
原地址：贵阳市醒狮路
保护情况：已毁
　　注：相当于现地址贵阳市醒狮路科学路

159　贵筑县政府办公楼
参与合伙人：童寯
原地址：贵阳花溪
　　注：仅见于童寯家属提供照片

160　聚兴诚银行昆明分行
参与合伙人：赵深
原地址：昆明市护国路348号
保护情况：已毁
　　注：仅见于童寯家属提供照片，相当于现地址昆明护国路庆云街交叉口西北角，南屏街护国起义纪念广场北侧。

1943

161　儿童图书馆
参与合伙人：童寯
原地址：贵阳市棉花街，附属于省立图书馆
保护情况：已毁
　　注：相当于现地址贵阳市科学路

162　贵州省立贵阳民众教育馆新馆
参与合伙人：童寯
原地址：贵阳市贵州省警察教练所和贵州

省法政学校原址
保护情况：已毁
　　注：相当于现地址贵阳市中华中路79号贵州省人民剧场

163　南明区贺宅
原地址：贵阳市南明区
　　注：仅见于童寯家属提供照片

164　国立湘雅医学院讲堂及宿舍
参与合伙人：童寯
施工单位：裕记营造厂（未见合同，仅有汤仁记营造厂）
原地址：贵阳石洞坡长沙义园
保护情况：已毁
　　注：1944年湘雅医学院即离开贵阳，有可能未完工即停工，相当于现地址贵阳市南明区花溪大道北段243号湘雅村。

165　惠水县贵州省立银行
原地址：贵州惠水县
　　注：仅见于童寯家属提供照片

155

156

158

159

160

161

162

163

165

166 南菁中学规划及校舍设计
参与合伙人:赵深、童寯
施工单位:陆根记营造厂
开工时间:1943年
竣工时间:1943年
原地址:昆明市商山北门街
保护情况:已毁
　　注:相当于现地址昆明市121大街
134号云南民族大学附属中学

167 中国旅行社贵阳招待所改建设计
参与合伙人:童寯
原地址:贵阳市南明区棉花街
保护情况:已毁
　　注:相当于现地址贵阳市科学路

1944

168 新华银行改建
参与合伙人:陈植
施工单位:茂泰营造厂
造价:120万元
原地址:上海市江西中路361号
保护情况:大楼现存,改建已毁
　　注:相当于现地址上海市江西中路
367号国家能源局华东监管局,仅
见于《近代哲匠录》

169 交通银行办公大楼改建
参与合伙人:陈植
施工单位:茂泰营造厂
造价:1100万元
原地址:上海市静安寺路慕尔鸣路口
保护情况:改建已毁

注:相当于现地址上海市南京西路
995弄3号(近茂名路口)中国
工商银行南京西路支行,仅见于
《近代哲匠录》

170 新华信托银行
现名:中国工商银行(个人融资服务中心)
参与合伙人:陈植
原地址:上海市
现地址:上海市淮海中路500号
保护情况:无
　　注:仅见于陈植家属提供的信息

171 贵阳地方法院监狱
原地址:贵阳市

1945

172 瞿季刚库房改建
参与合伙人:陈植
施工单位:茂泰营造厂
造价:4950万元
原地址:上海市常熟路63号
保护情况:改建已毁,大楼尚存,上海第
1批
　　注:相当于现地址上海常熟路113
弄19号善钟里19号住宅,仅见于《近
代哲匠录》

173 陆栖凤库房
现名:兴隆邨4号
参与合伙人:陈植
施工单位:茂泰营造厂
造价:6700万元

原地址:上海市蒲石路47号
现地址:上海市长乐路43弄4号
保护情况:无
　　注:仅见于《近代哲匠录》

174 中国银行成都路办事处保险库
参与合伙人:陈植
施工单位:邬模昌营造厂
造价:1855万元
原地址:上海市南京西路526号
保护情况:已毁
　　注:仅见于《近代哲匠录》,相当
于现地址南京西路580号(成都
北路路口)南证大厦

175 金叔初宅
原地址:上海市
　　注:因信息年代不同,未与144合并

176 中苏药厂厂房二宅
参与合伙人:陈植
施工单位:茂泰营造厂
造价:5B472万元
原地址:上海市卡德路东王家沙花园
保护情况:已毁
　　注:仅见于《近代哲匠录》,相当
于现地址北京西路605弄57号嘉发
大厦

166

167

169

170

174

176

177　东湖路及建国路住宅多幢
参与合伙人：陈植
原地址：上海市东湖路及建国路
　　注：仅陈植遗稿信息

178　民族路办公楼
参与合伙人：童寯
原地址：重庆市民族路

1946

179　浙江兴业银行改建
参与合伙人：陈植
施工单位：茂泰营造厂
造价：1245 万元
原地址：上海市百老汇路 269 号
保护情况：改建已毁，大楼尚存
　　注：相当于现地址上海市大名路
　　269 号

180　私立立信会计专科学校
开工时间：1946.6.17
竣工时间：1947.2
造价：102500 万
原地址：上海市虹桥路，徐虹北路柿子湾
保护情况：已毁
　　注：相当于现地址上海市宜山路地
　　铁站东凯旋路 2280 弄内

181　国家航空工业局办公楼及宿舍
参与合伙人：童寯
原地址：南京市小营
　　注：仅见于童寯家属提供照片，疑
　　现地址相当于南京市南空机关医院
　　（东大影壁小营北路 1 号）

182　江苏邮政管理局
参与合伙人：赵深
现名：江苏省通信管理局——中国移动营
业厅
竣工时间：1946—1948
原地址：南京市鼓楼区中山北路 301 号
现地址：南京鼓楼区中山北路 299、301-1 号
保护情况：无
　　注：仅见于刘先觉，张复合，村松
　　伸，等. 中国近代建筑总览·南京
　　篇[M].北京：中国建筑工业出版社，
　　1992：44. 书中所注出处为《建筑
　　师》杂志

183　交通部国家公路总局办公楼
现名：高楼门饭店，省军区招待所
施工单位：悦昌笙记营造厂
开工时间：1946.4.3
竣工时间：1947.12.23
造价：1 亿元
原地址：南京市高楼门 62 号
现地址：南京市鼓楼区高楼门 62 号
保护情况：现存部分，有改建

184　交通银行南京分行下关办公楼
开工时间：1946.5.5
竣工时间：1946.10.29
原地址：南京市热河路绥远路

保护情况：已毁
　　注：相当于现地址南京市下关区
　　热河路建宁路路口东南角

**185　交通银行下关合作社宿舍、慧园街
　　　宿舍、白下路公寓等**
开工时间：1946.9.6
竣工时间：1947.5.28
原地址：南京市
　　注：仅见于南京城建档案，具体
　　信息还需调档

186　美军顾问团官舍工程
曾用名：AB 大楼 2 幢
现名：A 楼：华东饭店；B 楼：西苑餐厅
参与合伙人：赵深设计，童寯负责施工
施工单位：成泰营造厂
开工时间：1946.5.15
造价：31 亿元
原地址：南京市东康路 15 号、北平路 73 号
现地址：南京市鼓楼区北京西路 65、67 号
保护情况：南京第 3 批

**187　社会部南京工人福利社下关服务所
　　　办公楼、大会堂**
竣工时间：1946.12.29
原地址：南京市下关区中山北路

181

182

179

180

183

184

186

187

188　吴宫大戏院
开工时间：1946.2.26
竣工时间：1946.3.7
原地址：苏州市
　　注：仅见于苏州城建档案

189　茂新第一面粉厂
曾用名：阜新面粉厂
现名：民族工商业博物馆
参与合伙人：赵深
施工单位：振兴营造厂
竣工时间：1947年
原地址：无锡市
现地址：江苏省无锡市南长区振新路415号
保护情况：经修缮，中国工业遗产保护第1批

190　孔祥熙住宅
参与合伙人：赵深
原地址：南京市 [高楼门80号]

1947

191　浙江第一商业银行大楼
英文名：Chekiang First Commercial Bank
现名：华东建筑设计研究院
参与合伙人：陈植
施工单位：国华营造厂
开工时间：1948.9.20
竣工时间：1951.9.15
原地址：上海市江西中路222号
现地址：上海市汉口路151号
保护情况：上海第2批

192　国立中央政治大学孝陵卫校舍工程
参与合伙人：童寯
施工单位：悦昌笙记营造厂
开工时间：1947.5.27
竣工时间：1948.9.25
原地址：南京玄武区孝陵卫
　　注：结构设计刘敦桢

193　汉口路赵深宅
参与合伙人：赵深
原地址：南京市汉口路，和邵力子比邻（童寯文集第四卷，411页）
保护情况：已毁
　　注：邵力子故居位于汉口西路北剑阁路27号，推测相当于现地址为现剑阁路27-1号院内

194　珞珈路罗茵住宅
开工时间：1947.9.25
原地址：南京市珞珈路
　　注：仅见于南京城建档案

195　农业森林部办公楼
原地址：南京市

196　萨家湾交通银行宿舍5幢
开工时间：1947.8.22
原地址：南京市鼓楼区萨家湾
　　注：仅见于南京城建档案

197　阴阳营甲、乙种住宅
开工时间：1947.7.7
原地址：南京市上海路阴阳营
　　注：仅见于南京城建档案

198　天目路严慎予住宅
开工时间：1947.11.7
原地址：南京市玄武区天目路
　　注：仅见于南京城建档案

199　文昌巷52号童宅
参与合伙人：童寯
原地址：南京市文昌巷52号
现地址：南京市白下区文昌巷52号
保护情况：南京第2批

200　中正路江南铁路公司建设大楼2幢
曾用名：新街口百货公司
开工时间：1947.8.26
竣工时间：1948.7.15，1950年开业
原地址：南京市新街口
保护情况：已毁
　　注：结构设计刘敦桢，相当于现地址南京中山南路3号南京新百

201　申新纱厂三厂
地址：无锡
参与合伙人：赵深
其他不详

192

189

193

199

191

196

200

201

202　太湖江南大学
参与合伙人：赵深、陈植
竣工时间：1948 年春
原地址：无锡太湖梅园附近的后湾山
保护情况：已毁
　　注：相当于现地址江苏省无锡市
　　滨湖区锦园路 1 号太湖饭店

203　嘉义机场
参与合伙人：陈植
原地址：台湾省嘉义县

1948

204　龙华宏文造纸厂
原地址：上海喜泰路 243 号
保护情况：已毁
　　注：现地址同原地址，现为上海市
　　工业技术学校

205　复兴岛空军宿舍、浴室
参与合伙人：陈植、童寯
原地址：上海市复兴岛

206　刘瑞棠住宅 2 幢
施工单位：大业公记营造厂
造价：金圆 32.6 万元
原地址：南京建邺区丰富路俞家巷
　　注：仅见于《近代哲匠录》

207　金城银行南京分行中山北路宿舍
开工时间：1948.2.2
原地址：南京市中山北路
　　注：仅见于南京城建档案

208　兰家庄吴先生住宅
开工时间：1948.8.7
原地址：南京市兰家庄
　　注：仅见于南京城建档案

209　立法院侯府公寓 2 幢
参与合伙人：童寯

原地址：南京市丰富路
　　注：因信息年代、地址不同，未与
　　117 合并

210　马府街住宅
开工时间：1948.11.3
原地址：南京市马府街
　　注：仅见于南京城建档案

211　太平商场
原地址：南京市太平南路 267—289 号
现地址：南京市马府街社区太平南路 279 号
保护情况：经修缮
　　注：待考证

212　中国农民银行中山北路 448 号宿舍
开工时间：1948.4.7
原地址：南京鼓楼区中山北路 448 号
　　注：仅见于南京城建档案，待调档
　　确认地点

213　戚墅堰丁堰大丰面粉厂新建
　　　　麦栈房、宿舍、粉栈房
参与合伙人：赵深
施工单位：胡振兴营造厂
造价：3000 亿元
原地址：常州市戚墅堰丁堰

214　海滨疗养院
原地址：台湾省

215　台湾糖业公司厂房及办公楼
曾用名：经济部工业局
参与合伙人：陈植
竣工时间：1951 年
原地址：台湾台北市
保护情况：已毁
　　注：相当于现地址台湾省台北市
　　汉口街一段 109 号（中华路口）

216　百货公司
原地址：台湾省台中市

1951

217　杨树浦电业学校
曾用名：上海电力学院电器仪表厂
现名：上海联申电力设备有限公司，上海
市时代工业学校
参与合伙人：童寯
原地址：上海市隆昌路 371 号
现地址：上海市隆昌路 371 号
保护情况：无

以下项目设计时间不详

218　吴兴路朱宅
参与合伙人：陈植
现地址：上海市吴兴路 53 号
保护情况：无
　　注：《建筑师》23 期

219　上海小东门浙江兴业银行
现名：中国工商银行小东门支行
参与合伙人：陈植
现地址：上海市中华路 15 号
保护情况：无
　　注：仅见于陈植家属提供的信息

217

218

219

202

215

220   浙江兴业银行支行
参与合伙人：陈植
现地址：上海市南京西路 1156 号
保护情况：已毁
　　注：仅见于陈植家属提供的信息

221   中山陵园何键住宅
现地址：南京市中山陵
保护情况：已毁

222   南京铁道部长官邸
现名：南京政治学院干休所
现地址：南京市中山北路 254 号南京政治

学院内
保护情况：南京第 4 批
　　注：无一手及可靠二手资料证明该
建筑为华盖作品

223   上海浸礼会礼堂
参与合伙人：陈植
原地址：上海市
　　注：仅见于陈植家属提供的信息

224   桂林市政府新屋
参与合伙人：童寯
原地址：广西省桂林市

现地址：[广西省桂林市榕湖北路 15 号
八桂路机关办公大院内]
保护情况：[桂林市文物保护单位]
　　注：效果图完成时间 1938 年 11 月，
规划于独秀峰前，而实际上独秀峰
前为广西省政府办公楼，效果图
对比 1940 年落成的民国桂林市政
府旧址照片（后桂林市科技局办公
楼）及为相似，是否异地按原图减
少宽度建造存疑

附录 3 华盖现存作品指南（地图）

上海项目分布图

003　白赛仲路出租住宅
上海市复兴西路141、143、145 号

005　愚园路公园别墅
上海市愚园路1423 弄80-96 号 [疑]

007　大上海大戏院
上海市西藏中路500号[重建]

009　上海恒利银行
上海市河南中路495、503号/天津路100号

013　浙江兴业银行大楼
上海市北京东路230 号

014　建华公司新建石库门楼房130 幢
上海市宝昌路虬江路口，宝昌路3 弄、7 弄、17 弄 [疑]

025　金城大戏院
上海市北京东路780 号

027　合记公寓
上海市陕西南路490-492 号，永嘉路48 号

029　剑桥角出租住宅
上海市复兴中路1462 弄

072　梅谷公寓
上海市陕西南路372-388 号，复兴中路1184 号

073　赵深宅
上海市武夷路35 弄4、6 号

097　惇信路陆宅
上海市武夷路477 号

112　兆丰别墅93-105 号
上海市长宁路712弄93-103号

143　叶揆初合众图书馆
上海市长乐路746 号；富民路210 弄15 号

144　金叔初洋房住宅
上海市湖南路20 弄12、14、16 号

150　张允观公馆三层住宅
上海市五原路116 号

168　新华银行改建
上海市江西中路361号[大楼现存，改造已毁]

169　交通银行办公大楼改建
上海市南京西路995 弄3 号 [大楼现存，改造已毁]

172　瞿季刚库房改建
上海常熟路113弄19号善钟里19号住宅[住宅现存，改造已毁]

179　浙江兴业银行改建
相当于现地址上海市大名路269 号 [大楼现存，改造已毁]

191　浙江第一商业银行大楼
上海市汉门路151 号

217　杨树浦电业学校
上海市隆昌路371 号

218　吴兴路朱宅
上海市吴兴路53 号 [疑]

南京项目分布图

颐和路区域放大图

004 南京铁道部购料委员会大楼
南京市鼓楼区中山北路 254 号，解放军南京政治学院中央西北端

008 国民政府外交部办公大楼
南京市鼓楼区中山北路 33 号

020 首都电厂
南京中山北路 576 号［建筑已毁，现存遗址公园］

022 行政院临时办公楼
南京市长江路 292 号，总统府东花园内

023 中山陵行健亭
南京市玄武区中山陵西南隅道路旁，中山陵陵园大道与明陵路相接处

026 福昌饭店
南京市中山路 73-1 号

059 李无邪住宅
南京市颐和路 3 号

060 毕鸣玉住宅
南京市江苏路颐和公馆内

061 实业部地质调查所矿产陈列馆、
燃料研究室等工程
南京市玄武区珠江路 700 号（水晶台）

062 李熙谋住宅
南京市赤壁路 17 号

063 潘铭新住宅
南京市珞珈路 11 号

066 刘石心住宅
南京市牯岭路 20 号

067 王恩东住宅
南京市西康路 48 号

068 戴自牧住宅
南京市琅琊路 15 号

069 程孝刚住宅
南京市宁海路 3 号［疑］

074 金城银行住宅
南京市鼓楼区宁海路 5 号

075 余振棠住宅
南京市鼓楼区北京西路 58 号

077 卢润泉住宅
南京市鼓楼区宁海路 26 号 2 幢

078 许继廉住宅
南京市鼓楼区北京西路 60 号

083 许干方住宅
南京市鼓楼区莫干路 2 号

101 国立北平故宫博物院南京古物保存
库工程
南京市白下区朝天宫 4 号，紧贴现南京市博物馆

104 首都资源委员会办公厅附属图书
馆、宿舍、车库等工程
南京市熊猫中央广场 C 地块内［存一栋］

106 铁道部办公楼正殿及保存库
南京市鼓楼区中山北路
254 号沿中山北路路一侧

121 沈举人巷出租住宅（二）4 幢
南京市鼓楼区沈举人巷 26、28 号［复原］

125 铁道部档案库（有地下室）
南京市中山北路 254 号内

181 国家航空工业局办公楼及宿舍
南京市南空机关医院（东大影壁小营北路 1 号）

182 江苏邮政管理局
南京市鼓楼区中山北路 299、301-1 号

183 交通部国家公路总局办公楼
南京市鼓楼区高楼门 62 号

199 文昌巷 52 号童宅
南京市白下区文昌巷 52 号

211 太平商场
南京市马府街社区太平南路 279 号［疑］

222 南京铁道部长官邸
南京市中山北路 254 号南京政治学院内［疑］

苏州项目分布图

昆明项目分布图

081 景海女中校舍
苏州市苏州大学外国语学院崇远楼
111 景海女子师范学校礼堂
苏州市苏州大学天赐庄校区敬贤堂

132 南屏大戏院
昆明市晓东街4号
155 南屏街银行区办公楼之三
昆明五华区南屏街68-75号 ［疑］

其他城市项目分布

011 莫干山益圃蒋抑卮别墅
莫干山上横路127号
071 杭州黄郛宅
杭州市南山路113号
129 长沙清华大学校舍部分
湖南省长沙市岳麓区麓山南路932号中南
大学本部和平楼、民主楼
134 桂林科学实验馆
桂林市雁山街85号桂林植物研究所内
137 资中酒精厂
四川省内江市资中县银山镇银山糖厂
189 茂新第一面粉厂
江苏省无锡市南长区振新路415号

附录4 1930年童寯旅欧日程表

国家	日期	城市	交通	主要景点
	1930年4月26 星期六	纽约 New York	12:30 – 15:00（+5） 纽约 乘欧罗巴号邮轮到 南安普敦	
	1930年4月27 星期日	大西洋 Altantic Ocean		
	1930年4月28 星期日	大西洋 Altantic Ocean		
	1930年4月29 星期日	大西洋 Altantic Ocean		
	1930年4月30 星期日	大西洋 Altantic Ocean		
英国	1930年5月01 星期四	南安普敦 Southampton	15:-- --:-- 南安普敦 乘汽车到 温切斯特	1. 温彻斯特大教堂, Winchester Cathedral 2. 西门博物馆, Westgate Museum
		温彻斯特 Winchester	21:30 – 22:30 温切斯特 乘火车到 索尔兹伯里 （East Loogh 换乘）	3. Wolvesey城堡, Wolvesey Castle
		索尔兹伯里 Salisbury	打的去旅馆	
	1930年5月02 星期五	索尔兹伯里 Salisbury	19:20 – 20:40 索尔兹伯里 乘火车到 巴斯	1. 索尔兹伯里大教堂, Salisbury Cathedral 2. 索尔兹伯里大教堂围庭, Salisbury
		巴斯 Bath		Cathedral Close 3. 圣托马斯和圣埃德蒙兹教堂, The Parish
		巨石阵 Stonehenge		Church of St Thomas and St Edmunds 4. 巨石阵, Stonehenge
	1930年5月03 星期六	巴斯 Bath	15:00 – 16:00 韦尔斯 乘火车到 巴斯	1. the dean's eye; the Bishop's eye; Peminders porch; Brown's gate; 2. 韦尔斯主教堂, Wells Cathedral & Vicar's Close
		韦尔斯 Wells		3. 罗马浴场, Roman Baths 4. 圆形广场, The Circus
		巴斯 Bath		5. 皇家新月, Royal Crescent
		格洛斯特 Gloucester		
	1930年5月04 星期日	格洛斯特 Gloucester		1. 格洛斯特大教堂, Gloucester Cathedral

国家	日期	城市	交通	主要景点
	1930 年 5 月 05 星期一	格洛斯特 Gloucester	--:-- – 12:00 格洛斯特 乘火车到 埃文河畔斯 特拉福德	1. 莎士比亚出生地, Shakespeare's 　Birthplace 2. 爱德华六世国王学校, 　Shakespeare's Schoolroom & 　Guildhall
		埃文河畔斯特拉 福德 Stratford upon Avon		3. 圣三一教堂, Holy Trinity Church 4. 安妮海瑟薇农舍, Anne 　Hathaway's Cottage 5. 埃文河, River Avon
	1930 年 5 月 06 星期二	埃文河畔斯特拉 福德 Stratford upon Avon	11:30 – --:-- 埃文河畔斯特拉福德 乘汽车到 沃威克	1. 华威城堡, Warwick Castle 2. 凯尼尔沃思城堡, Kenilworth 　Castle and Elizabethan Garden
		沃威克 Warwick	沃威克 乘汽车往返 凯尼尔沃思	
		凯尼尔沃思 Kenilworth	19:45 – 21:30 沃威克 乘火车到 牛津	
		牛津 Oxford		
	1930 年 5 月 07 星期三	牛津 Oxford		1. 牛津大学城
	1930 年 5 月 08 星期四	牛津 Oxford	--:-- – 12:00 牛津 乘火车到 温莎	1. 伊顿公学, Eton College 2. 伦敦杜莎夫人蜡像馆, Madame 　Tussauds London
		温莎 Windsor, UK	--:-- – 17:30 温莎 乘火车到 伦敦	
		伦敦 London		
	1930 年 5 月 09 星期五	伦敦 London		1. 牛津街/摄政街, Oxford Street / 　Regent Street 2. 伦敦圣保罗大教堂, St Paul's 　Cathedral 3. 圣詹姆斯公园, St James Park 4. 皇家骑兵卫队阅兵场, Horse 　Guards Parade 5. 威斯敏斯特修道院, Westminster 　Abbey 6. 大英博物馆, British Museum 7. 伦敦海德公园, Hyde Park 8. 伦敦杜莎夫人蜡像馆, Madame 　Tussauds London
	1930 年 5 月 10 星期六	伦敦 London	伦敦 乘汽车到 温莎	1. 威斯敏斯特修道院, Westminster 　Abbey 2. 英国议会大厦, House of 　Parliament and Big Ben

国家	日期	城市	交通	主要景点
		温莎 Windsor, UK		3. 温莎城堡, Windsor Castle 4. 霍尔本（Holborn）老房子, old house
	1930年5月11 星期日	伦敦 London		1. 伦敦塔桥, Tower Bridge 2. 英国国家美术馆, National Gallery 3. 不列颠泰特美术馆, Tate Britain
	1930年5月12 星期一	伦敦 London		1. 伦敦圣保罗大教堂, St Paul's Cathedral 2. 伦敦塔, Tower of London 3. 汉普敦宫, Hampton Court Palace 4. 汉普顿宫公园, Hampton Court Green
	1930年5月13 星期二	伦敦 London		（无日记）
	1930年5月14 星期三	伦敦 London		（无日记）
	1930年5月15 星期四	伦敦 London	--:-- – 17:00 到 剑桥	1. 剑河, River Cam
		剑桥 Cambridge		
	1930年5月16 星期五	剑桥 Cambridge	--:-- – 13:00 剑桥 到 伊利	1. 伊利大教堂, Ely Cathedral 2. 林肯大教堂, Lincoln Cathedral
		英国伊利 Ely	18:00 – --：-- 伊利 乘火车到 林肯	
		林肯 Lincoln		
	1930年5月17 星期六	林肯 Lincoln	--:-- – 14:00 林肯 到 约克	1. 林肯城堡, Lincoln Castle 2. 克利福德塔, Clifford's Tower
		约克 York	--:-- – 22:00 约克 到 杜伦	3. 约克大教堂, York Minster 4. 约克城墙, York City Walls
		杜伦 Durham		5. 圣玛丽修道院遗址, St. Mary's Abbey
	1930年5月18 星期日	杜伦 Durham	23:00 – --:--	1. 达勒姆大教堂, Durham Cathedral 2. 达勒姆城堡, Durham Castle
		爱丁堡 Edinburgh		3. 王子街花园, Princes Street Gardens 4. 司各特纪念塔, Scott Monument
	1930年5月19 星期一	爱丁堡 Edinburgh		1. 爱丁堡城堡, Edinburgh Castle 2. 纳尔逊纪念碑, Nelson Monument
		伦敦 London		3. 圣吉尔斯大教堂, St Giles Cathedral 4. 苏格兰国会大厦, Scottish Parliament Building
	1930年5月20 星期二	伦敦 London	伦敦 乘火车到 坎特伯雷	
		坎特伯雷 Canterbury		

国家	日期	城市	交通	主要景点
	1930 年 5 月 21 星期三	坎特伯雷 Canterbury	坎特伯雷 乘轮船到 加来	1. 坎特伯雷大教堂, Canterbury Cathedral 2. 西门与城墙步道, West Gate & City Wall Trail
		加来 Calais	加来 乘汽车到 巴黎	
		巴黎 Paris		
法国	1930 年 5 月 22. 星期四	巴黎 Paris		
	1930 年 5 月 23 星期五	巴黎 Paris		1. 克吕尼博物馆, Musée de Cluny - le Monde Médiéval 2. 卡那瓦雷博物馆, Carnavalet Museum 3. 巴黎圣母院, Cathédrale Notre- Dame de Paris 4. 圣礼拜堂, La Sainte-Chapelle- Centre des Monuments Nationaux
	1930 年 5 月 24 星期六	巴黎 Paris		1. 巴黎圣心大教堂, Basilique du Sacré Coeur 2. 埃菲尔铁塔, Eiffel Tower 3. 拿破仑墓, Tombeau de Napoléon 1er 4. 罗丹博物馆, Musée Rodin 5. 巴黎大皇宫, Grand Palace 6. 马德莱娜教堂, L'église Sainte- Marie-Madeleine
	1930 年 5 月 25 星期日	巴黎 Paris		1. 卢浮宫, Musée du Louvre 2. 卢森堡博物馆, Musée du Luxembourg
		凡尔赛 Versailles		3. 凡尔赛宫, Château de Versailles 4. 农庄, The Trianons & The Hamlet (Le Hameau)
	1930 年 5 月 26 星期一	巴黎 Paris		1. 夏特尔主教堂, Cathédrale Notre- Dame de Chartres
		沙特尔 Chartres		
	1930 年 5 月 27 星期二	巴黎 Paris		1. 圣艾蒂安教堂, Église St-Étienne du Mont 2. 先贤祠, Panthéon 3. 玛莱–斯蒂温大街, Rue Mallet- Stevens
	1930 年 5 月 28 星期三	巴黎 Paris	6:00 – 10:00 巴黎 乘火车到 鲁昂	1. 鲁昂圣母大教堂, Cathédrale Notre-Dame de Rouen 2. 圣玛洛教堂, Eglise St-Maclou

国家	日期	城市	交通	主要景点
		鲁昂 Rouen	---:-- – 16:30 鲁昂 乘火车到 亚眠	3. 圣旺教堂, Eglise St-Ouen 4. 鲁昂城堡–圣女贞德塔, Château de Rouen - Tour Jeanne-d'Arc
		亚眠 Amiens		5. 亚眠圣母大教堂, Cathédrale Notre-Dame d'Amiens
	1930年5月29 星期四	亚眠 Amiens	09:-- – 12:-- 亚眠 乘火车到 兰斯	1. 兰斯圣母大教堂, Cathédrale Notre-Dame de Reims
		兰斯 Reims		
		巴黎 Paris		
	1930年5月30 星期五	巴黎 Paris		1. 格雷万蜡像馆, Musée Grévin 2. 巴黎圣母院, Cathédrale Notre- Dame de Paris 3. 皮加勒剧院, Théâtre Pigalle(已毁)
比利时	1930年5月31 星期六	巴黎 Paris	09:40 – 16:-- 巴黎 乘火车到 布鲁塞尔	1. 布鲁塞尔司法宫, Palais de Justice 2. 布鲁塞尔皇宫, Palais Royal (未果)
		布鲁塞尔 Bruxelles	布鲁塞尔 乘火车到 布鲁日	3. 斯托克雷特宫, Stoclet House (未果) 4. 圣救世主大教堂, St.Salvatorskathedraal
		布鲁日 Bruges		
	1930年6月01 星期日	布鲁日 Bruges	13:00 – 14 :30 布鲁日 乘火车到 布鲁塞尔	1. 布鲁日市场广场, Markt
		布鲁塞尔 Bruxelles	15:42 – 16:30 布鲁塞尔 乘火车到 安特卫普	
		安特卫普 Antwerp		
荷兰	1930年6月02 星期一	安特卫普 Antwerp	--:-- – 16:-- 安特卫普 乘火车到 鹿特丹	1. 1930年比利时安特卫普世博会 2. 普朗坦–莫雷图斯博物馆, Museum Plantin-Moretus
		鹿特丹 Rotterdam		
	1930年6月03 星期二	鹿特丹 Rotterdam	09:30 – 11:00 鹿特丹 乘火车到 阿姆斯特丹	1. 阿姆斯特丹运河带, Amsterdam Canals 2. 艾丹, Edam
		阿姆斯特丹 Amsterdam		3. 福伦丹海港, Volendam harbour area
德国	1930年6月04 星期三	阿姆斯特丹 Amsterdam	07:33 – 12:00 乘火车到 科隆	
		科隆 Cologne		
	1930年6月05 星期四	科隆 Cologne		1. 科隆大教堂, Cologne Cathedral

国家	日期	城市	交通	主要景点
	1930 年 6 月 06 星期五	科隆 Cologne		1. WM marks house（可能已毁） 2. 天文馆（现音乐厅），Dusseldorf Planetarium (Tonhalle Concert Hall)
		杜塞尔多夫 Dusseldorf		
	1930 年 6 月 07 星期六	杜塞尔多夫 Dusseldorf		1. lungen 展览 2. 科隆应用技术大学(科隆大学旧址)
		科隆 Cologne		3. 科隆市政厅，Rathaus 4. 比肯多夫，Bickendorf
	1930 年 6 月 08 星期日	科隆 Cologne	--:-- – 09:00 科隆 乘火车到 波恩	1. 贝多芬故居，Beethoven Haus 2. 波恩大学，Bonn University
		波恩 Bonn	波恩 乘夜船到 科布伦茨	3. 明斯特大教堂，Münster Basilica
		科布伦茨 Koblenz		
	1930 年 6 月 09 星期一	科布伦茨 Koblenz	8:00 科布伦茨上岸	1. 德国之角，Deutsches Eck 2. 威廉一世雕像，Kaiser Wilhelm
		美因茨 Mainz	14:40 – 20:45 科布伦茨 乘游轮到 美因茨	3. 圣卡其托教堂，Basilika St Kastor 4. 马克斯堡，Marksburg 5. 斯特恩堡，Burg Sterrenberg 6. 爱岩堡，Burg Liebenstein 7. 鼠堡，Burg Maus 8. 莱茵费尔斯堡，Burg Rheinfels 9. 罗蕾莱，Loreley 10. 猫堡，Château du Katz
	1930 年 6 月 10 星期二	美因茨 Mainz		1. 美因茨大教堂，Dom 2. Holz 塔和 Eisen 塔，Holzturm & Eisenturm 3. 圣斯特凡教堂，Church of St. Stephan
	1930 年 6 月 11 星期三	美因茨 Mainz	中午 美因茨 乘火车到 法兰克福	1. 古登堡博物馆，Gutenberg Museum 2. 歌德故居和歌德博物馆，Goethe haus und Goethe-Museum Frankfurt
		法兰克福 Frankfurt am Main		
	1930 年 6 月 12 星期四	法兰克福 Frankfurt am Main		1. 歌德大学（法兰克福大学）， Goethe University Frankfurt
	1930 年 6 月 13 星期五	法兰克福 Frankfurt am Main		1. 圣博尼费斯教堂，St. Bonifatiuskirche 2. 室内市场，Kleinmarkt halle 3. 法兰克福罗马广场，Frankfurt er Romer

国家	日期	城市	交通	主要景点
	1930年6月14 星期六	法兰克福 Frankfurt am Main	法兰克福 乘汽车到 巴特洪堡再 到 萨尔堡 到洪堡是16：00	1. 法兰克福艺术协会, Frankfurter Kunstverein 2. 法兰克福艺术博物馆, frankfurter kunstgewerbe museum
		巴特洪堡 Bad Homburg vor der Höhe	萨尔堡 乘火车到 巴特洪堡 经 多恩布希 再到 法兰克福	3. 法兰克福市政厅, Römer 4. 罗马帝国边界堡垒萨尔堡, Roman Fort Saalburg - Archaeological Park
		法兰克福 Frankfurt am Main		5. Dornbusch的学校和公寓 6. 法兰克福老歌剧院, Old Opera House
	1930年6月15 星期日	法兰克福 Frankfurt am Main		1. 施泰德博物馆, Staedel Museum 2. 古代雕塑博物馆, Liebieghaus Museum Alter Plastik
		达姆施塔特 Darmstadt		3. 婚礼塔, Hochzeitsturm
		海德堡 Heidelberg		
	1930年6月16 星期一	海德堡 Heidelberg		1. 海德堡城堡, Heidelberger Schloss 2. 老桥, Alte Brücke 3. 哲学家小径, Philosophenweg
	1930年6月17 星期二	海德堡 Heidelberg		1. 主街, Hauptstraße 2. 内卡河, Neckar
	1930年6月18 星期三	海德堡 Heidelberg	7:30 – --:-- 海德堡 乘火车到 曼海姆	1. 曼海姆艺术馆, Kunst halle Mannheim 2. 选帝侯王宫, Residenzschloss
		曼海姆 Mannheim	中午 去 沃尔姆斯 17:00 – --:--	3. 沃尔姆斯大教堂, Wormser Dom St. Peter 4. 圣保罗教堂, St. Paulus Kirche
		沃尔姆斯 Worms	沃尔姆斯 去 洛尔施	5. 洛尔施修道院, Abbey of Lorsch
		洛尔施 Lorsch		
	1930年6月19 星期四	洛尔施 Lorsch	--:-- – 13:00 洛尔施 乘火车到 维尔茨堡	1. 维尔茨堡圣基利安主教堂, Würzburger Dom St Kilian 2. 老美因桥, Alte Mainbrücke
		维尔茨堡 Wurzburg		3. 维尔茨堡官邸, Würzburger Residenz
	1930年6月20 星期五	维尔茨堡 Wurzburg		1. 老美因桥, Alte Mainbrücke 2. 玛利恩城堡(马林贝格要塞城堡), Festung Marienberg
	1930年6月21 星期六	维尔茨堡 Wurzburg	早上 – 中午前	1. 罗滕堡市政厅, Rathaus 2. 罗滕堡城墙, Stadtmauer
		罗滕堡 Rothenburg ob der Tauber		3. 圣彼得和保罗教堂, St Peter und Paul Kirche Detwang

国家	日期	城市	交通	主要景点
	1930年6月22 星期日	罗滕堡 Rothenburg ob der Tauber	19:00后 – 23:30 罗滕堡 乘火车到 纽伦堡	1. 圣彼得和保罗教堂, St Peter und Paul Kirche Detwang 2. 老城, Old Town
		纽伦堡 Nuremberg		3. 双桥, Doppelbrucke
	1930年6月23 星期一	纽伦堡 Nuremberg		1. 皇帝堡, Kaiserburg 2. 丢勒故居, Albrecht Dürer Haus
	1930年6月24 星期二	纽伦堡 Nuremberg		1. 日耳曼国家博物馆, Germanisches Nationalmuseum
	1930年6月25 星期三	纽伦堡 Nuremberg		1. 现代教堂 2. 旧皇宫, Alter Hofhaltung
		班贝格 Bamberg		3. 圣米迦勒教堂, St. Michael's Church 4. 圣米迦勒修道院, St. Michael's Monastery
	1930年6月26 星期四	班贝格 Bamberg	18:24 – 19:50 魏玛 乘火车到 莱比锡	1. 帝国大厅, Kaisersaal 2. 圣母玛利亚大教堂, Erfurt Cathedral
		埃尔福特 Erfurt		3. 圣西弗勒斯教堂, St. Severi church 4. 圣奥古斯丁修道院（马丁路 德宿舍已毁）, Luther's cell in Augustinerkloster
		魏玛 Weimar		5. 克雷默桥, Krämerbrücke 6. 尼采档案馆, Nietzsche Archive
		莱比锡 Leipzig		7. 李斯特故居, Liszt Haus 8. 歌德故居, Goethe Haus 9. 席勒故居, Schiller Haus 10. 冯斯坦因夫人故居, Haus der Frau von Stein
	1930年6月27 星期五	莱比锡 Leipzig		1. 莱比锡大学, University of Leipzig 2. 圣托马斯教堂, Thomaskirche 3. 莱比锡新市政厅, Neues Rathaus 4. 莱比锡老市政厅, Altes Rathaus 5. 格拉西博物馆, Grassi Museum 6. 莱比锡德国图书博物馆, Deutsches Buch- und Schrift museum 7. 俄军纪念教堂, Russische Gedachtniskirche
	1930年6月28 星期六	莱比锡 Leipzig		1. 奥古斯特广场, Augustusplatz 2. 格拉西博物馆, Grassi Museum 3. 民族之战纪念碑, Völkerschlacht denkmal 4. 莱比锡歌剧院, Oper Lepzig
	1930年6月29 星期日	莱比锡 Leipzig		1. 圣托马斯教堂, Thomaskirche 2. 莱比锡动物园, Leipzig Zoological Garden

国家	日期	城市	交通	主要景点
	1930年6月30 星期一	莱比锡 Leipzig	--:-- – 10:00 莱比锡 乘火车到 马格德堡	1. 马格德堡大教堂, Magdeburg Cathedral 2. 马格德堡老市政厅, Old City Hall Magdeburg
		马格德堡 Magdeburg	--:-- – 17:-- 马格德堡 乘火车到 波茨坦	3. 无忧宫, Schloss Sanssouci
		波茨坦 Potsdam		
	1930年7月01 星期二	波茨坦 Potsdam	17:00 – 17:30 波茨坦 乘火车到 柏林	1. 废墟山, The Ruinenberg 2. 格林尼克桥眺望巴伯斯贝格宫, Glienicker Brücke see Babelsberg Palace at a distance
		柏林 Berlin		3. 爱因斯坦天文台, Einstein Tower
	1930年7月02 星期三	柏林 Berlin		1. 柏林动物园, Berliner Zoo
	1930年7月03 星期四	柏林 Berlin		1. 柏林新国家美术馆, Neue Nationalgalerie 2. 柏林市政厅, Berliner Rathaus 3. 库达姆大街, Kurfurstendamm
	1930年7月04 星期五	柏林 Berlin		1. 柏林旧博物馆, Altes Museum 2. 柏林新博物馆, Neues Museum
	1930年7月05 星期六	柏林 Berlin		1. 佩加蒙博物馆, Pergamon Museum 2. 博德博物馆, Kaiser-Friedrich- Museum (the Bode Museum) 3. 皇太子博物馆, Crown Prince Museum
现波兰	1930年7月06 星期日	柏林 Berlin		1. 市政厅和市民艺术博物馆, Ratusz Wrocławski
		弗罗茨瓦夫/ 布雷斯劳 Wroclaw/Breslau		
	1930年7月07 星期一	弗罗茨瓦夫/ 布雷斯劳 Wroclaw/Breslau		1. 施洗圣约翰大教堂, Archikatedra św. Jana Chrzciciela 2. 圣伊丽莎白教堂, Kościół Św. Elżbiety 3. 扎沃尔和平教堂, Churches of Peace in Jawor 4. 百年厅, Hala Stulecia (jahrhunderthalle)
	1930年7月08 星期二	弗罗茨瓦夫/ 布雷斯劳 Wroclaw/Breslau		1. 沙上圣母教堂, Kościół Najświętszej Marii Panny na Piasku 2. 威廉一世纪念塔, kaiserwilhelm gedachtnisturm

国家	日期	城市	交通	主要景点
德国	1930 年 7 月 09 日 星期三	弗罗茨瓦夫 / 布雷斯劳 Wroclaw/Breslau		1. 茨温格宫－古代大师画廊, Dresdner Zwinger-Gemäldegalerie Alte Meister
		德累斯顿 Dresden		
	1930 年 7 月 10 日 星期四	德累斯顿 Dresden		1. 茨温格宫－陶瓷收藏馆, Dresdner Zwinger-porcelain museum 2. 茨温格宫－工业艺术博物馆, Dresdner Zwinger-industrial art museum
	1930 年 7 月 11 日 星期五	德累斯顿 Dresden		1. 茨温格宫－雕塑画廊, Dresdner Zwinger-sculpture gallery
	1930 年 7 月 12 日 星期六	德累斯顿 Dresden		1. 德国卫生博物馆, Deutsches Hygiene Museum
捷克	1930 年 7 月 13 日 星期日	德累斯顿 Dresden	中午 到 布拉格	1. 莫扎特故居, Mozarts house 2. 布拉格老市政厅, Old Town Hall
		布拉格 Prague		3. 布拉格查理大桥, Charles Bridge 4. 布拉格国家歌剧院, Prague State Opera
	1930 年 7 月 14 日 星期一	布拉格 Prague		1. 布拉格老城广场, Old Town Square
	1930 年 7 月 15 日 星期二	布拉格 Prague		1. 布拉格城堡, Prague Castle 2. 圣维特大教堂, St Vitus Cathedral
奥地利	1930 年 7 月 16 日 星期三	布拉格 Prague	--:-- – 13:00 布拉格 乘火车到 维也纳	1. 维也纳圣斯蒂芬大教堂, St. Stephen's Cathedral, Vienna 2. 维也纳美泉宫, Schoenbrunn Palace
		维也纳 Vienna		3. 美泉宫花园, Schloss Schönbrunn Gardens
	1930 年 7 月 17 日 星期四	维也纳 Vienna		1. 维也纳艺术史博物馆, Kunst historisches Museum 2. 博物馆区, Museumsquartier 3. 美景宫, Schloss Belvedere 4. 海顿博物馆, Wien Museum Haydnhaus 5. 维也纳圣斯蒂芬大教堂, St. Stephen's Cathedral, Vienna 6. 多瑙运河, Danube Canal (Donau Kanal)
	1930 年 7 月 18 日 星期五	维也纳 Vienna		1. 海利根施塔特, Heiligenstadt 2. 贝多芬故居, Beethoven house 3. 舒伯特逝世纪念地, Schubert Sterbewohnung 4. 多瑙运河, Danube Canal (Donau Kanal)

国家	日期	城市	交通	主要景点
	1930年7月19 星期六	维也纳 Vienna		1. 维也纳分离派会馆, Secession Building 2. 维也纳城市公园, Wiener Stadtpark 3. 维也纳霍夫堡宫, Hofburg 4. 第三区和街的现代公寓, modern apartments in district III（Landstraße）& Wurzbach Str.
	1930年7月20 星期日	维也纳 Vienna		1. 莫扎特故居, Mozarts Wohnhaus 2. 萨尔茨堡城堡, Festung Hohensalzburg
		萨尔茨堡 Salzburg		
德国	1930年7月21 星期一	萨尔茨堡 Salzburg		1. 国王湖, Konigssee 2. 圣巴多罗买礼拜堂, St. Bartholomä
		贝希特斯加登 Berchtesgaden		3. 上湖, Obersee 4. 萨尔茨堡木偶剧院, Salzburg Marionetten theater
		萨尔茨堡 Salzburg		
	1930年7月22 星期二	萨尔茨堡 Salzburg	05:30 – 08:00 萨尔茨堡 乘火车到 慕尼黑	1. 摄政王剧院, Prinzregententheater 2. 居维利埃剧院, Altes Residenztheater (Cuvilliestheater)
		慕尼黑 Munich	14:-- – 18:-- 慕尼黑 乘火车到 上阿玛高	
		上阿玛高 Oberammergau		
	1930年7月23 星期三	上阿玛高 Oberammergau		1. 耶稣受难记剧院, Passionstheater
	1930年7月24 星期四	上阿玛高 Oberammergau		1. 巴伐利亚国立博物馆, Bayerisches Nationalmuseum 2. 老绘画陈列馆, Alte Pinakothek
		慕尼黑 Munich		3. 摄政王剧院, Prinzregententheater
	1930年7月25 星期五	慕尼黑 Munich		1. 宁芬堡宫园林, Park Nymphenburg 2. 宁芬堡宫, Schloss Nymphenburg 3. 慕尼黑玻璃宫, Munich Glass Palace 4. 新绘画陈列馆, Neue Pinakothek 5. 德意志博物馆, Deutsches Museum
	1930年7月26 星期六	慕尼黑 Munich		1. 慕尼黑王宫, München Residenz 2. 慕尼黑新市政厅, New Town Hall 3. 慕尼黑老市政厅, Altes Rathaus
	1930年7月27 星期日	慕尼黑 Munich	--:-- – 08:30 慕尼黑 乘火车到 奥格斯堡	1. 圣母主教堂, Hohe Domkirche Unserer Lieben Frau zu Augsburg 2. 奥格斯堡市政厅广场, Rathausplatz
		奥格斯堡 Augsburg	--:-- – 14:30 奥格斯堡 乘火车到 乌尔姆	3. 佩拉赫塔, Perlachturm 4. 乌尔姆大教堂, Ulmer Münster

国家	日期	城市	交通	主要景点
		乌尔姆 Ulm	--:-- – 19:15 乌尔姆 乘火车到 斯图加特	5. 施洗者圣约翰教堂，多米尼库斯·伯姆设计, St. Johann Baptist designed by Dominikus Böhm 6. 斯图加特中央车站, Stuttgart Haupt bahnhof
		新乌尔姆 Neu-Ulm		7. 斯图加特新宫殿, Neues Schloss 8. 斯图加特市场大厅, Stuttgart er Markt halle
		斯图加特 Stuttgart		
瑞士	1930 年 7 月 28 星期一	斯图加特 Stuttgart	德国腓特烈港 乘轮渡 到 罗曼斯霍恩 18:24 – 20:05	1. 肖肯百货商场, Schocken Department Store 2. 博登湖, lake constance
		德国腓特烈港 Friedrichshafen	罗曼斯霍恩 乘火车到 苏黎世	
		罗曼斯霍恩 Romanshorn		
		苏黎世 Zurich		
	1930 年 7 月 29 星期二	苏黎世 Zurich	--:-- – 17:30 卢塞恩 到 巴塞尔	1. 苏黎世湖, Zurichsee 2. 林登霍夫山, Lindenhof 3. 瑞士国家博物馆, Schweizerisches Landesmuseum
		卢塞恩 Lucerne		4. 班霍夫大街, Bahnhofstrasse 5. 琉森湖, Lake Lucerne
		巴塞尔 Basel		6. 水塔花桥（卡佩尔廊桥）, Chapel Bridge 7. 狮子纪念碑, Lion Monument
		伯尔尼 Bern		8. 冰河公园, Glacier Garden 9. 巴塞尔市政厅, Basler Rathaus 10. 圣马丁教堂, Martinskirche
	1930 年 7 月 30 星期三	伯尔尼 Bern	--:-- – 14:00 伯尔尼 到 洛桑	1. 监狱塔, Prison Tower (Kafigturm) 2. 市政厅, Rathaus
		洛桑 Lausanne		3. 马尔克特大街, Marktgasse 4. 市政厅, Rathaus
		蒙特勒 Montreux		5. 圣母大教堂, Cathedrale Notre-Dame 6. 维迪堡, Chateau de Vidy 7. 苏瓦伯拉公园, Parc de Sauvabelin 8. 西庸城堡, Château de Chillon
	1930 年 7 月 31 星期四	蒙特勒 Montreux		1. 西庸城堡, Château de Chillon
	1930 年 8 月 01 星期五	蒙特勒 Montreux	蒙特勒 乘火车到 马蒂尼 --:-- – 12:30	1. 大圣伯纳德医院, Great Saint Bernard Hospice

国家	日期	城市	交通	主要景点
		马蒂尼 Martigny	马蒂尼 乘汽车到 大圣伯纳德	
		大圣伯纳德 Great St. Bernard	奥斯塔 乘火车到 米兰	
		奥斯塔 Aosta		
		米兰 Milan		
意大利	1930年8月02 星期六	米兰 Milan		1. 圣斐德理堂, Chiesa di San Fedele 2. 斯卡拉大剧院博物馆, Museo Teatrale alla Scala 3. 法理宫, Palazzo della Ragione 4. 安布洛其亚图书馆, Biblioteca Ambrosian 5. 圣沙提洛的圣玛利亚教堂, Santa Maria Presso San Satiro 6. 奇迹圣母圣塞尔苏斯圣殿, Chiesa di Santa Maria presso San Celso 7. 圣罗伦佐教堂, Basilica San Lorenzo Maggiore 8. 圣安布罗斯教堂, Basilica di Sant 'Ambrogio 9. 米兰圣玛利亚修道院, Sant a Maria delle Grazie
	1930年8月03 星期日	米兰 Milan	13:02 – 14:02 米兰 乘火车到 科莫	1. 斯福尔扎城堡, Castello Sforzesco 2. 布雷拉美术馆, Pinacoteca di Brera
		科莫 Como	14:-- – 16:30 科莫 乘游轮到 贝拉焦	3. 科莫湖, Lake Como 4. 伦诺, Lenno
		米兰 Milan		5. 贝拉焦, Bellagio
	1930年8月04 星期一	米兰 Milan	09:22 – 09:50 米兰 乘火车到 切尔托萨	1. Certosa di Garegnano 2. 帕维亚主教堂, Duomo de Pavia
		切尔托萨 Certosa	--:-- – 17:20 切尔托萨 乘火车到 热那亚	3. 热那亚旧港, The Old Harbour 4. 斯皮诺拉宫国家美术馆, Galleria Nazionale di Palazzo Spinola
		热那亚 Genova		
	1930年8月05 星期二	热那亚 Genova	05:25 – 09:15 热那亚 乘火车到 比萨	1. 格尔法塔, Guelph Tower (Torre Guelfa) 2. 圣母玛利亚斯皮那教堂, Chiesa di Santa Maria della Spina 3. 比萨大学, Universita di Pisa 4. San Fredinano
		比萨 Pisa	13:30 – 15:30 比萨 乘火车到 佛罗伦萨	5. Palazzo Agustini 6. 圣加大肋纳堂, Chiesa di Santa Caterina dAlessandria

国家	日期	城市	交通	主要景点
		佛罗伦萨 Florence		7. 比萨斜塔, leaning tower 8. 比萨大教堂, Duomo di Pisa 9. 比萨墓园, Camposanto 10. 佛罗伦萨维琪奥桥, Ponte Vecchio 11. Brancacci Chapel in Sant a Maria del Carmine 12. 佛罗伦萨圣灵大教堂, Basilica di Santo Spirito
	1930年8月06 星期三	佛罗伦萨 Florence		1. 圣母百花大教堂, Cattedrale di Santa Maria del Fiore 2. 艺术学院画廊, Accademia Museum 3. 佛罗伦萨圣洛伦佐大教堂, Basilica di San Lorenzo 4. 美第奇家族礼拜堂, Cappelle Medicee 5. 斯特罗齐宫, Palazzo Strozzi 6. 皮蒂宫和波波里花园, Palazzo Pitti & Giardino di Boboli 7. 菲耶索莱, Fiesole
	1930年8月07 星期四	佛罗伦萨 Florence		1. 佛罗伦萨主教堂广场, Piazza del Duomo 2. 圣盖塔诺教堂, Santi Michele e Gaetano 3. 佛罗伦萨圣十字大教堂, Basilica di Santa Croce 4. 米开朗基罗故居博物馆, Casa Buonarroti 5. 佛罗伦萨新圣母大教堂, Basilica di Santa Maria Novella 6. 乌菲兹美术馆, Uffizi gallerry
	1930年8月08 星期五	佛罗伦萨 Florence		1. 威尼斯圣马可广场, Piazza San Marco 2. 威尼斯圣马可大教堂, Basilica San Marco
		威尼斯 Venice		3. 威尼斯总督府, Doges Palace 4. 威尼斯美术学院画廊, Gallerie dell'Accademia
	1930年8月09 星期六	威尼斯 Venice		1. 威尼斯里亚托桥, Ponte Rialto 2. 马可波罗故居, Marco Polo's Home
	1930年8月10 星期日	威尼斯 Venice		1. 圣乔凡尼保罗大教堂, Basilica di San Giovannie Paolo 2. 马可波罗故居, Marco Polo's Home 3. 威尼斯圣马可钟楼, Campanile di San Marco
	1930年8月11 星期一	威尼斯 Venice		1. 丽都岛, Lido 2. 丽都岛海滩

国家	日期	城市	交通	主要景点
	1930年8月12 星期二	威尼斯 Venice		1. 大运河夕阳, Dawn of Grand Canal 2. 韦尼耶·莱奥尼宫, Palazzo Venier dei Leoni 3. 丽都岛海滩 4. 威尼斯圣马可广场, Piazza San Marco
	1930年8月13 星期三	威尼斯 Venice	07:00 – 09:00 威尼斯 乘火车到 维罗纳	1. 新门火车站, Verona Port a Nuova 2. 圣柴诺大教堂, Basilica di San Zeno
		维罗纳 Verona	21:20 – 04:00（+1） 维罗纳 乘火车到 因斯布鲁克	3. 波萨利门, Porta dei Borsari 4. 皮埃特拉桥, Ponte Pietra
		因斯布鲁克 Innsbruck		5. 维罗纳大教堂, Duomo di Verona/ Cattedrale di Santa Maria Mat ricolare 6. 朱丽叶之家, Casa di Giulietta 7. 朱丽叶之墓, Tomba di Giulietta 8. 领主广场, Piazza dei Signori (Piazza Dante) 9. 理事会凉廊, Loggia del Consiglio 10. 维罗纳圆形剧场, Arena di Verona 11. 维罗纳罗马剧院, Teatro romano
奥地利	1930年8月14 星期四	因斯布鲁克 Innsbruck		1. 北链山, Seegrube.Nordkette
	1930年8月15 星期五	因斯布鲁克 Innsbruck		
	1930年8月16 星期六	因斯布鲁克 Innsbruck		
	1930年8月17 星期日	因斯布鲁克 Innsbruck		1. 夏洛特堡, Fort Charlotte
波兰	1930年8月18 星期一	因斯布鲁克 Innsbruck		
		华沙 Warsaw		
	1930年8月19 星期二	莫斯科 Moscow	--:-- – 11:00 到 莫斯科	1. 克里姆林宫, Moscow Kremlin 2. 圣瓦西里大教堂, St Basil's Cathedral
		新西伯利亚 Novosibirsk	18:45 – --:-- 莫斯科 乘火车到 新西伯利亚	3. 托尔斯泰庄园博物馆, Музе́й-уса́дьба Л.Н. Толсто́го (Tolstoy) 4. 19-20世纪欧美艺术分馆, Галере́я иску́сства стран Евро́пы и Аме́рики XIX-XX веко́в / Gallery of 19th and 20th century European and American Art) 5. 基督救世主大教堂, Храм Христа́ Спаси́теля / Cathedral of Christ the Saviour

国家	日期	城市	交通	主要景点
	1930年8月20 星期三	新西伯利亚 Novosibirsk / Siberian		
	1930年8月21 星期四	新西伯利亚 Novosibirsk		
	1930年8月22 星期五	新西伯利亚 Novosibirsk		
	1930年8月23 星期六	新西伯利亚 Novosibirsk		
	1930年8月24 星期日	新西伯利亚 Novosibirsk		
		伊尔库茨克 Irkutsk		
	1930年8月25 星期一	伊尔库茨克 Irkutsk	--:-- – 19:00 伊尔库茨克 乘火车到 赤塔	
		赤塔 Chita		
	1930年8月26 星期二	赤塔 Chita	--:-- – 07:15 赤塔 乘火车到 满洲里	
		满洲里 Manzhouli		
	1930年8月27 星期三	满洲里 Manzhouli	--:-- – 08:30 满洲里 乘火车到 哈尔滨	
		哈尔滨 Haerbin		

附录5　图片来源

第1章

图1.1　　由陈植家属提供

图1.2　　同上

图1.3　　张琴. 长夜的独行者：童寯1963—1983[M]. 上海：
同济大学出版社，2018

图1.4　　由童寯家属提供

图1.5　　University Archives and Records Center (University of
Pennsylvania). Paul Philippe Cret 1876 - 1945 [EB/OL].
[2021-01-29]. https://archives.upenn.edu/exhibits/penn-
people/biography/paul-philippe-cret

图1.6　　由童寯家属提供

图1.7　　同上

图1.8　　赖德霖. 探寻一座现代中国式的纪念物——南京中山
陵设计[M]// 中国近代建筑史研究. 北京：清华大学
出版社，2007：259-261

图1.9　　Marcantonio Architects. THE BOWERY SAVINGS
BANK ON 42ND STREET, BY YORK & SAWYER [EB/
OL]. [2017-10-05]. http://blog.marcantonioarchitects.
com/the-bowery-savings-bank-on-42nd-street-by-york-
sawyer/

图1.10　Cathedral of Learning[EB/OL]. (2014-11-17). [2021-
08-18]. http://thecourtneydiaries.com/2014/11/17/
cathedral-of-learning/.

图1.11　由陈植家属提供

图1.12　由童寯家属提供

图1.13　作者摄于"南京·中国近现代建筑发展的基石：毕业
于宾夕法尼亚大学的第一代中国建筑师群体"展览，
东南大学、江苏省文化厅，2017年11月21日—12月
21日

图1.14　赖德霖. 近代哲匠录——中国近代重要建筑师、建筑
事务所名录[M]. 北京：水利水电出版社，知识产权
出版社，2006

图1.15　由陈植家属提供

图1.16　同上

图1.17　同上

图1.18　由童寯家属提供

图1.19　同上

图1.20　东南大学图书馆授权，童寯家属提供

第2章

图2.1　　出自：上海市历史博物馆. 上海百年掠影（1840s—
1940s)[M].上海人民美术出版社,1992.转引自https://
www.virtualshanghai.net/Photos/Images?ID=1635

图2.2　　由童寯家属提供

第3章

图3.1　　田诗雍. 上海老建筑青年会将变身酒店[EB/OL].
[2017-10-05]. http://op.xinmin.cn/chwl/2014/01/
14/23249088.html

图3.2　　叶楚伧，柳诒征. 首都志[M]. 上海、南京：正中书局，
民国二十四年（1935）十一月：268.

图3.3　　郑时龄. 上海近代建筑风格[M]. 上海教育出版社，
1995：236-237. 转引自：Lynn Pan. SHANGHAI: A
century of Change in Photographs 1843-1949[M]. Hai
Feng Publishing Co., 1993

图3.4　　由童寯家属提供

图3.5　　微观上海. 静安闸北撤二建一 海量老照片一起看[EB/
OL]. (2015-11-04) [2019-07-25]. https://sh.news.fang.
com/2015-11-04/17977621.htm

图3.6　　赵琛. 发刊词[J]//许窥豹. 中国建筑（创刊号）. 中
国建筑师学会出版，民国二十年（1931）十一月：1-2.

图3.7　　由陈植家属提供

图3.8　　建筑月刊[J]. 上海市建筑协会出版，民国二十二年
（1933）一月，1（3)：66

图3.9　　卢海鸣，杨新华. 南京民国建筑[M]. 南京大学出版社，
2001：289

第4章

图4.1　　上海市行号路图录[M]. 上海：福利营业股份有限公
司，1947：34（第五图）

图4.2　　童寯家属提供

图4.3　　童寯家属提供

图4.4　　中国建筑[J].民国二十四年(1935)八月，3(3)：32

图4.5　　由童寯家属提供

图4.6　　张钦楠. 记陈植对若干建筑史实之辨析[J]. 建筑师，
1991（9)（总第46期)：44

图4.7　　上海城建档案馆藏，华建集团历史建筑保护设计院
提供

图4.8　　南京城建档案馆藏，转引自：新中国著名建筑师：毛
梓尧[M]. 北京：中国城市出版社，2014：38（实业
部地质调查所陈列馆平面图）

第5章

图5.1　　作者自制

图5.2　　2017年作者摄于兰园

图5.3　　总理陵园管理委员会. 总理陵园管理委员会报告（上）
[M]. 南京：南京出版社，2008：546

图5.4　　由陈植家属提供

图5.5 楼承浩, 薛顺生. 消逝的上海老建筑[M]. 上海：同济大学出版社, 2002：113

图5.6 大上海大戏院历史图纸, 经作者修补细节

图5.7 许乙弘. Art Deco 的源与流：中西"摩登建筑"关系研究[M]. 南京：东南大学出版社, 2006：30（图2-1-8）

图5.8 作者摄于"上海·觉醒的现代性——毕业于宾夕法尼亚大学的第一代中国建筑师"展览, 上海当代艺术馆、东南大学建筑学院、上海市建筑学会, 2018年8月18日—10月14日

图5.9 建筑月刊. 上海市建筑协会出版, 民国二十二年（1933）一月1卷3期：29

图5.10 大上海大戏院历史图纸, 经作者修补细节

图5.11 由童寯家属提供

图5.12 同上

图5.13 同上

图5.14 薛林平, 丁园园. 上海金城大戏院（现黄浦剧场）建筑研究[J]. 华中建筑, 2013（4）：47-50

图5.15 a/b/c 由童寯家属提供
　　　 d 黄浦剧场2007—2008年修缮资料

图5.16 a 上海市档案馆Q268-1-548浙江兴业银行关于上海行屋建筑专卷
　　　 b 建筑月刊[J]. 民国二十一年（1932）十二月, 1（2）：20
　　　 c 作者自摄

图5.17 由童寯家属提供

图5.18 中国建筑[J]. 民国二十四年（1935）八月, 3（3）：30

图5.19 上海市行号路图录. 第6图

图5.20 a 中国建筑[J]. 民国二十二年（1933）七月, 1（5）：26
　　　 b 上海市档案馆藏恒利银行档案

图5.21 a 徐锦江. 谁能认出这张照片是在愚园路哪一段[EB/OL]. (2021-01-30) [2021-01-31]. https://www.thepaper.cn/newsDetail_forward_11009637
　　　 b 钱成熙. 外滩, 吃喝闲逛新地标[EB/OL]. (2018-10-30) [2021-01-31]. https://www.thepaper.cn/newsDetail_forward_2573681
　　　 c 看看新闻Knews综合. 上海老马路的"新面孔"你都能认出来吗？ [EB/OL]. (2016-02-11)[2021-01-31]. http://www.kankanews.com/a/2016-02-11/0037372207.shtml
　　　 d 上海年华. 汉弥尔登大厦[EB/OL]. [2021-01-31]. http://memory.library.sh.cn/node/40631

图5.22 a 李晓华. 申城记忆 | 大陆商场的"一波三折"[EB/OL]. (2020-07-01) [2021-01-31]. http://n.eastday.com/pnews/1593560385014015
　　　 b 由童寯家属提供

图5.23 建筑月刊[J]. 民国二十一年（1932）十二月, 1（2）：35, 36

图5.24 作者根据图5.20a自制图

图5.25 由童寯家属提供

图5.26 由童寯家属提供

图5.27 中国建筑[J]. 民国二十三年（1934）十一月, 2（11）：3

图5.28 中国建筑[J]. 民国二十四年（1935）八月, 3（3）：5

图5.29 出自：杨廷宝建筑设计作品集[M]. 中国建筑工业出版社, 1983. 转引自：朱振通. 关于"基泰"南京外交宾馆方案初始图的探究[J]. 华中建筑, 2005（5）：166-170（图15）

图5.30 中国建筑[J]. 民国二十四年（1935）八月, 3（3）：6

图5.31 由童寯家属提供

图5.32 张燕. 南京民国建筑艺术[M]. 南京：江苏科学技术出版社, 2000：148（图c）

图5.33 a 由童寯家属提供
　　　 b 南京民国建筑艺术. 148（图a）

图5.34 南京民国建筑艺术. 149（图b）

图5.35 The China Reconstruction & Engineering Review 新中国建设月刊[J]. 1934年7月：4

图5.36 a 由童寯家属提供
　　　 b 南京城建档案馆藏, 转引自：新中国著名建筑师：毛梓尧. 28

图5.37 由童寯家属提供

图5.38 南京城建档案馆藏, 转引自：新中国著名建筑师：毛梓尧. 41

图5.39 a 由童寯家属提供
　　　 b 转引自：缪晖. 南京国民政府行政院增建修葺工程考[J]. 档案与建设, 2013（11）：36

图5.40 南京政府行政院复原陈列[EB/OL]. [2019-08-11]. http://www.njztf.cn/flash/xzy/index.html

图5.41 a 资源委员会规划总平面图历史图纸, 南京城建档案馆藏
　　　 b 由童寯家属提供

图5.42 作者根据图5.41及百度地图自制, 百度地图引自：珠江路700号[EB/OL]. [2019-08-11]. https://map.baidu.com/@13226451.478470227,3747022.0426944485,18.54z

图5.43 由童寯家属提供

图5.44 梅溪仙子. 南京中央医院——杨廷宝设计作品[EB/OL]. (2017-11-10) [2018-02-23]. https://www.jianshu.com/p/739cc1615828

图5.45 南京城建档案馆藏, 转引自：新中国著名建筑师：毛梓尧. 37（实业部地质调查所陈列馆立面图、剖面图）

图5.46 a 南京城建档案馆藏, 转引自：新中国著名建筑师：毛梓尧. 37, 实业部地质调查所陈列馆立面图
　　　 b 现状照片, 作者自摄

图5.47 资源委员会历史图纸, 南京城建档案馆藏

图5.48 童寯. 旅欧日记[M]// 童寯文集（第四卷）. 北京：中国建筑工业出版社, 2006：333（杜塞尔多夫, 帝国博物馆）

图5.49 南京城建档案馆藏, 转引自：新中国著名建筑师：毛梓尧. 29

图5.50 同上

图5.51 a 军人俱乐部冷清下来的第15天, 想它！ [EB/OL]. (2018-01-15) [2021-01-27]. https://baijiahao.baidu.com/s?id=1589634536999899287&wfr=spider&for=pc
　　　 b 南京城建档案馆藏, 转引自：新中国著名建筑师：毛梓尧. 41

图5.52 南京城建档案馆藏, 转引自：新中国著名建筑师：毛

梓尧. 41

图 5.53 作者根据百度地图和档案图纸尺寸自制，百度地图引自：白下路 273 号 [EB/OL]. [2019-08-11]. https://map.baidu.com/@13225441.044205042,3744905.099356069,19.55z

图 5.54 中国建筑 [J]. 民国二十四年（1935）八月，3 (3)：21

图 5.55 同上，第 23 页

图 5.56 a 合记公寓历史图纸，经作者修补细节

b 薛顺生，娄承浩. 老上海经典公寓 [M]. 上海：同济大学出版社，2005：54

图 5.57 南京城建档案馆藏，转引自：张宇. 南京近代旅馆业建筑研究 [D]. 南京：东南大学，2015

图 5.58 竞乐画报 [J]. 1936，2 (13)：14 (首都饭店)

图 5.59 由童寯家属提供

图 5.60 中国建筑 [J]. 民国二十四年（1935）八月，3 (3)：25

图 5.61 许乙弘. Art Deco 的源与流：中西"摩登建筑"关系研究 [M]. 51 (图 2-2-26)

图 5.62 作者自绘

图 5.63 白赛仲路出租住宅历史图纸，经作者修补细节

图 5.64 中国建筑 [J]. 民国二十二年（1933）七月，1 (1)：13

图 5.65 由童寯家属提供

图 5.66 白赛仲路出租住宅历史图纸，经作者修补细节

图 5.67 作者自摄

图 5.68 合记公寓历史图纸，经作者修补细节

图 5.69 a 由童寯家属提供

b 图片经作者二次处理，遮蔽加建部分，原图片来源：周璇. 修道院公寓 [EB/OL]. (2017-07-24) [2019-08-12]. https://mp.weixin.qq.com/s/vmgGGaSo0qeDdjy9h3xL_Q

c 李一能. 传承红色基因 | 开纳公寓顶楼里红色干训班之谜 [EB/OL]. (2018-01-07) [2021-01-31]. http://newsxmwb.xinmin.cn/xinminyan/2018/01/07/31349462.html

图 5.70 作者自摄

图 5.71 周璇. 陕西公寓 [EB/OL]. (2017-08-10) [2019-08-12]. https://mp.weixin.qq.com/s/JqnWkd0XvGDTTx9Hl1bfBw

图 5.72 a 合记公寓地面墙裙材料表，经作者修补细节

b 周璇. 陕西公寓

图 5.73 中国建筑 [J]. 民国二十二年（1933）八月，1 (2)：24

图 5.74 梅谷公寓历史图纸，经作者修补细节

图 5.75 同上

图 5.76 同上

图 5.77 a 由童寯家属提供

b 作者自摄

图 5.78 a 上海市行号路图录. 第 110 图

b 上海开伦投资集团有限公司集团概况 [EB/OL]. [2021-01-29]. http://www.kai-lun.net/index.php?a=shows&catid=1&id=4

图 5.79 中国建筑 [J]. 民国二十四年（1935）八月，3 (3)：35、36

图 5.80 由童寯家属提供

图 5.81 由童寯家属提供

图 5.82 a/e 右 作者自摄

b 由陈植家属提供

c/e 左 /f/h/j/k/m~p 由童寯家属提供

d 南京城建档案馆藏，转引自：新中国著名建筑师：毛梓尧. 27

g 中国建筑 [J]. 民国二十二年（1933）七月，1 (5)：15

i 冯克力. 蔚为大观的"家国合影" [EB/OL]. (2011-11-11) [2019-08-13]. http://old-photo.blog.sohu.com/190983326.html

l 右张燕. 南京民国建筑艺术 [M]. 江苏科学技术出版社，2000：176 (图 a)

q 卢海鸣，杨新华. 南京民国建筑 [M]. 南京：南京大学出版社，2001：397

r 西藏路公寓历史图纸，经作者修补细节

图 5.83 a 由童寯家属提供

b 由陈植家属提供

图 5.84 由陈植家属提供

图 5.85 由陈植家属提供

图 5.86 由童寯家属提供

图 5.87 作者根据《上海市行号路图录》第 111 图及百度地图自制，百度地图出自：上海市延陵邨 [EB/OL]. [2019-08-14]. https://map.baidu.com/@13517509.560306765,3639612.093568163,19.85z

图 5.88 总理陵园管理委员会. 总理陵园管理委员会报告（上）[M]. 南京：南京出版社，2008：折页 (总理陵园地形全图局部)

图 5.89 中国建筑 [J]. 民国二十四年（1935）八月，3 (3)：18

图 5.90 同上，第 20 页

图 5.91 新建筑：中华民国，1935-6 世界建筑名作选 [J]. 1937 (3)：1

图 5.92 由童寯家属提供

图 5.93 由童寯家属提供

图 5.94 总理陵园管理委员会报告（上）. 折页 (总理陵园地形全图局部)

图 5.95 由童寯家属提供

图 5.96 由童寯家属提供

图 5.97 a 总理陵园管理委员会报告（上）. 277

b 张燕. 南京民国建筑艺术 [M]. 南京：江苏科学技术出版社，2000：115

图 5.98 由童寯家属提供

图 5.99 转引自：王颖. 探求一种"中国式样"：早期现代中国建筑中的风格观念 [M]. 北京：中国建筑工业出版社，2015：97

图 5.100 建筑月刊（中国建筑展览会特辑）[J]. 民国二十五年（1936）四月，4 (3)：8

第 6 章

图 6.1 作者自制

图 6.2 a/b 罗明，程志翔，吕文静. 浅谈赵深中式传统复兴思想在近代校园建筑设计中的应用——以中南大学和平楼与民主楼为例 [J]. 中外建筑，2018：

		20-27（图 4，图 12）
	c	由陈植家属提供
图 6.3	a	黄丽生，葛墨庵. 昆明导游 [M]. 重庆：中国旅行社印社，1944：16
	b	历史的回眸：盘点昆明老照片 [EB/OL].（2013-04-15）[2018-10-04]. http://blog.sina.com.cn/s/blog_711bf9da0101b51j.html
图 6.4		由童寯家属提供
图 6.5	a	由童寯家属提供
	b	昆明导游. 166
图 6.6	a	由童寯家属提供
	b	旧照～重回几十年前老昆明 [EB/OL].（2019-08-24）. https://m.sohu.com/n/456095673/
	c	由童寯家属提供
	d	100 多张昆明老照片，很多老昆明人都不一定见过！[EB/OL].（2017-10-03）[2021-01-31]. https://history.sohu.com/a/196150211_391586
图 6.7	a	作者摄于"上海·觉醒的现代性"展览
	b	昆明导游. 175
图 6.8	a	由童寯家属提供
	b	昆明这 8 幅历史建筑有了"护身符"将挂牌保护！[EB/OL].（2018-10-19）[2019-08-24].http://web.kunmingbc.com/kmgbdst_html/lm/zx/48400.shtml
图 6.9	a	由童寯家属提供
	b	由童寯家属提供
	c	苏庆华. 滇影风云：南屏电影院的故事 [M]. 昆明：云南美术出版社，2009：1
图 6.10		由童寯家属提供
图 6.11		由童寯家属提供
图 6.12		由童寯家属提供
图 6.13		由童寯家属提供
图 6.14	a	由童寯家属提供
	b	酒精生产，内江抗战中的辉煌一页！[EB/OL].（2015-09-01）[2018-10-05]. https://www.neijiang.gov.cn/news/show/1078732
	c	资中酒精厂的辉煌岁月（下）[EB/OL].（2012-04-22）[2018-10-05]. http://epaper.scnjnews.com/pad/201909/14/content_41105.html
图 6.15A		除注明外均由童寯家属提供
	a 下	何陈文. 桂林，暖暖一座城 [EB/OL].（2015-11-05）[2019-08-26]. https://www.tuniu.com/trips/10058984/
	c	作者在童寯家属提供资料的基础上自制
	d 左	周治春. 清华精神的开山鼻祖 [EB/OL].（2018-10-06]. http://www.gyqhzx.com.cn/index.php?a=lists&catid=11&cid=2
图 6.15B		由童寯家属提供
图 6.16		同上
图 6.17		作者自摄
图 6.18	a/c/d	由陈植家属提供
	b	由毛梓尧家属提供
图 6.19		新中国著名建筑师：毛梓尧. 47
图 6.20	a	由毛梓尧家属提供

	b/c	新中国著名建筑师：毛梓尧. 46；
图 6.21		同上
图 6.22		新中国著名建筑师：毛梓尧. 49
图 6.23		由童寯家属提供
图 6.24		由童寯家属提供
图 6.25	a/c/e	由童寯家属提供
	b	刘先觉 等. 中国近代建筑总览·南京篇 [M]. 北京：中国建筑工业出版社，1992：44
	f	百度街景中山北路 299 号 [EB/OL].[2021-01-28]. https://map.baidu.com/@13221070,3751719,21z,87t,138h#panoid=09002500011603101237497518D&panotype=street&heading=228.57&pitch=11.53&l=21&tn=B_NORMAL_MAP&sc=0&newmap=1&shareurl=1&pid=09002500011603101237497518D&psp=%7B%22PanoModule%22%3A%7B%22markerUid%22%3A%22353d729fe66874feaeb22afb%22%7D%7D
	g	新 百 " 前 身 " 开 业 [EB/OL].（2013-08-15）[2021-01-28]. http://news.sina.com.cn/o/2013-08-15/041027951923.shtml
图 6.26		除注明外均由童寯家属提供
	c	高波. 无锡，中国民族工商业博物馆（无锡茂新面粉厂旧址）暨 ——西水墩（文化公园）[EB/OL].（2018-08-03）[2021-01-28]. https://www.meipian.cn/1hy6x6cz
图 6.27	a	由童寯家属提供
	b	50 年 6 月，私立立信会计专科学校十六届二院毕业留影 [EB/OL].（2018-09-14）[2021-01-28]. http://www.kfzimg.com/G06/M00/92/D6/p4YBAFubr-yACL5tAAMI5-MdPck222_b.jpg
图 6.28		第一排　作者摄于"南京·中国近现代建筑发展的基石：毕业于宾夕法尼亚大学的第一代中国建筑师群体"展览，东南大学、江苏省文化厅，2017 年 11 月 21 日—12 月 21 日
		第二排　由童明先生提供
图 6.29		百度地图南京市北京西路 67 号 [EB/OL]. 2019-09-11]. https://map.baidu.com/@13221482.93898829,3749026.31537121,19.14z/maptype%3DB_EARTH_MAP
图 6.30		由童寯家属提供
图 6.31		南京市档案馆，档案号 10030080585（00）0001，转引自：张宇. 南京近代旅馆业建筑研究 [D]. 南京：东南大学，2015
图 6.32		浙江第一商业银行历史图纸，经作者修补部分细节
图 6.33	a/b	由童寯家属提供
	c	由陈植家属提供
	d	作者自摄
图 6.34	a	由童寯家属提供
	b	作者自摄

第 7 章

图 7.1		中国建筑 [J]. 民国二十二年（1933）七月，1（1）：11

第8章

第9章

后记

本书源于 2006—2008 年笔者撰写的硕士毕业论文《华盖建筑事务所研究（1931—1952）》，而在之后近 10 年的建筑师职业生涯里，我又陆陆续续地发现当年文中的一些错漏，发掘出一些新的线索。2016 年适逢敬爱的导师卢永毅先生计划组织上海近代建筑史相关的丛书出版，借此机会，希望将最新的成果与更多读者分享。因此，本书的内容除了要保持学术的原真性之外，更需要改编为有趣味的文本。在改编原文的同时，我还同步关注了学界同仁研究的一些新进展，所以读者也能看到 2018 年以后的材料，直至 2021 年成书共历时 5 年。

除去仅收录事务所作品的书籍不谈，最早从第三者的角度讨论华盖建筑事务所的公开出版物是伍江老师 1997 年出版的《上海百年建筑史：1840—1949》，到今天关于华盖的书林林总总也有了几十本。本书无意进行大量的罗列，仅希望呈现出各家说法中有微妙差异的视角与见解，构建话题，激发更多读者的阅读兴趣与研究思路。

硕士毕业以后笔者并未继续从事理论研究的工作，却也由此新增了一些关注角度。一是民国时期的建筑造价及设计费用，二是事务所内部的合作方式，三是华盖雇员的工作状态与发展。同时梳理了一些重要的时间节点与事件、人物的先后关系，运用我找到的一手资料去探讨其他出版物介绍该事务所时所描述的历史事件的真实性。

再次感谢我的导师卢永毅老师对本书所做的指导，让我获益良多。特别感谢童明老师、陈艾先先生、赖德霖老师、毛剑琴女士提供的第一手资料，它们为本书的独特性打下了坚实的基础。

感谢我的朋友、同事和编辑，这些年所有的讨论都是激发我想法的基础，感谢相识的所有人，所有的工作都加深或更新了我对历史的认识，愿这从文本和生活中来的书也能走到生活中去。

2021 年 10 月 18 日

图书在版编目（CIP）数据

华盖建筑事务所：1931—1952 / 蒋春倩著. -- 上海：同济大学出版社，2022.1
（开放的上海城市建筑史丛书 / 卢永毅主编）
ISBN 978-7-5608-9666-3

Ⅰ.①华… Ⅱ.①蒋… Ⅲ.①建筑设计 - 组织机构 - 介绍 - 上海 - 近现代 Ⅳ.①TU-242.51

中国版本图书馆CIP数据核字（2021）第000633号

上海市高校服务国家重大战略出版工程入选项目

华盖建筑事务所1931—1952

蒋春倩　著

出版人：华春荣
策划：秦蕾 / 群岛工作室
责任编辑：李争
责任校对：徐逢乔
平面设计：彭怡轩　付超
丛书封面概念：胡佳颖
版次：2022年1月第1版
印次：2022年1月第1次印刷
印刷：上海雅昌艺术印刷有限公司
开本：710mm×1000mm 1/16
印张：20.5
字数：410 000
书号：ISBN 978-7-5608-9666-3
定价：118.00元
出版发行：同济大学出版社
地址：上海市杨浦区四平路1239号
邮政编码：200092
网址：http://www.tongjipress.com.cn
经销：全国各地新华书店

luminocity.cn

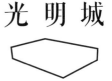

"光明城"是同济大学出版社城市、建筑、设计专业出版品牌，致力以更新的出版理念、更敏锐的视角、更积极的态度，回应今天中国城市、建筑与设计领域的问题。